图1 月季花

图2 菊 花

图3 兰 花

图4 白兰花

图5 牡丹花

图6 芍 药

图7 茶 花

图8 杜鹃花

图9 腊 梅

图10 四季桂

图11 栀子花

图12 绣球花

图13 石 榴

图14 大丽花

图15 郁金香

图16 仙客来

图17 海 棠

图18 水仙花

图19 蟹爪兰

图20 夜兰香

图21 报春花

图22 蔷 薇

图23 一品红

图24 茉 莉

图25 梅花

图26 紫罗兰

图27 百合 图28 丁香 图29 凤仙花

图30 宝石花 图31 朱顶红 图32 蝴蝶兰

图33 康乃馨 图34 红掌 图35 含笑

让家中的花草茁壮成长

黄 媛/编著

经济管理出版社
ECONOMY & MANAGEMENT PUBLISHING HOUSE

图书在版编目(CIP)数据

让家中的花草茁壮成长/黄媛编著. —北京：经济管理出版社，2013.12
ISBN 978-7-5096-2696-2

Ⅰ.①让… Ⅱ.①黄… Ⅲ.①花卉—观赏园艺 Ⅳ.①S68

中国版本图书馆 CIP 数据核字(2013)第 247665 号

组稿编辑：张　马
责任编辑：张　马
责任印制：黄章平
责任校对：陈　颖

出版发行：经济管理出版社
（北京市海淀区北蜂窝 8 号中雅大厦 A 座 11 层　100038）
网　　址：www.E-mp.com.cn
电　　话：(010) 51915602
印　　刷：北京交通印务实业公司
经　　销：新华书店
开　　本：880mm×1230mm/32
印　　张：10.25
字　　数：242千字
版　　次：2013 年 12 月第 1 版　2013 年 12 月第 1 次印刷
书　　号：ISBN 978-7-5096-2696-2
定　　价：29.00 元

目　录

第一章　营造绿意盎然的家居环境

第二章 为花草选择合适的生长场所

第三章 花草养育常识

第四章 花草装饰艺术

第五章 家庭养育花草的误区

第六章 花草的疾病与防治

第一章　营造绿意盎然的家居环境

随着工业文明的迅猛发展，人们的生活方式发生了翻天覆地的变化，城市中道路盘根错节，高楼鳞次栉比，大自然的绿色成了星星点点的配饰。我们为前程打拼，为生活忙碌，亲近自然、接触绿色的时间却越来越少。日常生活中与大自然的亲近也变得越来越少，窗台上那盆娇嫩的植物或许就是家中唯一与自然还有点联系的绿色。因此，如果能在越来越拥挤的城市中有一个属于自己的小花园，甚至是哪怕是一小片绿色的天地，也会令我们的心境随之改善，让人心生莫大的欢喜。

种花养性，赏花怡情。因为，人有喜怒哀乐，花也有灵性盛衰。对于每一位喜好养花种草的人来说，只要用你的真诚和挚爱去精心呵护它，花草同样会用自己的美丽和芳菲回报你，并且还会给你的生活带来无限的乐趣和美好的享受。

第一节　让生活变得赏心悦目的花草

鲜花的芳香，使人赏心悦目，神清气爽。居室里放上几盆花卉，或在庭院种植一些花草、盆景，可以丰富和美化家庭的环境，增添生活情趣，消除各种消极情绪。养花或做盆景既是体力劳动锻炼，也是文化艺术修养的体现。研究证实，经常观赏盆景、鲜花，可使那些性情急躁的人变得温和，心情不好的人变得爽朗愉快，消沉的人变得积极向上。一些老年孤独症患者，参加园艺劳动后，生活增添了乐趣，其寂寞和孤独感也减轻了许多。而且，人们在种花养草的过程中，通过感受和体验这种高雅的娱乐和享受，可调节情绪，给精神上带来某种寄托和安慰。

养育花卉不仅能美化我们的生活环境，调节我们的心境，更为重要的一点，是绿色植物能净化空气。大气中正常氧的含量为23%，二氧化碳含量为0.03%。目前城市中二氧化碳和氧的含量已打破了这个平衡，对人体健康极为不利。专家们通过研究发现，我们每人每天在呼吸中需要吸进0.75公斤的氧气，排出0.9公斤的二氧化碳，而这些氧气需要在10平方米的树林面积中得到。我们栽植观赏花草，不但为我们的环境起到了绿化、美化的作用，而且为我们添置了天然的氧气“制造厂”，并且花草还能为我们吸附空气中飘浮的灰尘，杀灭有害细菌和抵抗空气中有毒的气体，使我们周围的空气变得更加新鲜。

鲜花绿草，是美的象征，是健康向上的标志。花卉以它绚丽的风姿把大自然装饰得分外美丽，给人以美的享受，也为保护人们的身心健康做出了很大贡献。花卉对健康的作用有以下六个方面：

（1）花色刺激感官，对人的心理产生作用。不同的花色作用也不同。例如，红色、橙色、黄色能使人感到温暖、热烈、兴奋；绿色能减少强光对眼睛的刺激，让人舒适，并能护眼；白色、蓝色、青色给人以清爽、恬静的感觉。

（2）花香刺激嗅觉，对健康非常有益。据研究，花卉芳香油分子十分活跃，当它与鼻黏膜上的嗅觉细胞接触后，能使人产生舒适愉快的感觉。桂花香味沁人心脾，使人疲劳顿消；水仙和荷花的香味能令人产生温馨、浪漫的感觉；茉莉的幽香可让人觉得轻松、安静；玫瑰的香味能使人心情爽朗。

（3）花卉芳香油可抗菌，增强人体免疫能力。据生理学家研究，花香中所含的“外激素”与人的“性激素”有异曲同工之妙。芳香油还能释放出大量的抗菌物质，能增强人体免疫能力。如常年生活在四季不败的各种花卉散发出的香味中，对患有气管炎、神经衰弱及心血管等疾病特别是老年慢性病的人，可起到缓解症状的作用。

（4）花卉可以净化空气。研究发现，某些花卉具有吸毒杀毒、防止空气污染的作用。如美人蕉、夹竹桃等，可吸收氟、氮、二氧化硫等气体；石榴花有吸收二氧化氮、氟、硫、铅的作用；玉兰可吸收二氧化硫；等等。如常年在一间15平方米的居室内放置1~2盆吊兰（特别是鸭趾草），会使人明显感到空气新鲜。如在花盆内添一些活性炭将大大增加吊兰吸收有害杂质的能力；在室内放置一平方米的绿色叶片花卉，每小时能吸收1.5克二氧化碳；放置1~2盆阔叶耐阴花卉，能吸收一个成人呼出的二氧化碳。花卉在吸收二氧化碳后，还可放出几乎是同量的氧气。

（5）花卉可以成为最完美的保健食品。如芦荟含有大量天然蛋白质、维生素、活性酶和人体必需的微量元素及芦荟大黄素等70多种成分。鲜花的花粉被科学证实含有96种物质，包括22种氨基酸、14种维生素和丰富的微量元素。营养学家指出，花卉是最完美的食物，除花粉外，没有一种食物能含人体全部所需要的营养成分。

（6）花卉内服可以治疗疾病。如菊花、茉莉、迎春花、洋绣球等具有清热解表、益智安神的功效；金银花清热解毒，是广谱抗菌药，等等。《全国中草药汇编》一书中列举了2200多种药用植物，其中以花卉入药的约占1/3。在这些中草药材中多数是具有观赏价值的常见花卉。

入药的主要有牡丹、芍药、菊花、兰花、梅花、月季、桂花、凤仙花、百合花、月见草、玉簪、桔梗、荷花、莲花、金银花、枸杞、茉莉、木芙蓉、栀子、辛夷、木槿、紫荆、迎春、腊梅、山茶、杜鹃、鸡冠花、石榴、水仙、白兰、扶桑、无花果、蜀葵、天竺葵、萱草、芦荟、万年青、鸭趾草、天门冬、一叶兰、仙人掌等100多种。这些药用花卉对防治各种常见病、多发病，保证人的身体健康，起到了十分重要的作用。

此外，绿色植物能蒸腾水分，提高空气中的相对湿度。花草还能调节气温，在炎热的夏季能创造防暑降温的良好环境。

观赏植物中的迎春、夏荷、秋菊、冬梅以它们特有的姿色、香味、风韵之美，给人们带来季节变化的信息，给人以美的享受。既能反映出自然美，又体现出大自然能工巧匠的艺术美。同时人们对观赏植物也常形成一定的思想感情和某种概念性的象征，甚至人格化：如苍劲挺拔的松柏，象征健康长寿、坚贞不屈的精神；富丽堂皇、花大色艳的牡丹，常寓意吉祥如意、繁荣昌盛、兴旺发达的景象。观赏植物及花卉艺术欣赏能提高人的精神素养，成为人们文化生活中不可缺少的精神食粮，能使人们心旷神怡、热爱生活、振奋精神、增进身心健康。

花草栽培是在人们生活水平不断提高的基础上产生的，栽培的历史虽比粮食、果树、蔬菜晚得多，但它的发展十分迅速，随着现代文明生活水平的不断提高，它将成为植物栽培中的后起之秀。目前，随着农村产业结构的不断调整，花木商品化生产基地不断扩大，花卉苗木生产已成为农业生产中的一个重要组成部分，是农民增加收入的重要来源。花卉生产在外贸出口方面也有很高的经济价值，许多国家把出口花卉作为换取外汇、增加收入的来源。如德国的花卉生产相当于该国汽车工业的总产值。素有“鲜花王国”之称的荷兰，鲜花出口在世界上独占鳌头，每年收入3亿多美元。目前，我国由于种类、质量保鲜技术等原因，除组织少量盆景外销外，鲜花仅有少量出口。

花草不但具有观赏价值，而且还具有其他重要的经济价值。大量的花草除用于医药和部分拿来食用外，还有一些是食品工业和轻工业的重要原料。如用山茶花的种子榨取的茶籽油是世界上最高级的食用油，其他如桂花酱、玫瑰酱、菊花晶、酸梅晶、藕粉等，都来源于观赏植物。用一些花朵酿造的玫瑰酒、桂花酒等具有天然的芳香和浓郁的色泽。花卉在香料工业中占有更重要的地位，用玫瑰花瓣提炼的玫瑰油，在国际市场上每克的售价相当于1.52克黄金。其他如白兰、丁香、栀子等提制的香精，都是制作“花香型”化妆品的高级香料，颇受国际市场的欢迎。还有一些如茉莉、珠兰、白兰、素馨花等可用来熏茶，使茶叶质量大大提高。

当然，花草栽植的主要目的，还是供人们观赏。在公园里、街道上，千家万户的庭园、阳台和居室中，观赏植物时时处处让人们感受到生活的美好。它们不但给人们创造了良好的生活环境，还能培养青少年对自然科学的兴趣，它丰富着青年人的爱情生活，调剂着中年人的繁忙工作，伴随着老年人安度晚年。

第二节 花草是家庭环境天然的保健医

室内摆放几盆花草，它们看似平常，实质上充满玄机，是家庭环境天然的保健医。在这些花草体内，蕴含着惊人的保健功能。那些碧绿的叶子不但可以给我们自然的感受，稳定我们的情绪，还能调节室内温度，吸收有毒气体。而它们绚丽的花朵在给我们美的享受、陶冶我们情操的同时，还能杀灭室内细菌，缓解我们的身体疲劳。

随着科学技术的迅速发展，人们的生活方式发生了极大的变化。过去人们在户外工作的时间比较长，而现在，随着无线通信、电脑网络的飞速发展，人们大部分的工作都已经能在办公桌前轻松完成，以致我们待在室内的时间越来越长。而室内空气质量的好坏对我们的身体健康有重要的影响。

现代办公楼和居住房屋的豪华装修，家用电器和办公设备的大量使用，给我们带来了方便和快捷，但同时，由于大量使用非天然的合成材料，办公设备和家用电器工作所产生的电磁污染，室内通风不足等因素致使室内污染问题日趋严重，对我们的身体造成了严重危害。

为了解决这些令人头疼的问题，消除种种污染带来的不良影响，我们绞尽脑汁，安装空调、加湿器、除菌器、空气净化器。但是高昂的价格、麻烦的维护、明显的副作用等，往往让我们对这些工具的效果感到沮丧。

任何昂贵的家具，同鲜活的室内花草植物相比，都会黯然失色。一个用绿色植物布置装点的居室环境会充满生机与活力，给人以美的享受。同时，植物还可以为我们营造一个健康的室内环境。面对严重的室内环境污染，我们不必花费大量金钱，只要在室内种植几盆绿色植物，就可以轻松地解决这些问题。

其实，仅仅需要在居室中科学地摆放一些植物，就可以消除潜藏在居室中危害我们健康的“不良因素”，它们可以分解有害物质，吸收有毒气体，消灭致病细菌，在居室内营造一种生机盎然、蓬勃向上的氛围。

置身于繁忙都市的年轻白领们，可以选择素雅的吊兰置于窗前，不但可以舒缓紧张工作造成的压力，还可以去除室内超过90%以上的一氧化碳和85%以上的甲醛气体。

长期在电脑前工作的设计师，可以选择葱郁的柏树置于室内，不但可以享受一片绿色带来的活力，还可以减少噪声对工作的干扰。

对于困扰在疾病中的人，一盆美丽的茉莉，散发出淡淡的清香，不但可舒缓心情，还能抑制病菌的生长。

一盆君子兰，不但可以让居室文静雅致，还能消除香烟烟雾对家人的危害。

一株万年青，不但可以让居室生机盎然，还能改善空气质量，让家人神清气爽。

健康惬意的生活离不开室内植物的帮助。植物不再是附属于家居环境中可有可无的点缀，也不仅仅满足了我们对于自然的向往与亲近，带给我们自然的风韵与美感，同时也在捍卫着我们的健康，保证了我们优质的生活品质。我们可以通过合理的摆放和科学的培育，充分发挥室内植物巨大的健康潜力，营造出一个绚丽多彩、清新自然的“伊甸园”。

绿色植物可调节湿度——植物能向室内蒸发100%的纯净水。水为万物之源。世界上许多东西都可以找到它的替代品，但迄今为止，却没有一种物质可以取代水。人体如果没有水分，生命活动也就无法进行了。在现实生活中，我们每天出入的居室内也需要补充大量的水分，这样才能保证室内合适的湿度，人体才能保持健康。很多人会想到利用空气加湿器来解决室内湿度问题。然而，加湿器虽然可以缓解秋冬季节空气干燥的问题，但这并不是长久之计，因为时间一长，加湿器内部会滋生很多细菌，反而成为危害身体健康的因素之一。

那么到底有什么快速有效的方法，能使我们的室内环境变得更加湿润，让我们感觉到舒适呢？很简单，你只要在室内摆放几盆绿色植物就可以了。植物具有调节作用，能够影响室内的湿度，改善空气质量。例如，当室外温度高达26度的时候，放置有很多植物的室内温度一般为21~22度。

那么，室内植物是如何做到释放水分、调节室内湿度的呢？

植物学家发现，绿色植物通过根部吸收的水分，其中只有1%是用来维持自己的生命的，剩下的99%都通过蒸腾作用释放到空气中。更让人吃惊的是，植物竟然还能充当“天然过滤器”，无论给它们浇灌什么水，植物蒸发出去的都是100%的纯净水！

室内植物正是靠蒸腾作用来调节室内湿度的。其蒸腾作用是这样发生的——植物叶面上布满了气孔，这些气孔是气体进出叶子的门户。当植物体内“多余”的水吸收了周围的热，即变成水蒸气，从气孔飞散到空气中去。这种现象就叫做植物的蒸腾作用。

如果想利用室内植物提高相对湿度，可以让植物多晒太阳。同时，好的音乐也能促进植物的蒸腾作用。

对室内湿度进行监测可以选择掌叶铁线蕨，即使在光线微弱的情况下，该植物也能很好地生长，但是在干燥的空气中其叶子会枯萎，所以必须经常浇水。如果这种植物生长得很好，就说明室内的湿度正合适。

植物的蒸腾作用是植物通过叶片把大量的水释放出去，这样在植物体内就会产生一种向上的拉力，促使根不断地从土壤中吸收水分，这样连树梢上的叶子也能“喝”到水了。根在吸收水分的同时会把溶解在水中的养分（无机盐）一起吸收进体内来，蒸腾作用可以促进植物的根吸收更多的养分。另外，由于植物体内的水变成水蒸气要吸收热，这样在炎热的夏天就可以降低植物体表面的温度，不致被太阳晒枯萎。此外，叶的蒸腾作用还可以增加空气中水蒸气的含量，使周围的空气变得湿润。

所以，在室内可以放置一些热带植物，即使室内阳光不充足，它们也会进行良好的光合作用，而且这些植物大多蒸腾率很高。植物学家就室内植物对温度和湿度的影响还做过一项实验，结果发现，如果在窗户朝东的位置摆放植物，其室内温度要比不摆放植物的低。特别是冬天的时候，上午 10 点到下午 5 点，有植物的房间湿度比没有植物的房间高出 20%。这是因为叶子受到阳光照射，其温度比室内高出许多，促进了植物的蒸腾作用，使更多的水分通过植物的蒸腾作用散发到室内空气中。

冬季大部分室内的相对湿度小于 40%，这时如果拿出室内面积的 2% ~5% 栽培绿色植物，就可以提高 5% ~10% 的湿度。而当植物占到室内面积的 8% ~10%，就可以提高 20% ~30% 的湿度。提高绿色植物“加湿”作用最好的办法就是给它们充足的阳光，以增强其蒸腾作用。

由此可见，有植物的地方湿度就高。所以，室内植物是“天然的加湿器”。然而，我们也需要注意一点，不同的室内植物对房间湿度的影响也有差异。比如，在两个分别放置巴西木与放置鹅掌藤的房间，经过比较就很容易发现，摆放巴西木的房间湿度要高。

绿色植物可调节温度——制冷制热。我们经常说

“大树底下好乘凉”，此话不假，夏日炎炎，几盆室内植物摆在家里，可以像空调一样制冷。而到了隆冬季节，室内摆放几盆植物，又可以像空调一样加温。

美观是室内植物给人的第一印象。然而，在室内摆放植物绝不仅仅是为了观赏，植物同时还具有调节室内温度、制冷制热的功能，这一点往往被大多数人所忽视。

环保人员曾举过这样一个例子，如果在一公顷土地上种植绿树，那么这块绿地一昼夜蒸发的水的调温效果相当于500台空调连续工作20小时的效果。如果一个城市中有许多林荫大道，就像一条条保温性能良好的“湿气输送管道”，能使这个城市温度趋于均衡。

与空调相比，室内植物具有以下五大优势：

（1）室内植物是最天然的空气净化机，没有任何污染；

（2）与机器设备比起来，室内植物没有能源消耗；

（3）室内植物具有自我清洁、净化功能，不需要经常擦拭；

（4）空调挪动和安装不便，而室内植物可随时变换位置；

（5）室内植物还具有装饰、调节湿度，以及其他保健功能。

枝叶繁茂的绿色植物在吸收养分的同时，还在光合作用和蒸腾作用过程中释放出大量的水分，对周边的环境起到制冷制热的作用。我们往往因为贪图一时的舒服和惬意，按下空调遥控器，以为室内温度就完全掌控在你的手里，殊不知空调对人体的危害，已经大大超出它能给你带来的舒适感觉。

科学家研究发现，由于空调过多地吸附阴离子，导致屋子里的阳离子越来越多，从而导致阴、阳离子失调，人的大脑神经系统也跟着紊乱失衡。空气里含有的阴离子，能作用于人的中枢神经系统，缓解大脑疲劳。但空调消耗了大量的阴离子，破坏了阴离子的这一保健功能。而阳离子对人体却几乎有百害而无一利，空调所源源不断制造的阳离子，可以称得上是人体的致命“杀手”。

不仅如此，夏天由于空调产生的冷气会刺激人体血管急剧收缩，血液流通不畅，导致关节受损、受冷、疼痛，出现像脖子和后背僵硬、腰和四肢疼痛、手脚冰凉麻木等病症。空调冷气虽然能使房屋里的温度降低，但同时也会让空气干燥、湿度降低，这无疑会对人们眼、鼻的黏膜造成不利影响，从而引发多种呼吸道疾病，损害人体健康。

因此，靠空调改变室内温度并不是权宜之计，其实完全可以用室内植物来代替空调。即使房间里安装了空调，也可以多摆放几盆室内植物。这样不仅可以缓解室内的干燥，而且还能让整个室内环境变得更自然、更舒适。绿色植物还可轻松吸收室内的二氧化碳。

人一天几乎有90%的时间是在室内度过的。可想而知，在人员比较多的家庭或者单位，其室内空气中的二氧化碳含量会有多高。

研究发现，过量的二氧化碳会对人体造成巨大的伤害，它会刺激人的呼吸中枢，导致呼吸急促。而随着吸入量增加，还会引起头痛、神志不清等症状。我们平时感觉不到，是因为二氧化碳本身没有毒性，但当空气中的二氧化碳超过正常含量时，就会对人体产生有害的影响。

那么，有什么更可靠、更简捷、更天然的方法可以解决室内二氧化碳过量的问题呢？

其实方法很简单，同室外栽种植物的原理一样，我们也可以在室内养植几盆花草来减少二氧化碳过多对我们身体造成的损害。

同其他绿色植物一样，花草也会进行光合作用。在光合作用过程中，被称为“绿色工厂”的花草叶片，能在它的精密“车间”内把空气中的二氧化碳，转化为人体呼吸所必需的氧气。

绿色植物为了汲取养分，会利用空气中的二氧化碳、阳光和泥土中的水分及矿物质来为自己制造“食物”，整个过程就是所谓的“光合作用”。在阳光的照射下，绿叶中具有神奇功效的叶绿素，能够吸收空气中的二氧化碳，使它和水分化合，形成各种各样的有机物，比如葡萄糖、淀粉等，这些有机物是植物生长必需的原料。另外，氧气也会在这个过程中大量生成。

在光合作用的过程中，更让人惊讶的是，绿色植物“吞吃”二氧化碳的胃口大得惊人。它在形成1克葡萄糖的同时，就需要消耗2500升空气中所含的二氧化碳。所以，二氧化碳对植物来说，就是“超级营养物”了。

针对绿色植物的这个特别功能，专家提出在10平方米的室内，若有两盆绿色植物，如凤梨、芦荟、仙人掌等，就能吸尽一个人排出的全部二氧化碳。但要注意的是，由于植物叶子的气孔闭合受各种因素的影响，所以不同植物进行光合作用的模式也有差异。比如大部分植物会在白天打开气孔进行光合作用，但是到了晚上就会停止；而像仙人掌类的多肉植物却可以在晚上吸收二氧化碳，放出氧气，所以很多人会选择在卧室内放置几盆仙人掌，以满足夜间的氧气需求量。

室内种植花草与健康

你知道吗？我国每年有11万人死于室内环境污染，其中肺癌发病率以每年26.9%的惊人速度递增。室内环境污染造成的危害触目惊心。

迄今为止，家庭居室中被检测出的污染物有500多种，其中空气污染物有300多种，这300多种污染物中有20多种为致癌物或致突变物。也就是说，居室内的空气污染有时要比室外污染高十几倍、上百倍甚至上千倍！

据研究显示，家中装饰材料、家具和家用化学品所释放出的甲醛、苯、乙醇等致癌物质，烹调油烟所含的大量有毒物质，电脑、电视机、日光灯等家用电器所散播的病毒、细菌、过敏源，以及无所不在的辐射，都是导致各类疾病发病率居高不下的原因之一。

对此，专家提出，在室内种植花草是改善室内环境、提高人体健康的有效途径。实验证明，在24小时照明的条件下，芦荟可消灭1立方米空气中90%的甲醛，常春藤可消灭90%的苯，就连一盆小小的仙人掌也能够大大减少电磁辐射带来的伤害。这些花草，被专家亲切地称为“便宜有效的室内空气净化器”和“家居卫士”。

然而，同样是这些美丽的“家居卫士”，如果人们对其选择或摆放不当，它们在瞬间就可使人昏倒，月季可使人过敏，含羞草可使人胡须和眉毛脱落。调查显示，近几年来越来越多的观赏花草正在走进人们的家庭，而与之相对应的，则是越来越严重的由花草导致的室内污染。

由此可见，只有种植安全、适宜的花草，才能让室内环境真正地回归健康。

第三节　家庭常见花卉

一、月季花（图一）

月季又名四季花、月月红。蔷薇科蔷薇属植物。其分类十分复杂，现代月季遍及世界各地。月季是郑州、北京、天津、南阳、大连、长治、运城、蚌埠、焦作、莆田、青岛、潍坊、芜湖、石家庄、邯郸、邢台、廊坊、商丘、漯河、安庆、吉安、淮安、淮北、淮南、胶南、南昌、宜昌、许昌、常州、泰州、沧州、宿州、衡阳、邵阳、阜阳、信阳、德阳、天水东台等市的市花。其中南阳市石桥镇被国家林业局和中国花卉协会命名为“中国月季之乡”，是中国最大的月季生产贸易基地。江苏沭阳是华东最大的月季生产基地。其中河南南阳、山东莱州、江苏沭阳等出产的月季驰名中外。

1. 形态特征

月季是常绿或半常绿灌木，高 1 ~ 2 米，茎直立，小枝，无毛，具弯刺或无刺，羽状复叶具小叶 3 ~ 5 片，极少见的有 7 片小叶，连叶柄长 10 ~ 15 厘米，小叶片宽卵形至卵状椭圆形，长 2.5 ~ 6 厘米，宽 1.5 ~ 3 厘米，先端急尖或渐尖，基部圆形或宽楔形，边缘具尖锐细锯齿，表面鲜绿色，两面均无毛，顶生小叶具长柄，侧生小叶柄较短，叶柄和叶轴具稀疏腺毛和细刺，托叶边缘具睫毛状腺毛或具羽状裂片，两面均无毛，基部与叶柄合生。花数朵簇生或单生，直径约 5 厘米，花梗长 3 ~ 5 厘米，绿色，常具腺毛。花托近球形，萼裂片三角状卵形，先端尾尖，全缘或羽状分裂，外面无毛，内面和边缘被短绒毛。花瓣重瓣，深红色、粉红色，白色较为稀少。雄蕊多数。花柱离生，子房被柔毛。蔷薇果球形，黄红色，直径1.5～2厘米，萼裂片宿存。花期4～10月（北方），3～11月（南方），春季开花最多，大多数是完全花，或者是两性花。

月季在北方大部分地区需保护越冬，其他地区可露地自然越冬，对土壤要求不严，喜中性和排水良好的壤土和黏壤土，能耐弱碱。在沙土和酸性土中生长不良，耐肥力强，需经常补充肥料才能不断开花。

2. 生长特性

月季适应性强，耐寒、耐旱，对土壤要求不严格，但以富含有机质、排水良好的微带酸性沙壤土最好。盆土疏松，盆径适当、干湿适中，薄肥勤施，摘花修枝，防治病虫，每年换盆。喜欢阳光，但是过多的强光直射又会对花蕾发育不利，花瓣容易焦枯，喜欢温暖，一般气温在22～25度为花生长的适宜温度，夏季高温对开花不利。

月季需日照充足、空气流通、排水性较好而避风的环境，盛夏需适当遮阴。多数品种最适温度白昼为15～26度，夜间为10～15度。较耐寒，冬季气温低于5度即进入休眠。如夏季高温持续30度以上，则多数品种开花减少，品质降低，进入半休眠状态。

月季的一般品种可耐零下15度低温。要求富含有机质、肥沃、疏松的微酸性土壤，但对土壤的适应范围较宽。空气相对湿度宜75%～80%，但稍干、稍湿也可。有连续开花的特性。需要保持空气流通，无污染，若通气不良易发生白粉病，空气中的有害气体，如二氧化硫、氯、氟化物等均对月季花有毒害。

3. 繁殖与栽培管理

月季的繁殖大多采用扦插繁殖法，亦可分株、压条繁殖。扦插一年四季均可进行，但以冬季或秋季的梗枝扦插为宜，夏季的绿枝扦插要注意水的管理和温度的控制。否则不易生根，冬季扦插一般在温室或大棚内进行，如露地扦插要注意增加保湿措施。其以播种繁殖者，用于有性杂交育种。对于少数难以生根的名种，则用嫁接繁殖，其砧木以野蔷薇为宜。如黄色系列品种。

月季是喜光植物，但光线过强对花蕾发育不利，在阳光不足处生长，则枝条纤细。月季从萌芽到开花约 45 天，生长最适温度 15～25 度，在此温度范围内开花大而美丽，到 30 度则生长缓慢，30 度以上开花的花朵变小，花色变淡，2～3 年苗上盆时要修根，把老根截短促发新根，但修根不宜过重，栽时注意根系舒展，植株端正，盆土不宜填满，上盆一般在休眠期进行，月季生长旺盛，需肥多，换盆每年 1 次或隔年 1 次，换盆在休眠期进行，换盆后需浇透水两次。春、夏、秋三季应放在阳光充足、通气良好且不积水的场地。

清明后，要为新出窖的月季做一次细致修剪，把健壮的枝条选留下来，其他的横生枝、弱枝、交叉枝、过密的枝都要剪掉，选留的枝条要从基部选留 3～5 个芽眼，以上的枝条全部剪掉，使植株从土壤中吸收大量的养分，供给修剪后留下枝条的叶芽和花芽长期生长需要。切记芽萌动后再修剪，修剪迟影响第一次开花，要求生长高度一致，每株可留主枝 3～5 枝，最多 7 枝。

中期修剪，主要是剪除嫁接苗砧木的萌蘖枝，花后带叶剪除残花和多余花蕾，第一茬花后将细弱的花枝从基部剪去，其余粗壮的花枝，则从残花下 2～3 片叶下剪去，第二茬花仍可采取疏弱枝，留强枝、壮芽的方法修剪。

越冬前进行 1 次修剪，但不能过早，月季修剪时，不仅要选留壮枝，而且要注意主从均匀，大花品种留 4～6

个壮枝，每枝在 30～40 厘米处选一侧生壮芽，剪去其中上部枝条。蔓性、藤性品种，则除去老枝、弱枝、病虫枝以培养主干。

新枝生长时其顶端不应有花蕾，应当及早摘除，留下 3 个主枝培养，3 个主枝上也要及时去蕾，使植株生长旺盛，枝条充分生长后摘心（即打顶，是对预留的干枝、基本枝或侧枝进行处理的工作。摘心是根据栽培目的和方法，以及品种生长类型等方面来决定的。当预留的主干、基本枝、侧枝长到一定果穗数、叶片数时，将其顶端生长点摘除），使花枝抽生，一般 9 月下旬结束摘心可在 11 月中旬开花，10 月中旬结束摘心的可于 12 月中旬开花。对从地面附近生长的粗壮枝条，可以利用其作为更新枝条，留下 2/3 的长度，剪去 1/3，以后长出的新枝可以产生较好的切花。

盆栽月季不干不浇水，浇则浇透。夏季天气炎热，蒸发量大，盆栽浇水量应多些，尤其是傍晚 1 次应当浇足。月季在气温超过 30 度时则生长不良，开花少，有人以为是肥力不足便多施肥，结果反而坏了事。盛夏季节一般不追肥，只对生长健壮的枝株采取薄肥勤施，每周 1～2 次。在上午 11 时后适当遮阴，下午 4 时以后再晒太阳，这样既可避免中午的炎热气温，又可使它经受午前午后较弱的阳光，有利于光合作用，为下茬花积累养分。剪枝后即可施肥，以 50% 的人粪尿掺入 2% 的过磷酸钙施入。在 2 月中旬施肥用 3% 的人粪尿或用 1% 的尿素即可，也可在雨前雨后洒施尿素，在新梢发红时不宜施肥，此时施肥导致幼根受伤，使植株萎蔫或停止生长，故应特别注意。

4. 病虫防治

月季须定期打药防治病虫，可用 75% 可湿性百菌清 500 倍液和 18% 的多菌铜 150 倍液，每隔 10 天喷洒 1 次，如打药后遇雨，雨后还要及时再行喷洒，6～9月更需经常打药，以控制月季黑斑病的发生。

二、菊花（图二）

菊花又名九花、黄花。菊科菊属，为多年生宿根草本花卉。茎直立，多分枝，茎基部稍呈木质化。单叶互生，叶形变化丰富，从卵形到广披针形都有，边缘有锯齿。菊花因花期不同，有夏菊、秋菊、寒菊（冬菊）之分，品种十分繁多。在中国古典文学及文化中，梅、兰、竹、菊合称“四君子”。在古神话传说中，菊花被赋予了吉祥、长寿的含义，有清净、高洁、我爱你、真情、令人怀恋、品格高尚的意思。菊花是中国十大名花之一，开封、太原市花，在中国有3000多年的栽培历史，中国菊花约在明末清初传入欧洲。中国人极爱菊花，从宋朝起民间就有一年一度的菊花盛会。中国历代诗人、画家，以菊花为题材吟诗作画众多，因而历代歌颂菊花的大量文学艺术作品和艺菊经验，给人们留下了许多佳作，并因此而源远流长。

1. 形态特征

菊花株高20～200厘米，通常30～90厘米。茎色嫩绿或褐色，除悬崖菊外多为直立分枝，基部半木质化，卵圆至长圆形。头状花序顶生或腋生，一朵或数朵簇生。舌状花为雌花，筒状花为两性花。舌状花色彩丰富，有红、黄、白、墨、紫、绿、橙、粉、棕、雪青、淡绿等颜色。筒状花可发展成为具各种色彩的“托桂瓣”，花色有红、黄、白、紫、绿、粉红、复色、间色等色系。花序大小和形状各有不同，有单瓣有重瓣，有扁形有球形，有长絮有短絮，有平絮和卷絮，有空心和实心，有挺直的和下垂的，式样繁多，品种复杂。

菊花是多年生草本植物，被柔毛。叶卵形至披针形，长 5 ~ 15 厘米，羽状浅裂或半裂，有短柄，叶下面被白色短柔毛覆盖，头状花序直径 2.5 ~ 20 厘米，大小不一。

2. 生长特性

菊花的适应性很强，喜凉，较耐寒，生长适温为18 ~ 21 度，最高 32 度，最低 10 度，地下根茎耐旱。花期最低夜温 17 度，开花期（中、后）可降至 15 ~ 13 度。喜充足阳光，但也稍耐阴。最忌积涝。喜地势高燥、土层深厚、富含腐殖质、轻松肥沃而排水良好的沙壤土。在微酸性到中性的土中均能生长，而以 PH6.2 ~ 6.7 为好。

秋菊为长夜短日性植物，最好在每天 14 小时以上的长日照下进行茎叶营养生长，每天 12 小时以上的黑暗与 10 度的夜温则适于花芽发育。但品种的不同对日照的反应也不同。

菊花有一定的食用价值，早在战国时期就有人食用新鲜的菊花。唐宋时期，我国更有服用芳香植物而使身体散发香气的记载。当今在一些发达国家“吃花”已十分盛行，在北京、天津、南京、广州、武汉等地，也日渐成为时尚。

在《神农本草经》中，把菊花列为药之上品，认为“久服利血气，轻身耐老延年”。但不是所有的菊花都能食用。食用菊又叫真菊，主要产于广东。

菊花含有水苏碱、刺槐甙、木樨草甙、大波斯菊甙、腺嘌呤、胆碱、葡萄糖甙等成分，尤其富含挥发油，并且油中主要为菊酮、龙脑、龙脑已酸酯等物质。

菊花具有平肝明目、散风清热、消咳止痛的功效，治疗头痛眩晕、目赤肿痛、风热感冒、咳嗽等病症效果显著。

3. 繁殖与栽培管理

菊花以扦插繁殖为主，其中又分芽插、嫩枝插、叶芽插。

芽插：在秋冬切取植株外部脚芽扦插。选芽的标准是距植株较远，芽头丰满。芽选好后，剥去下部叶片，插于花盆或插床粗沙中，保持 7 ~ 8 度室温，春暖后移栽于室外。

嫩枝插：此法应用最广，多于 4 ~ 5 月扦插。截取嫩枝 8 ~ 10 厘米作为插穗，插后善加管理。在 18 ~ 21 度的温度下，多数品种 3 周左右生根，约 4 周即可移苗上盆。

分株：一般在清明前后，把桓株掘出，依根的自然形态带根分开，另植盆中。

扦插后上盆栽培：

（1）栽培菊花浇水方法很重要。天冷时中午浇水，夏季浇水应在早晚。高温干旱时每日浇水 2 次，一般情况下水分不宜过多。除施基肥外，在菊苗正常生长时，10 天左右施 1 次淡肥水，立秋后，植株生长旺盛，施肥次数可增加，肥料浓度亦可加大，当花蕾形成时应施含磷肥料，施肥应于傍晚进行，第二天清早再浇 1 次水，以保证根部正常呼吸。施肥时不可沾污叶面。

（2）摘心、除蕾、立支柱。摘心可以控制植株的高度和预定开花的数量。一般有单枝、双枝和多枝的形式。苗高 15 厘米左右或接穗长出 3 ~ 4 枚叶片时开始摘心，可摘 2 ~ 3 次。生长迅速次数要多，相反则次数减少，最后一次一般在立秋前后进行。菊花的花蕾很多，但每枝只留顶端一蕾；为了保险起见，可分三次剥蕾，第一次留蕾 3 个，第二次留 2 个，第三次留 1 个。一般每盆只留 3 ~ 5 个健壮的枝条。盆栽菊的花大，枝条脆弱，应在最后一次摘心时立支柱扎缚固定。

（3）生长激素处理。盆栽菊花，由于生长期长，如果管理不当，即会徒长，造成株高茎瘦，脱脚严重，影响观赏价值。喷布 PP333 对菊花矮化有明显的效果，但品种之间对 PP333 的敏感性差异很大，使用前需进行浓度试验，以取得最佳效果。

4. 病虫防治

常见病害有褐斑病、黑斑病、白粉病和根腐病等，均属真菌类，皆因土壤湿度太大，排水和通风透光不良所致。主要改善生态环境予以预防。盆土宜用 1：80 福尔马林液消毒，生长期可用 80% 的可湿性代森锌液或 50% 的可湿性托布津液喷治。虫害主要有蚜虫、红蜘蛛、尺蠖、菊虎（菊天牛）、蛴螬、潜叶蛾幼虫、蚱蜢及蜗牛等，可分别通过加强栽培管理、人工捕杀和喷药进行防治。

三、兰花（图三）

兰花属兰科，是单子叶、多年生草本植物，亦叫胡姬花。由于兰花大部分品种原产中国，因此兰花又称中国兰。兰的根、叶、花朵、果、种子均有一定的药用价值。兰花是一种以香味著称的花卉，具有高洁、清雅的特点。古今名人对它评价极高，被喻为花中君子。在古代文人中常把诗文之美喻为“兰章”，把友谊之真喻为“兰交”，把良友喻为“兰客”。

兰花那撩人而带神秘感的幽香，是世界上任何一种花卉的香气都不能比拟的。不论是蕙兰的清香，春兰的浓香，某些建兰的木樨香，还是某些报岁兰的檀香味等，它们都有一个共同的特点，就是清幽。

兰花多用于茶，兰花茶色泽碧绿，银毫显露，汤色清明，滋味清醇，闻之兰香怡人，饮之回味甘甜，可与黄山毛峰、太平猴魁等名茶并驾齐驱。

1. 形态特征

兰花是多年生草本植物。根肉质肥大，无根毛，有共生菌。具有假鳞茎，俗称“芦头”，外包有叶鞘，常常与多个假鳞茎连在一起，成排同时存在。叶线形或剑形，革质，直立或下垂，花单生或成总状花序，花梗上着生多数苞片。花两性，具芳香。花冠由 3 枚萼片与 3 枚花瓣及蕊柱组成。萼片中间 1 枚称主瓣。下 2 枚为副瓣，副瓣伸展情况称户。上 2 枚花瓣直立，肉质较厚，先端向内卷曲，俗称“捧”。左右对称、唇瓣、花粉块和合蕊柱是兰科植物的基本特征：花粉成块的特征却有些例外，除拟亚兰科和杓兰亚科没有，其他大部分兰科植物还有花粉块柄。一茎一花者为兰，一茎多花者为蕙。

春兰、蕙兰按其主瓣、副瓣、捧及唇的形状、质地等的不同变化分为梅瓣、水仙瓣、荷瓣、蝴蝶瓣、奇种与素心等。梅瓣为萼片短圆，肉质较厚，稍向内曲，基部狭窄，唇瓣短而硬，捧瓣肉质肥厚先端内曲成兜，花初开时微向上，名种有宋梅、西神梅等品种。水仙瓣萼片稍长于梅瓣，先端渐尖，捧瓣质地厚，先端也成兜，唇瓣微垂或反卷，名种有汪字、翠一品等。茶瓣为萼片宽大，质厚，基部窄，先端宽而突尖，捧瓣不成兜，唇瓣较润，微反卷，名种有大富贵、翠盖花等。

蝴蝶瓣向下的两枚萼片内侧，质地变厚，成波状绉，并有红色块斑，有时整个萼片或花瓣数量突然增多（如绿云，花冠常在 8 枚左右），或花朵形状有特殊变化。素心与花被、花茎、苞片同一颜色，有纯绿、黄绿等，也没有杂色的斑绿、黄绿等，也没有杂色的斑纹，名贵品种有张荷素、老文团素等。

2. 生长特性

兰性喜阴，怕阳光直射，喜湿润，忌干燥，喜肥沃、富含大量腐殖质、宜空气流通的环境。各地的气候、环境都能影响兰花的生长，所以选择植料的方式因此而不同。

例如福建闽南一带，四季天气较暖和，不会太冷，兰花生长速度快，适合用小鹅卵石种植。一是节省资源。二是鹅卵石利于通风、不积水。喜阴，要求日照时间短，冬季要求以不结冰为好，保持3～7度最宜，夏季以25～28度为合适范围。目前许多初养兰者多用园土或田泥，因透气性差，又浇水过勤造成烂根败叶而枯死。应选用如下几种植料：

（1）园土（或腐土）50%＋粗沙30%＋粗糠（或细刨花）20%混均，盆底要用栗子大小的砖粒垫底。

（2）干净的粗河沙（基建用砂筛弃物即可）60%＋木屑40%，盆底要用砖料垫底。

（3）优质的鱼塘泥颗粒。即把晒干的无污染塘泥打碎成蚕豆和花生米大小的颗粒。

3. 繁殖与栽培管理

兰花常用分株、播种及培养繁殖。

分株繁殖：在春秋两季均可进行，一般每隔3年分株1次。凡植株生长健壮，假球茎密集的都可分株，分株后每丛至少要保存5个连结在一起的假球茎。分株前要减少灌水，使盆土较干。分株后上盆时，先以碎瓦片覆在盆底孔上，再铺上粗石子，占盆深度1/5～1/4，再放粗粒土及少量细土，然后用富含腐殖质的沙质壤土栽植。栽植深度以将假球茎刚刚埋入土中为宜，盆边缘留2厘米沿口，上铺翠云草或细石子，最后浇透水，置阴处10～15天，保持土壤潮湿，并逐渐减少浇水，然后进行正常养护。

播种繁殖：兰花种子极细，种子内仅有一个发育不完全的胚，发芽力很低，加之种皮不易吸收水分，用常规方法播种不能萌发，故需要用兰菌或人工培养基来供给养分，才能萌发。播种最好选用尚未开裂的果实，表面用75%的酒精灭菌后，取出种子，用10%次氯酸钠浸泡5～

10 分钟，取出后再用无菌水冲洗 3 次即可播于盛有培养基的培养瓶内，然后置于暗培养室中，温度保持在 25 度左右，萌动后再移至光下即能形成原球茎。从播种到移植，需时半年到一年。组织培养已获成功，有条件的地方可用此法繁殖。

栽培时，分开的兰丛，不要拆得太散，每丛至少有 3～5 苗，最好是 1 年生植株、2 年生植株和 3 年生植株保留在同一丛中。栽培过程如下：

（1）垫盆。盆底用一块瓦片盖住排水孔，再用砖块，瓦片或贝壳逐步填充，其中大隙缝填充以泥粒或豆石，一般为盆内高度的 1/3～1/2。上余的净高 10～15 厘米，留作培养土层。其具体高度应根据兰花的种类及兰根的长短和盆的高矮而定。铺垫物不要填得太密太实，应保留一点孔隙。实践证明，有的新根能在铺垫层的孔隙中生长良好。

（2）栽植。在铺垫层上，先填上 2～3 厘米的培养土，用手稍压实，即可将兰花正立摆布其上，根据植株与花盆大小，可以几个单株、2 丛、3 丛或更多丛种在一个盆里。3 丛宜栽成鼎足之势。4 丛可栽成四方形，5 丛宜列成梅花形。兰根要自然舒展，叶片要四方披拂。要缓缓地将兰根放入盆内，使兰根自然舒展，尽量不与盆内壁碰擦。兰株入盆后，就逐步固定兰株姿势。一盆栽 1 丛的，应使老假鳞茎偏居一侧，使新芽有发展的余地。一盆栽数丛的，每丛的老假鳞茎应相对地集于盆之中间，使新根新芽向外发展各有足够的空间。

（3）填土。栽植时，一手扶叶，一手添加营养土，执住兰株基部稍往上提，以舒展根系，同时摇动兰盆。让培养土深入根际；继续填土并摇动兰盆，调整兰株的位置和高度。用手沿盆边按压，但切勿过重而伤根，继续填土并挤压，直至盆面土壤高出盆口2～3厘米，略呈馒头形。培养土应将全部兰根盖住，掩至假鳞茎基部，填土的深浅，传统认为：春兰宜浅，惠兰宜深，但一般以不埋及假鳞茎上的叶基为度。新发兰花在山野里生长时，植株上留下了土表上下的明显标志，可以此标志为准。花盆的大小也要和植株的大小、多少相称，既不要盆大而株小又少，也不宜盆小而株大又多。一般植株的数量，以预计2～3年后刚好长满盆为原则。植株大小宜与盆的高度相称。这样既利于生长，又符合观赏要求。

（4）铺面。栽植完毕后，可在盆土表面铺上一层小石粒或青苔，最好是林下优质苔藓，既美观、又可调节水分，还可保护叶面不被泥水污染，新芽也不致感染泥土中病菌而烂心；此外，还可减缓雨水对盆土的冲刷，保持盆土疏松。

（5）浇水。栽植完成后，即浇第一遍水，必须让盆土湿透，水滴宜小，冲力忌大。若置于水盆中浸水、切不可浸泡太久。盆土一经浸湿，立即将兰盆搬出，然后移置于荫蔽之处养护。对兰株浇水，要依据影响兰株蒸腾作用的湿度、温度、光照、风力、季节、天气等各种自然因素，从而作出不同的水分管理措施。

要看湿度。如空气中湿度较低，蒸腾作用强，就要多浇水；反之空气中湿度高甚至饱和，蒸腾作用几乎停止，就要少浇水甚至无须浇水。

要看温度。气温高蒸腾作用加快，需水量大，浇水次数亦相应增加。反之气温低，水分子活动缓慢，扩散力弱，需水就少。

要看光照。光照强蒸腾作用加快，加速水分子扩散，需水量多。反之需水就少，因此光照不同，遮光度不同，对水的管理也不同，朝阳的多浇，背阳的少浇。

要看风力。风力强水分蒸发快，风力弱水分蒸发慢，干燥的西南风会增强蒸发，相反潮湿的东南风会导致蒸腾作用相对减弱。置于风口的兰盆受风多水分蒸发快，背风处受风少的兰盆水分蒸发慢。

要看季节，季节不同，温度、湿度、光照均不同，兰株的蒸腾作用差异也很大。气候炎热干旱的夏季多浇，梅雨季少浇或不浇，低温阴冷的冬天不浇，气温较低的早春少浇，气候温和的暮春正值发芽期多浇，干燥的秋季多浇。

要看天气，自然界天气变化无常，不同的天气光照、温度、湿度均不同，兰株的蒸腾作用也千差万别。基本做法是：晴天多浇，阴天少浇，即将下雨不必多浇、下雨（雪）天不浇。

4. 病虫防治

兰花的主要病虫害有：

白绢病：多发生于梅雨季节。应注意通风透光，盆土排水良好予以预防，发病后可去掉带菌盆土，撒上五氯硝基苯粉剂或石灰即可。

炭疽病：终年都有，高温多雨季节更为严重。防治方法除改善环境条件外，发病期可先用50%甲基托布津可湿性粉剂800～1500倍液喷治，然后再辅以1%等量式波尔多液，每半月喷治1次。

介壳虫：在高温多湿、空气流动不畅的情况下，繁殖最快。可用常规法防治。

根腐病又叫线虫病。线虫寄生于兰花根部，能引起根系腐烂，地上叶片生长不良，叶色褪绿、发黄，甚至造成植株萎蔫。线虫危害能造成大量伤口，还会引起其他土传病菌的浸染，导致植株发病，加速植株枯死。栽培基质应消毒，可用100度蒸汽灭菌消毒，杀死虫卵。危害重的要立即换盆，将病株泡入药液中 20 ~ 30 分钟，捞出晾干，用新基质重新栽种。

四、白兰花（图四）

白兰花是华南、西南及东南亚地区生长的常绿原生植物。别名白缅花、缅桂花、天女木兰等，四川称为黄桷兰。白兰花是木兰科含笑属乔木，是由黄玉兰和山含笑自然杂交得到，同属的还有大约 49 种植物。其花形似黄葛树芽包，在西南地区还有黄葛兰的别名。

1. 形态特征

白兰，属木兰科含笑属落叶乔木，高达 17 ~ 20 米，盆栽通常 3 ~ 4 米高，也有小型植株。树皮灰白，幼枝常绿，叶片长圆，单叶互生，青绿色，革质有光泽，长椭圆形。其花蕾好像毛笔的笔头，瓣有 8 枚，白如皑雪，生于叶腋之间。花白色或略带黄色，花瓣肥厚，长披针形，有浓香，花期长，6 ~ 10 月开花不断。如冬季温度适宜，会有花持续不断开放，只是香气不如夏花浓郁。这些花含有芳樟醇、苯乙醇、甲基丁香酚等成分，经收集后可供作熏茶、酿酒或提炼香精。很多表现白兰香型的香水、润肤霜、雪花膏都常用白兰花作配料。

2. 生长特性

白兰花枝干挺拔，叶色苍翠，花朵洁白素雅，香味清幽甜润，含苞欲放时香味最浓郁。花期长，温度适宜可花开不绝。有独特的生长习性。

（1）喜光，不耐荫，但也不可置于烈日下曝晒。如长期放在荫蔽处则枝长叶薄，叶片易脱落，花稀香淡，生长瘦弱；而夏季过于干燥时，应稍遮阴，并在盆周围浇水。

（2）喜温暖、湿润，不耐干旱。白兰花叶大蒸腾快，水分消耗多，夏天往往浇水稍迟，叶缘就会焦萎，甚至灼伤嫩梢。浇水不足，盆土过干，则会出现叶色萎黄焦边现象。浇水要浇透，以免发生“浇根”现象。因白兰花为肉质根，盆中水多、水少均不利于根系的生长，尤其怕积水，易引起根系发黑腐烂，雨季要将盆侧倒，注意防涝；发现烂根所致的黄叶或叶子变红，应严格控制浇水，甚至可待叶片发软挂下时再浇，浇的水要先贮存一下，使其与气温相适应。

白兰应在立冬前入室，否则一次寒霜就会损伤白兰的新梢和嫩叶，可在白天 15 度左右、晚间不低于 5 度的室温中越冬，如见叶子发皱、脱落，就表示受寒了；如叶片出现褐点、干尖、脱落，那就说明越冬室内温度过高。应该注意，不论叶片是因过冷还是因过热而脱落，均影响来年开花。还应注意防止煤烟灰尘，并增加树冠周围的湿度，经常用清水喷洗枝叶，保持叶面清洁，使枝叶鲜绿苍翠。

（3）性喜肥。由于开花次数多，开一次花要消耗大量的营养，故须及时进行补充肥料，否则必然影响开花。宜施腐熟的人粪尿和油枯水，早春施淡液肥，逐步加浓，并掺入适量的硫酸亚铁，不要在过干或过湿时施肥，夏季可在下午浇肥，至傍晚浇清水，将肥水冲淡，驱散根部热气以免烧根，至 9 月底或 10 月初停止施肥。

（4）喜排水性能良好的酸性土壤。如浇灌用水偏碱，会造成植株生长不良，叶色萎黄。

（5）要求通风良好，否则易引起红蜘蛛危害，受害植株叶子发黄脱落。出现此情况除喷药杀虫外，还应将盆移至阴凉处，控制浇水，不久可重新生出新叶。

（6）白兰花一年只在春天及伏天发两次芽，其间枝条有一段停止生长的时期，过后才发第二次芽，边长枝条边开花，每次萌芽后，可开花五六朵，花期为5～9月。所以在生长期要剪去病枝、枯枝、徒长枝，摘除部分老叶，以控制树势生长，以利于促进花蕾的孕育和提高开花质量。摘除老叶时间以第一次生长盛期过后为宜，翌年春季也可适当进行。

（7）扦插不易生根，而且我国栽培的白兰花由于气候等因素，都不能结果收种。可用紫玉兰、黄兰等作砧木，进行嫁接繁殖，砧木可于春季上盆，先栽于盆的一侧，以便靠接时，砧木较易贴近接穗，并可使靠接部位尽量降低。嫁接时间以白兰花生长的旺季最适宜；少量的繁殖，也可用空中压条法，虽数量太少，但成活的把握大。

3. 繁殖与栽培管理

繁殖要点：

（1）压条繁殖：可普压、可高压，注意将枝条固定住或扎紧。对白兰花进行压条繁殖时，可以用普通压条法也可以用高枝压条法，不管普压和高压都尽量选在冬末春初进行，也就是二三月份。普压时可将枝条的枝节处割出一道伤口，然后将枝节慢慢压入土中，同时注意将枝条固定住，以免其上翻，等枝条生根之后就可以和主枝剪离了。用高压法时，同样将枝节处割开，然后用装满营养土的塑料袋将枝条紧紧包裹住，并将袋子用绳子扎紧，其间适当喷水，等枝节处长出新根以后再将之切断种入盆土中。

（2）嫁接繁殖：可靠接、可切接，靠接易成活，切接长得旺。白兰花嫁接时靠接法比较常用，砧木的话可以选用紫玉兰，在白兰和紫玉兰上各选择一段粗细差不多的枝条做接穗，然后分别削去准备进行靠接部位的树皮，将两者被削之处慢慢靠拢，等削口靠在一起后，用湿布条将它们紧紧缠住，一般两个月左右靠接的地方就能够长出新根来，此时便可以将它切下另行种植。切接法用的不多，因此成活率没有靠接法高，不过切接的长势略旺一些。

栽培管理要点：

（1）日照要充足柔和。白天要接受柔和的阳光，午后可适当遮阴。白兰花虽然喜光，但受不了日光的直射，午前我们可以让它直接接受阳光的照射，但是午后一定要注意为它遮阴。夏天的时候可以将白兰花放在树荫下接受散射光的照射，避免阳光直晒导致花叶打蔫。

（2）水肥要勤，冬天除外。平时浇水要勤快，施肥要量大，冬季水要少肥可无。白兰花比较喜欢湿润的生长环境，特别是在炎炎夏季，我们一定要做到每天为白兰花浇一次水，如果天气过热，还要注意多多向它的枝叶上或者周围的地方喷水，以带走周围的热量并增加空气的湿度。同样，施肥的时候也要多施一些稀薄的液肥，5～7天就可以施1次肥，但要注意肥料尽量稀释，不然可能会烧根。冬天的时候浇水次数就需要慢慢减少，施肥可有可无，以不施最好。

（3）温、湿度要适宜。秋分后入室，温度不得低于5度，房间要通风保湿。一般来说，秋分一过就可以将白兰花转移到室内养殖，随着天气逐渐转寒，白兰花的一些保暖问题就要多加注意了。如果室内气温总是在5度以下，白兰花就不能安全地度过冬天。除此之外，房间要尽量通风，如果室内比较干燥时，可以向地面洒点水来保湿。温、湿度对白兰花的正常生长都十分重要，这也是我们需要多加关心的地方。

（4）施肥方法。6～9月是白兰花的盛花期，在这历时近四个月的盛花期间，要想花开不败，加强肥的管理最为重要。白兰花在开花的同时，植株快速生长，需肥量较大。一方面植株开花要耗去大量养分；另一方面植株本身生长也需大量养分，如果肥分不足，不仅会导致花朵越开越小、越少，而且植株本身也会越长越瘦弱。因此，在6～9月必须坚持不断地施足肥液。每5～7天就要施肥1次。浓度以水肥各半最合适。在施肥的同时，应有充足的浇水。

4. 病虫防治

白兰主要的病虫害有黄化病、根腐病、炭疽病及红蜘蛛、介壳虫等。白兰喜酸性土壤，如土壤偏碱性，或浇灌用水也偏碱，容易引起白兰叶片发黄，根系变黑腐烂的黄化病。可用0.2%的硫酸亚铁水溶液喷洒叶面，每5～7天喷1次。还可经常施以0.5%左右的硫酸亚铁水溶液，加以防治。

白兰的炭疽病，初时叶部褪绿，呈黄色小斑点，逐步扩大成圆形，严重时，叶片枯焦、发黑脱落。浇水过多、湿度大、通风不良易发此病。可用50%多菌灵可湿性粉剂500倍液，或50%托布津可湿性粉剂500倍液，每隔5～10天喷洒1次防治。

根腐病，属真菌性病害。白兰花浇水过多或遭受涝害，均易引起根系变黑腐烂，轻者生长不良，叶片萎黄脱落，重者整株死亡。防治方法：努力改善土壤排水条件是防病的重要措施。浇水要见干见湿，浇就浇透，并注意松土；连阴雨天，要防止雨淋，及时倾倒盆内积水；盆底要多垫些碎瓦片等排水物。在室外放置时，最好用砖把花盆垫起来，以利排水。植株生长期染病，可用65%代森锌250倍液、50%代森铵250倍液或50%多菌灵500倍液等化学药剂浇灌根部土壤。

红蜘蛛、介壳虫会使白兰叶子发黄，并吸食叶汁，引起植株枯死，其分泌物会诱发煤烟病。介壳虫一经发现，可用竹片刮除。红蜘蛛可用1000倍20%三氯杀瞄矾，或用50%三硫磷1000倍液喷洒防治。

五、牡丹花（图五）

牡丹又名鼠姑、鹿韭、白茸、木芍药、百雨金、洛阳花、国色天香、富贵花等。芍药科芍药属。原产于中国西部秦岭和大巴山一带山区，为多年生落叶小灌木，生长缓慢，株型小。牡丹是我国特有的木本名贵花卉，有数千年的自然生长和2000多年的人工栽培历史。牡丹素有“国色天香”、“花中之王”的美称。牡丹适应性强，分布很广泛。

1. 形态特征

牡丹花大色艳，品种繁多。有的品种花器齐全，萼片、雄蕊、雌蕊发育正常，如“似荷莲”、“凤丹白”等。但有的品种雄、雌蕊瓣化或退化，形成了多姿形美的花型，五彩缤纷的花朵。花期4～5个月。

根据花瓣层次的多少，传统上将牡丹花分为单瓣（层）类、重瓣（层）类、千瓣（层）类。在这三大类中，又视花朵的形态特征分为：葵花型、荷花型、玫瑰花型、半球型、皇冠型和绣球型六种花型。这种分类方法比较直观地反映了花朵的各种变化形态。

有关牡丹的专家学者与产区的科研人员一起，结合传统的分类方法，经多年实地观察研究及对牡丹花的解剖观察，摸清了花型及花朵构成的演化规律后，提出了新的花型分类，即把牡丹花型分为单瓣型、荷花型、菊花型、蔷薇型、千层台阁型、托桂型、金环型、皇冠型、绣球型和楼子台阁型。

2. 生长特性

牡丹性喜温暖、凉爽、干燥、阳光充足的环境。喜阳光，也耐半阴，耐寒，耐干旱，耐弱碱，忌积水，怕热，怕烈日直射。适宜在疏松、深厚、肥沃、地势高燥、排水良好的中性沙壤土中生长。酸性或黏重土壤中会导致生长不良。

充足的阳光对牡丹生长较为有利，但牡丹不耐夏季烈日曝晒，温度在25度以上便会使植株进入休眠状态。开花适温为17～20度，但花前必须经过1～10度的低温处理2～3个月才可。最低能耐零下30度的低温，但北方寒冷地带冬季需采取适当的防寒措施，以免受到冻害。南方的高温高湿天气对牡丹生长极为不利，因此，南方栽培牡丹需给其特定的环境条件才可观赏到奇美的牡丹花。

3. 繁殖与栽培管理

（1）繁殖方法。常用分株和嫁接法繁殖，也可用播种和扦插。移植适期为9月下旬至10月上旬，不可过早或过迟。喜肥，每年至少应施肥三次，即“花肥”、“芽肥”和“冬肥”。栽培2～3年后应进行整枝。对长势旺盛、发枝能力强的品种，只需剪去细弱枝，保留全部强壮枝条，对基部的萌蘖应及时除去，以保持美观的株形。除芽也是一项极为重要的工作，为使植株开花繁而艳、保持植株健壮，应根据树龄情况，控制开花数量。在早期选留一定数量发育饱满的花芽，将过多的芽和弱芽尽早除去。一般5～6年生的植株，保留3～5个花芽。新栽植的植株，第二年春天应将所有花芽全部除去，不让其开花，以集中营养促进植株的发育。

（2）栽培管理。牡丹为深根性落叶灌木花卉，性喜阳光，耐寒，爱凉爽环境忌高温闷热，适宜于半干半湿的疏松、肥沃、排水良好的沙质土壤中生长。因此一般栽培牡丹花的盆土宜用沙土和饼肥的混合土，或用充分腐熟的厩肥、园土、粗沙以1:1:1的比例混匀的培养土。如栽培土壤中水分过多，其肉质根部容易腐烂。因此，遇到连续下雨的天气时，要及时排水，切不可让其根部积水。牡丹不耐高温，夏季天热时要及时采取降温措施。最好搭个凉棚，为其遮阴。中午前盖上草帘或芦苇，傍晚揭去。这一措施及时做好，可以防止落叶，若任其受热、落叶，将严重影响以后开花。牡丹因根须较长，植株较大，因此适合于地栽，若要盆栽，则应选大型的、透水性好的瓦盆，盆深要求在 30 厘米以上。最好用深度为 60 ~ 70 厘米的瓦缸。

牡丹为肉质根，喜燥忌湿，喜高敞向阳，亦宜单边（侧方）蔽荫。针对牡丹这些生长特性，在栽植时应注意以下几个问题：

牡丹栽植时要因地制宜，栽植地宜选高燥向阳之处，在背阴之处植株生长瘦弱，不能开花。有侧阴之处生长最好。土壤要选择疏松、肥沃、深厚而排水良好的沙质土壤，土壤 PH 值以中性为好，微酸或微碱亦可。

观赏牡丹的栽植，要注意品种、花色及开花期的搭配。栽前要对根部适当修剪，剪去病根和折断的根，再用 0.1% 硫酸铜溶液或 5% 石灰水尺泡根部一个半小时，进行消毒，然后取出用清水冲洗后再进行栽植。栽植深度以根茎交接处与土面齐平为好。栽植时间以 9 月中旬至 10 月下旬为宜。北方地区可适当栽早些，南方地区可适当栽迟些，栽植时间适宜，栽后伤口易愈合，并易于生根，有利于牡丹生长开花。

（1）栽植。选择向阳、不积水之地，最好是朝阳斜坡，土质肥沃、排水好的沙质壤土。栽植前深翻土地，栽植坑要适当大，牡丹根部放入其穴内要垂直舒展，不能拳根。栽植不可过深，以刚刚埋住根为好。

（2）浇水与施肥。栽植前浇 2 次透水。入冬前浇 1 次水，以保证其安全越冬。开春后视土壤干湿情况给水，但不要浇水过量。全年一般施3次肥，第1次为花前肥，施速效肥，以促其花开得大开得好。第2次为花后肥，追施1次有机液肥。第3次是秋冬肥，以基肥为主，促翌年春季生长。另外，要注意中耕除草，无杂草可浅耕松土。

（3）整形修剪。花谢后要及时摘花、剪枝，根据树形自然长势结合自己希望的树形下剪，同时在修剪口涂抹愈伤防腐膜保护伤口，防治病菌侵入感染。若想植株低矮、花丛密集，则短截重些，以抑制枝条扩展和根蘖发生，一般每株以保留5～6个分枝为宜。

（4）花期控制。盆栽牡丹可通过冬季催花处理而在春节开花，方法是春节前60天选健壮鳞芽饱满的牡丹品种（如赵粉、洛阳红、盛丹炉、葛金紫、朱砂垒、大子胡红、墨魁、乌龙捧盛等）带土起出，尽量少伤根、在阴凉处晾12～13天后上盆，并进行整形修剪，每株留10个顶芽饱满的枝条，留顶芽，其余芽去掉。上盆时，盆大小应和植株相配，以达到满意株型。浇透水后，正常管理。春节前50～60天将其移入10度左右温室内每天喷2～3次水，盆土保持湿润。当鳞芽膨大后，逐渐加温至25～30度，夜温不低于15度，如此春节即可见花。

4. 病虫防治

（1）叶斑病。叶斑病也称红斑病，此病为多毛孢属的真菌传染。病菌主要浸染叶片，也浸染新枝。发病初期一般在花后15天左右，7月中旬随温度的升高日趋严重。初期叶背面有谷粒大小的褐色斑点，边缘色略深，形成外浓中淡、不规则的圆心环纹枯斑，相互融连，以致叶片枯焦凋落。叶柄受害产生墨绿色绒毛层，茎、柄部染病产生隆起的病斑，病菌在病株茎叶和土壤中越冬。

防治方法：11月上旬（立冬）前后，将地里的余叶扫净，集中烧掉，以消灭病原菌；发病前（5月份）喷洒

1∶1∶160 的波尔多液，10～15 天喷 1 次，直至 7 月底；发病初期，喷洒 500～800 倍的甲基托布津、多菌灵溶液，7～10 天喷 1 次，连续 3～4 个周期。

（2）紫纹羽病。紫纹羽病为真菌病害，由土壤传播。发病在根颈处及根部，以根颈处较为多见。受害处有紫色或白色棉絮状菌丝，初呈黄褐色，后为黑褐色，俗称“黑疙瘩头”。轻者形成点片状斑块，不生新根，枝条枯细，叶片发黄，鳞芽瘪小；重者整个根茎和根系腐烂，植株死亡。此病多在 6～8 月高温多雨季节发生，9 月以后，随气温的降低和雨水的减少，病斑停止蔓延。

防治方法：选排水良好的高燥地块栽植；雨季及时中耕，降低土壤湿度；4～5 年轮作 1 次；

选育抗病品种；分栽时用 500 倍五氯硝基苯药液涂于患处再栽植，也可用 5% 代森铵 1000 倍液浇其根部；

受害病株周围用石灰或硫磺消毒。

（3）茵核病。茵核病又名茎腐病，病原为核盘菌。发病时在近地面茎上发生水积状斑，逐渐扩展腐烂，出现白色棉状物。也可能浸染叶片及花蕾。

防治方法：选择排水良好的高燥地块栽植；发现病株应及时挖掉并进行土壤消毒；4～5 年轮作 1 次。

经常见的还有炭疽病、锈病。炭疽病是在叶面上发生圆形或不规则形淡褐色凹陷病斑，扩展后边缘为紫褐色；锈病则是在叶背着生黄色孢子堆，引起叶片褪绿，后期病叶上生柱状毛发物。防治方法同叶斑病。

（4）黄叶病。牡丹缺磷时，植株生长缓慢矮小，瘦弱，叶小易脱落，色泽一般呈暗绿或灰绿色，缺乏光泽。先从茎基部老叶开始，逐渐向上部扩展。

缺镁、锰、硼、铜等微量元素叶片也会出现黄化、坏死、叶尖枯萎等症状，应结合喷药，于花期后喷洒磷酸二氮钾及微肥以补充营养。牡丹发生病变，叶片也可呈现色泽深浅不匀、黄绿相间的斑驳，即“花叶”。这是病毒病最常见的症状，需加以区别。

牡丹栽培地多为多年重茬、连茬地，其中病菌很多，尤其是真菌中的镰孢菌，会造成牡丹根、茎基部腐烂，因而吸水、吸肥能力减弱，引起下部叶片逐渐向上变黄脱落或枯焦，而牡丹新梢顶心和新叶颜色仍属正常。这是牡丹干旱时根腐烂表现出的黄叶症状。

六、芍药（图六）

芍药，别名将离、离草，是芍药科芍药属的著名草本花卉。其在中国的栽培历史超过4900年，是中国栽培最早的一种花卉。芍药可分为草芍药、美丽芍药、多花芍药等多种品种。芍药花瓣呈倒卵形，花盘为浅杯状，其根制成中药具有镇定、镇痛的药用价值。位列草本之首，被人们誉为“花仙”和“花相”，且被列为“六大名花”之一，又被称为“五月花神”，因自古就作为爱情之花，现已被尊为七夕节的代表花卉。另外，芍药在红楼梦中是一种重要的花，“史湘云醉眠芍药茵”是红楼梦中最美丽的情景之一。

1. 形态特征

芍药为多年生宿根草本植物，从种子萌芽直至死亡，在全部的生命活动中，经历生长、开花、结果、衰老、死亡等生命过程，这一全过程称为生命周期，也称大发育周期。就实生植株而言，生命周期可分为3个发育时期，实生苗约4年开花，开花前为幼年期，播种出苗后第一年，株离3~4厘米，长1~2片叶，根长8~10厘米，根上部较粗，直径约0.4~0.5厘米。第二年春天，株高达7~8厘米，生长较好的植株可达15~29厘米。第三年春天，有少数植株即已开花，株高15～60厘米，仅一主根发达。第四年植株皆可开花。进入成年期后，生长旺盛，开花繁茂，处于最佳观赏期。只要环境适宜，成年期可持续二三十年，然后进入衰老期，直至枯萎。分株苗直接进入成年期，二三十年后逐渐衰老。

2. 生长特性

（1）温度。芍药是典型的温带植物，喜温耐寒，有较宽的生态适应幅度。在中国北方地区可以露天栽培，耐寒性较强，在黑龙江省北部一带，年生长期仅120天，极端最低温度为零下46.5度的条件下，仍能正常生长开花，露地越冬。夏天适宜凉爽气候，但也颇耐热，如在安徽省亳州，夏季极端最高温度达42.1度，也能安全度夏。

（2）光照。芍药生长期光照充足，才能生长繁茂，花色艳丽。但在轻荫下也可正常生长发育，在花期又可适当降低温度、增加湿度，免受强烈日光的灼伤，从而延长观赏期，但若过度庇荫，则会引起生长衰弱、不能开花或开花稀疏。

芍药是长日照植物，在秋冬短日照季节分化发芽，春天长日照下开花。花蕾发育和开花，均需在长日照下进行。若日照时间过短（低于8小时），会导致花蕾发育迟缓，叶片生长加快，开花不良，甚至不能开花。

（3）土壤。芍药是深根性植物，所以要求土层深厚，又是粗壮的肉质根，适宜疏松而排水良好的沙质壤土，在黏土和沙土中生长较差，土壤含水量高、排水不畅，容易引起烂根，以中性或微酸性土壤为宜，盐碱地不宜种植。以肥沃的土壤生长较好，但应注意含氮量不可过高，以防枝叶徒长，生长期可适当增施磷、钾肥，以促使枝叶生长茁壮，开花美丽。芍药忌连作，在传统的芍药集中产区，在同一地块上，多年连续种植芍药，是很普遍的现象，这已造成严重的损失，不仅病虫害严重，产量和质量下降，甚至会导致大面积死亡。所以，必须进行科学合理的轮作制度。

（4）水分。芍药性喜地势高敞、较为干燥的环境，不需经常灌溉。芍药因为是肉质根，特别不耐水涝，积水6～10小时，常导致烂根，低湿地区不宜作为我国的芍药产区，每次水灾，对芍药几乎都是毁灭性的，只有在高敞处，未被水淹的芍药才能被留下。

3. 繁殖与栽培管理

分株繁殖法：分株时间最好在9月下旬至10月上旬，这时芍药地上部分已停止生长，根茎养分最充足，分株栽植后，根系尚有一段恢复生长的时间，对来年全株生长有利。先将母株的根掘出，震落附土，晾一天，再顺着芍药的自然分离处将根分开，用利刀切分，每丛根带有4～5个芽。根部切口最好涂以硫磺粉，以防病菌侵入，再晾1～2天即可分别栽植。

芍药生长特点是春季萌芽后迅速生长开花，开花后即停止向上生长，叶数也不再增加。秋末地上茎叶全部枯死，地下长纺锤形的肉质根，积累着充足的养料，深深地埋在土中，根颈处长着待发的幼芽，翌年春回大地时便破土而出。芍药定植后不能经常移栽，否则会损伤根部，影响生长和开花，为使芍药良好生长，每年需进行合理施肥。第一次在3月出芽时施用，第二次在4月现花蕾时施用，第三次在5月下旬花谢后施用，第四次在8月下旬处暑以后，植株孕育翌年花芽时施用，第五次在11月，在植株周围开沟施冬肥。每次施肥后，都要浇足水，并应立即松土，以减少水分蒸发。雨季应经常中耕除草。

按每百斤沙质壤土加30斤肥再加2～3斤过磷酸钙的比例充分拌匀，再喷水堆沤1～2月。庭院种植也必须提前在冬季挖穴。

芍药是深根花卉，要选择深盆栽植，家庭养花一般应选择直径 30 厘米、深 40 ~ 50 厘米的深盆为好，每盆栽 2 ~ 3 株为宜。要讲究栽培技术，先铺 3 ~ 5 厘米的煤渣作滤水层，再填 15 ~ 20 厘米备好的盆土，再将种苗分散直立于盆中，理顺根系，再填盆土，边填土边轻压，使根系与土壤充分结合，填土高度以超过根芽顶端 4 ~ 5 厘米为好。浇透定根水，放于通风向阳处养护。

当早春根芽出土时要结合浇水，轻施一次以氮肥为主的稀薄液肥，加速营养生长。到 4 月中旬芍药进入蕾期，这时由营养生长为主转入以生殖生长为主。从现蕾到开花有 1 个月左右时间，在此期间可追施 1 ~ 2 次复合肥（2 斤肥兑 100 斤水），喷施 2 ~ 3 次 0.2% 的磷酸二氢钾肥液，以促进花大色艳。花期过后，要及时剪去凋谢的花朵，减少体内营养消耗。同时要追施一次以氮肥为主的液肥，加速根部幼芽的生长。冬季，芍药进入休眠状态，对水分需求量减少，只要土壤保持有墒就行，但必须结合中耕松土埋施适量腐熟的饼肥或厩肥，以补充土壤消耗的养分，为明年春季壮苗打好基础。

疏蕾防倒。生长较好的芍药，不仅枝繁叶茂，而且每枝花茎上都要长出 3 ~ 5 个花蕾，为了使花大色艳，一般采取两次疏蕾。第一次在花蕾有黄豆般大小时，选在晴天上午进行疏蕾，每一花茎上只留顶端的 1 ~ 2 个花蕾，其余全部剪掉。第二次在花蕾 2 厘米大时，剪掉 1 个预备蕾只留花茎顶端的主蕾。到含苞绽放时，细软的花茎已无力支撑膨大的花蕾，要及时插入细竹竿加以支撑，使硕大艳丽的花朵挺立在绿叶之中，以使其更显生机盎然，提升观赏价值。

盆栽芍药，霜降后剪去枯萎枝叶，以防滋生病虫。越冬期间无需移入室内，放置在阳台上或房檐下阳光充足处，盆土不要过干即可。芍药开花前，侧蕾出现后，可及时摘除，以便养分集中，促使顶蕾花大花美。花谢后，如不打算播种繁殖，应随时剪去花梗，以免结籽，消耗养分。

4. 病虫防治

为害芍药的害虫有蛴螬、红蜘蛛和蚜虫。为防蛴螬咬食芍药根，每年初春可用1000倍50%辛硫磷稀释液灌根防治。对红蜘蛛和蚜虫可用乐果喷杀。芍药的病害主要有褐斑病，其症状是，夏季芍药叶片上出现褐色斑点，到秋后，叶片逐渐枯萎，甚至全株死亡。防治方法是，从4月起至秋后，每月喷波尔多液1~2次。

七、茶花（图七）

茶花，又名山茶花、耐冬花、曼陀罗等，是杜鹃花目山茶科山茶属植物，原产于我国西南，现世界各地普遍种植。茶花为中国传统名花，世界名花之一，是云南省省花，重庆市、浙江宁波市等市市花，云南省大理白族自治州州花。花瓣呈碗形，单瓣或重瓣，有“十八学士”、“六角大红”等多种名贵品种，可采用扦插和靠接法种植。由茶花制成的养生花茶有治疗咯血、咳嗽等疗效。茶花因其植株形姿优美，叶浓绿而光泽，花形艳丽缤纷，而受到世界园艺界的珍视，其花语为“可爱、谦逊、谨慎”。我国山茶花的栽培早在隋唐时代就已进入宫廷和百姓庭院了。到了宋代，栽培山茶花之风日盛。南宋诗人范成大曾以“门巷欢呼十里寺，腊前风物已知春”的诗句，来描写当时成都海六寺山茶花的盛况。

1. 形态特征

茶花属常绿灌木，高1~3米，嫩枝、嫩叶具细柔毛，单叶互生，叶柄长 3 ~7 毫米，叶片薄革质，椭圆形或倒卵状椭圆形，长 5 ~12 厘米，宽 1.8 ~4.5 厘米，先端短尖或钝尖，基部楔形，边缘有锯齿，下面无毛或微有毛，侧脉约 8 对，明显。

花两性，芳香，通常单生或 2 朵生于叶腋，花梗长 6 ~10 毫米，向下弯曲，萼片 5 ~6 片，圆形，被微毛，边缘膜质，具睫毛，宿存，花瓣 5 ~8 片，宽倒卵形，雄蕊多数，外轮花丝合生成短管，子房上位，被绒毛，3 室，花柱 1，顶端 3 裂。蒴果近球形或扁形，果皮革质，较薄。种通常 1 ~3 颗，近球形或微有棱色。花期 10 ~11 月，果期次年 10 ~11 月。

2. 生长特性

茶花生长适温在 20 ~25 度，29 度以上时停止生长，35 度时叶子会有焦灼现象，要求有一定温差。环境湿度 60% 以上，大部分品种可耐零下 8 度低温（自然越冬，云茶稍不耐寒），在淮河以南地区一般可自然越冬。喜酸性土壤，并要求有较好的透气性。

为有利于根毛发育，通常可用泥炭、腐锯木、红土、腐殖土，或以上的混合基质栽培。茶花春、秋、冬三季可不遮阴，夏天可做 50% 遮光处理。茶花的花期较长，一般从 10 月始花，翌年 5 月终花，盛花期 1 ~3 个月。

3. 繁殖与栽培管理

茶花的繁殖方法很多，有性繁殖和无性繁殖均可采用，其中扦插和靠接法使用最普遍。

（1）扦插法。此方法最简便，扦插时间以 9 月间最为适宜，春季亦可。选择生长良好，半木质化枝条，除去基部叶片，保留上部 3 片叶，用利刀切成斜口，立即将切口浸入 200 ~500ppm 吲哚丁酸 5 ~15 分钟，晒干后插入沙盆或蛭石盆，插后浇水 40 天左右伤口愈合，60 天左右生根。用激素处理后扦插比不用激素的提早 2 ~ 3 个月出根。用蛭石作插床，出根也比沙床快得多。

（2）靠接法。选择适当的品种如茶或油茶作砧木，靠接名贵的茶花。靠接的时间一般在清明节至中秋节之间。先把砧木栽在花盆里，用刀子在所要结合的部位分别削去一半左右，切口要平滑，然后使双方的切面紧密贴合，用塑料薄膜包扎，每天给砧木淋水两次，60 天后即可愈合。到时可剪下栽植，并置于树荫下，避免阳光直射。翌年 2 月，用刀削去砧木的尾部，再行定植。

（3）叶插法。茶花繁殖一般采用枝条扦插繁殖，但有些名贵品种由于受枝条来源的限制，或考虑到取材后会影响其树形，所以也采用叶插法。以山泥作扦插基质，可拌入 1/3 的河沙，以利通气排水，基质盛在瓦盆中，然后进行盆插。叶插最好在雨季进行，取一年生叶片作叶插材料，太老不易生根，过嫩容易腐烂。插入土中约 2 厘米，插后压紧土壤，浇足水，然后放在阴凉通风的地方。一般 3 个月可以发根，第二年春可以发芽抽枝。

（4）高插法。高插法最大的特点，就是可以将茶花上本应修剪掉的弱小枝条，全部赋予新的生命。且此法成活率高，复壮快，开花早。其方法是：将需要修剪掉的瘦弱枝条，在适当的位置进行环剥（一般上部可留成 15 ~ 25 厘米枝条），环剥长度可在 5 ~ 8 毫米之间，绑扎大小适当的塑料膜，膜内填入经消毒杀菌的草炭土或腐叶土，过 7 ~ 10 天后，在塑膜的下部再环剥 5 ~ 8 毫米，这叫双环剥高插法。

栽培要点：

（1）栽植。长江以北春植为好，长江以南秋植为好。地栽应选排水良好、保水性能强。富含腐殖质的沙壤土。盆栽选用腐叶土、沙土、厩肥土各 1/3 配制，或腐叶土 4

份，草炭土 5 份、粗沙 1 份混合的培养土。PH 值 5～6.5。栽植地应选不积水、烈日曝晒不到的地方。盆栽山茶冬季入室置于通风透光处，夏出房置于荫棚或其他可遮荫处。茶花忌乱移动位置，否则对其生长不利。

（2）光照与温度。山茶为长日照植物。在日长 12 小时的环境中才能形成花芽。最适生长温度为 18～25 度，最适开花温度 10～20 度，高于 35 度会灼伤叶片。不耐寒，冬季应入室，温度保持在 3～5 度，也能忍耐短时间零下 10 度的低温，但不能长时间超过零下 16 度，否则会促使其发芽，引起落叶。生长期要置于半阴环境中，不宜接受过强的直射阳光。特别是夏、秋季要进行遮阴，或放树下树荫处。

（3）浇水与施肥。山茶对肥水要求较高，中性和碱性壤土均不利其生长。北方尤其要注意将碱性水经过酸化处理后才可浇花，具体办法是将自来水贮放 2 天，使水中的氯气挥发掉，再加入适量硫酸亚铁（0.5% 左右）。浇水量不可过大，否则易烂根。盆土也不能干，否则易使根因失水而萎缩，以保持盆土和周围环境湿润为宜。花期勿喷水。施肥以稀薄矾肥水为好，忌施浓肥。一般春季萌芽后，每 17 天施 1 次薄肥水，夏季施磷肥、钾肥，初秋可停肥 1 个月左右，花前再施矾肥水，开花时再施速效磷、钾肥，使花大色艳，花期长。

（4）整形修剪。地栽山茶主要剪去干枯枝、病弱枝、交叉枝、过密枝等明显影响树形的枝条，以及疏去多余的花蕾。盆栽山茶除以上工作外，还应根据个人喜好进行整形修剪，但不宜重剪，因其生长势不强。

（5）花期控制。因山茶不耐寒，延缓花期不太常用。一般用选择品种、温度控制、激素处理等办法来控制花期。欲使山茶“十一”开花，可在 7 月中旬或 8 月初用毛笔蘸 0.1% 的赤霉素，点涂于花蕾上，每 3 天涂 1 次，肥水正常管理。9 月看花蕾生长情况决定是否涂花蕾，若估计“十一”开花不保险，可增加涂蕾次数，增加肥水量，促花蕾迅速生长，使“十一”见花。

4. 病虫防治

茶花主要病害有轮纹病、炭疽病、枯梢病、叶斑病、烟煤病等，主要防治药剂有：退菌特 800 倍、多菌灵 500 倍、百菌清 800 倍、克霉灵 800 倍，定期防治，花前要注意灰霉病、花枯病防治。

茶花虫害以红蜘蛛、蚜虫、介壳虫、卷叶蛾、造桥虫为主，主要防治药剂用氯氰菊酯 15 毫升 + 水胺硫磷 20 毫升或久效磷 25 毫升兑 30 斤水喷雾。

八、杜鹃花（图八）

杜鹃花是中国十大名花之一，又名映山红、山石榴、山踯躅、红踯躅等，杜鹃花科杜鹃花属。在所有观赏花木之中，称得上花叶兼美，地栽、盆栽皆宜。白居易赞曰：“闲折二枝持在手，细看不似人间有，花中此物是西施，鞭蓉芍药皆嫫母。”在世界杜鹃花的自然分布中，中国以杜鹃花种类之多、数量之巨著称，中国是杜鹃花资源的宝库。现在江西、安徽、贵州以杜鹃为省花，定为市花的城市更多。

1. 形态特征

杜鹃花为有刺灌木或小乔木，高 1～10 米，有时呈攀援状，多分枝，枝粗壮，嫩枝有时有疏毛。刺腋生，对生，粗壮，长 1～5 厘米。叶纸质或近革质，对生或簇生于抑发的侧生短枝上，倒卵形或长圆状倒卵形，少为卵形至匙形，长 1.8～11.5 厘米，宽 1～5.7 厘米，顶端钝或短尖，基部楔形或下延，两面无毛或有糙伏毛，或沿中脉和侧脉有疏硬毛，下面脉腋内常有短束毛，边缘常有短缘毛，侧脉纤细，4～7对，在下面稍凸起，在上面平，叶柄长2～8毫米，有疏柔毛或无毛。托叶膜质，卵形，顶端芒尖，长3～4毫米。

花单生或2～3朵簇生于具叶、抑发的侧生短枝的顶部，花梗长2～5毫米，被棕褐色长柔毛。萼管钟形或卵形，长3.5～7毫米，宽4～5.5毫米，外面被棕褐色长柔毛，檐部稍扩大，顶端5裂，裂片广椭圆形，顶端尖，长5～8毫米，宽3～6毫米，具3脉，外面被棕褐色长柔毛，里面被短硬毛。花冠初时白色，后变为淡黄色，钟状，外面密被绢毛，冠管较阔，长约5毫米，喉部有疏长柔毛，花冠裂片5片，卵形或卵状长圆形，长6～10毫米，宽约5.5毫米，广展，顶端圆。花药线状长圆形，伸出，长约3毫米。子房2室，每室有胚珠多颗，花柱长约4毫米，柱头纺锤形，顶端线2裂，长约2毫米。浆果大，球形，直径2～4厘米，无毛或有疏柔毛，顶冠以宿存的萼裂片，果皮常厚，种子多。花期3～6月，果期为5月～翌年1月。

2. 生长特性

我国除新疆外南北各省区均有分布，尤以云南、西藏和四川种类最多，为杜鹃花属的世界分布中心。杜鹃花属种类多，习性差异大，但多数种产于高海拔地区，喜凉爽、湿润气候，恶酷热干燥。要求富含腐殖质、疏松、湿润及PH值在5.5～6.5的酸性土壤。部分品种及园艺品种的适应性较强，耐干旱、瘠薄，土壤PH值在7～8也能生长。但在黏重或通透性差的土壤上，会生长不良。杜鹃花对光有一定要求，但不耐曝晒，夏秋应有落叶乔木或荫棚遮挡烈日，并经常以水喷洒地面。杜鹃花抽梢一般在春秋两季，以春梢为主。最适宜的生长温度为15～20度，气温超过30度或低于5度则生长停滞。冬季有短暂的休眠期，以后随温度上升，花芽逐渐膨大，一般露地栽培在3～5月开花，高海拔地区则晚至7～8月开花。北方在温室栽培，1～2月即可开花。杜鹃花耐修剪，隐芽受刺激后极易萌发，可借此控制树形，复壮树体。一般在5月前进行修剪，所发新梢，当年均能形成花蕾，过晚则影响开花。一般立秋前后萌发的新梢，尚能木质化。若形成新梢太晚，冬季易受冻害。为常绿或落叶灌木。

3. 繁殖与栽培管理

杜鹃的繁殖，可以用扦插、嫁接、压条、分株、播种五种方法，其中以采用扦插法最为普遍，繁殖量最大。压条成苗最快，嫁接繁殖最复杂。只有扦插不易成活的品种才用嫁接，播种主要用于培育品种。

采用扦插繁殖，扦插盆以20厘米口径的浅瓦盆为好，因其透气性良好，易于生根。可用20%腐殖园土、40%马粪屑、40%的河沙混合而成的培养土为基质。扦插的时间在春季（5月）和秋季（10月）最好，这时气温在20～25度，最适宜扦插。扦插时，选用当年生半木质化发育健壮的枝梢作插穗，切取6～10厘米，切口要求平滑整齐，剪除下部叶片，只留顶端3～4片小叶。购买维生素B_{12}针剂1支，打开后，把扦插条在药液中蘸一下，取出晾一会儿即可进行扦插。插前，应在前一天用喷壶将盆内培养土喷潮，但不可喷得过多，到第二天正好潮润，最适合扦插。插的深度为3～4厘米。插时，先用筷子在土中攒个洞，再将插穗插入，用手将土压实，使盆土与插穗充分接触，然后浇一次透水。插好后，花盆最好用塑料袋罩上，袋口用带子扎好，需要浇水时再打开，浇实后重新扎好。扦插过的花盆应放置在无阳光直晒处，10天内每天都要喷水，除雨天外，阴天可喷1次，气候干燥时宜喷

2 次，但每天喷水量都不宜过多。10 天后仍要经常注意保持土壤湿润。4 ~5 个星期内要遮阴，直至萌芽以后才可逐渐让其接受一些阳光。一般约需 2 个月后生根。此后只需要在中午遮阴 2 ~3 小时，其余时间可任其接受光照，以利其在光合作用中自行制造养分。

养坯过程中应经常向叶面及树干喷水，以增加空气湿度，但根部不要过湿，特别是要避免积水，否则会造成烂根，夏季注意遮光，以防烈日曝晒。杜鹃花可制作成直干式、斜干式、曲干式、双干式、多干式、露根式、悬崖式、附石式、水旱式等多种形式的盆景。对于扦插、压条等方法繁殖的幼苗可在生长 3 ~4 年后逐年进行造型，造型时间多在春季萌芽前或夏、秋的生长季节进行，方法以修剪为主，蟠扎为辅，造型时应遵循先粗后细的原则，对主干、主枝进行适当蟠扎，其他枝条则以修剪的方法使之成型，由于杜鹃花枝干比较脆弱，容易折断，操作时应小心谨慎。

杜鹃花喜温暖湿润的半阴环境，要求有良好的通风。平时可放在光线明亮处养护，夏季和初秋的高温季节要进行遮光，避免烈日曝晒，否则强光会灼伤叶片，但也不能过于荫蔽，以免植株徒长，影响开花，可放在荫棚下或树阴下养护。生长期保持土壤湿润，但不要积水，雨季注意排水，空气干燥时可向植株及周围地面洒水，以增加空气湿度，防止叶片干枯。还可在盆土表面覆盖一层软草，以防烈日灼伤盆土表面的细须根。每 15 天左右施 1 次腐熟的稀薄液肥，为预防黄化病的发生，可在肥液中加入少量的黑矾，以使叶色浓绿光亮。现蕾期增施 1 ~2 次骨粉、过磷酸钙之类的磷肥，可促使花大色艳。冬季移入室内阳光充足处，维持零度以上土壤不结冰，并控制浇水，使盆土稍湿润即可。每年的花后进行 1 次修剪，剪除病虫枝、干枯枝、交叉枝、重叠枝、细弱枝、徒长枝，对过长的枝条也要适当截短，以使株形优美、枝条分布合理，加强内膛的通风透光性，有利于植株的生长。每两年左右的春季或秋末翻盆1次，盆土宜用含腐殖质丰富、肥沃疏松的微酸性沙质土壤。

若想春节见花，可于1月或春节前20天将盆花移至20度的温室内向阳处，其他管理正常，春节期间可观花。若想“五一”见花，可于早春萌动前将盆移至5度以下的室内冷藏，4月10日移至20度温室向阳处，4月20日移出室外，“五一”可见花。因此，温度可调节花期，随心所愿，适时开放。另外，不同时期的修剪，也影响花期的早晚。

杜鹃花施肥要掌握季节，并做到适时、适量及浓度配置适当。杜鹃花的根系很细密，吸收水肥能力强，喜肥但怕浓肥。一般人粪尿不适用，适宜追施矾肥水。

杜鹃花的施肥还要根据不同的生长时期来进行，3～5月，为促使枝叶及花蕾生长，每周施肥1次。6～8月是盛夏季节，杜鹃花生长渐趋缓慢而处于半休眠状态，过多的肥料不仅会使老叶脱落、新叶发黄，而且容易遭到病虫的危害，故应停止施肥。9月下旬天气逐渐转凉，杜鹃花进入秋季生长，每隔10天施1次20%～30%的含磷液肥，可促使植株花芽生长。一般10月以后，生长基本停止，就不用再施。

4．病虫防治

（1）红蜘蛛。可用40%乐果1500～2000倍液、58%风雷激乳油1500～2500倍液等喷杀。

（2）军配虫（梨网蝽）。可用50%杀螟松1000倍液喷杀。

（3）茶蓑蛾（袋子虫、袋蛾）。可用90%敌百虫

2000倍液喷杀。

（4）茶长卷叶蛾（黏叶虫）。可用黑光灯诱杀成虫，用20%灭幼脲悬浮剂8000倍液、20%多虫畏2000倍液等喷杀幼虫。

（5）失绿病。此病的发生主要是土质碱性缺铁而引起。出现此症状时，及时对植株喷施0.2%～0.5%硫酸亚铁溶液，效果比直接施入土中更好。

（6）尺蠖。可用黑光灯诱杀成虫，用20%菊杀乳油2000倍液、25%锋芒乳油800～1000倍液等喷杀幼虫。

（7）褐斑病。可用70%甲基托布津1000倍液、65%代森锌600～800倍液等喷洒。每隔5～7天喷1次。视病情连喷3～5次。

（8）叶肿病（饼病）。加强栽培管理，注意环境通风、透光，发现病叶、病梢应及时彻底摘除，并及时销毁，在春季发芽前用1波美度石硫合剂喷洒植株1次，在展新叶期间用0.5波美度石硫合剂或1%波尔多液，叶面喷洒2～3次，每隔7～10天喷洒1次。

九、腊梅（图九）

腊梅又名黄金茶、黄梅、黄梅花、金梅、蜡花、腊梅花、蜡木等，是腊梅科腊梅属的植物，分布于朝鲜、美洲、日本、欧洲以及中国内地的湖南、福建、山东、江苏、安徽、云南、河南、湖北、浙江、四川、贵州、陕西、江西等地，生长于海拔300～700米的地区，常生于山地林中。

1. 形态特征

落叶灌木，高可达4米。幼枝四方形，老枝近圆柱形，灰褐色，无毛或被疏微毛，有皮孔。鳞芽通常生于第二年生的枝条叶腋内，芽鳞片近圆形，覆瓦状排列，外面被短柔毛。叶纸质至近革质，卵圆形、椭圆形、宽椭圆形至卵状椭圆形，有时长圆状披针形，长5~25厘米，宽2~8厘米，顶端急尖至渐尖，有时具尾尖，基部急尖至圆形，除叶背脉上被疏微毛外无毛。花着生于第二年生枝条叶腋内，先花后叶，芳香，直径2~4厘米。花被片圆形、长圆形、倒卵形、椭圆形或匙形，长5~20毫米，宽5~15毫米，无毛，内部花被片比外部花被片短，基部有爪。雄蕊长4毫米，花丝比花药长或等长，花药向内弯，无毛，药隔顶端短尖，退化雄蕊长3毫米。心皮基部被疏硬毛，花柱长达子房3倍，基部被毛。果托近木质化，坛状或倒卵状椭圆形，长2~5厘米，直径1~2.5厘米，口部收缩，并具有钻状披针形的被毛附生物。花期为11月至翌年3月，果期为4~11月。

2. 生长特性

腊梅性喜阳光，亦耐半阴。怕风，较耐寒，在不低于零下15度时能安全越冬，北京以南地区可露天栽培，花期遇零下10度低温，花朵受冻害。好生于土层深厚、肥沃、疏松、排水良好的微酸性沙质壤土中，在盐碱地上生长不良。耐旱性较强，怕涝，故不宜在低洼地栽培。树体生长势强，分枝旺盛，根茎部易生萌蘖。耐修剪，易整形。先花后叶，花香浓郁。果托坛状，瘦果椭圆形，栗褐色，有光泽，7~8月成熟。

腊梅分布范围遍及华中、华东以及四川等地。全国除华南外各大城市均有栽植。

3. 繁殖与栽培管理

腊梅常用嫁接、扦插、压条或分株法繁殖。经嫁接法应用较多。

（1）嫁接选2~3年生的腊梅为砧木，用靠接或切接法嫁接，通常多采用靠接法。早春3月，把砧木与接穗的树皮削开，相互靠拢接合缚紧，接合部用塑料条缠好，使其愈合成活。成活后当年冬季就可与母株分栽。扦插以夏季嫩枝为好，插穗用50毫克/公斤生根粉浸泡6小时后，插在遮阴的塑料薄膜棚内，20～30天即可生根移植。

（2）分株是取基部带有多个须根的苗，分株后剪去上部枝条，施以稀薄液肥，上部盖帘遮阴。春秋季还可用压条繁殖。

腊梅怕风，风大会因相互摩擦而令叶片造成锈斑。腊梅耐旱，但夏季酷热不可缺水，以免叶片形成枯干发白的块斑，影响花芽形成，浇水以半墒为宜。腊梅必须在花谢后及时修剪。腊梅喜肥，每月可挖15～18厘米深环状沟施薄肥1次，不可施农肥，以免入秋后“贪青”。秋季落叶前增施追肥，磷、钾、氮的比例为2:1:0.5较宜。腊梅为深根性树种，须用深盆栽植。2～3年换盆1次，去掉土团上的表土，使其根茎逐渐露出盆土面，悬根露爪，分外别致。

腊梅不适合种植在过于温暖的地区，因为花开对气温的要求是-10～0度的气温持续至少5天。

盆栽腊梅须注意事项：

（1）适期修剪。腊梅发枝力强，素有“腊梅不缺枝”的谚语，通过适期修剪使其萌发更多的强壮花枝条，使其多开花。一般宜在花谢后发叶之前适时修剪，剪除枯枝、过密枝、交叉枝、病虫枝，并将一年生的枝条留基部2～3对芽，剪除上部枝条促使萌发分枝。待新枝长到2～3对叶片之后，就要进行摘心，促使萌发短壮花枝，使株型匀称优美。修剪多在3～6月进行，7月以后停止修剪。如果不适期修剪，就会抽出许多徒长枝，消耗养分，以致花芽分化不多，影响开花。

（2）适时施肥。腊梅属喜肥花卉，适时施肥能促进花芽分化，多开花。盆栽腊梅，因盆土有限，土壤要选择合腐殖质高、疏松通气沙质营养土壤。春季施两次展叶肥，6月底至入伏前每10天左右施1次复合肥。伏天又是花芽分化期。也是新根生长旺盛期，再施1～2次磷钾肥，此时施肥宜薄宜稀，否则容易烧根。秋凉后施一次干肥，每盆施40～60克腐熟的枯饼粉，能更好地促进花芽生长，入冬前后再施1～2次有机液肥，作为开花时所需要养分。腊梅施肥以磷、钾为主，氮肥少施，磷、钾、氮大体比例是2:1:0.5。这样施肥腊梅开的花大、花多而且香浓。

（3）适量浇水。腊梅特性是耐旱怕涝，如水分过高，土壤过于潮湿，植株生长不良，影响花芽分化。因此，盆栽以腊梅应保持土壤偏干为宜，平时不干不浇，浇则浇透，但“三伏天”高温季节要多浇水，保持植株正常生长，使花芽正常发育。花前或开花期尤其要注意必须适量浇水，如果浇水过多容易落蕾落花，但水分过少花开得也不整齐。

4. 病虫防治

腊梅的病害较少、虫害较多，常见有蚜虫、介壳虫、刺蛾、卷叶峨等，蚜虫在嫩梢嫩叶花蕾上吸食汁液，介壳虫在枝上吸汁为害，刺蛾、卷叶蛾咬食叶片、新芽、花蕾等。防治方法上要采取预防为主，将花盆放在采光通风好的环境中生长，减少病虫害的发生。如发现上述害虫，可用50%杀螟松1000倍液喷杀，为了减少对养花环境的污染也可用土办法灭虫，如介壳虫可采用酸醋溶液杀灭，蚜虫可用洗衣粉水杀灭，如果量少也可人工捕杀。

十、四季桂（图十）

四季桂别称月月桂，俗称桂花，木樨科木樨属。花朵颜色稍白，或淡黄，香气较淡，叶片薄。四季开花。夏、秋两季芳香浓郁，春、冬两季微有香气。既可美化环境，又可入药。其根炖肉服，治虚火牙痛、喉痛。是制作桂花糖、桂花茶、桂花酒、桂花糕的重要原料。

1. 形态特征

四季桂为常绿灌木，花黄白色或淡白色，一年开花数次，但仍以秋季为主。植株较小，以灌木为主，叶片较其他品种薄。

四季桂是桂花中的一个优良品种，它与其他桂花不同的是，一年四季均有花开。花初开时淡黄色，后变为白色，盛开时清香扑鼻。每一花序由 12 ~ 20 朵小花组成，花期为 5 ~ 7 天。四季桂植株矮小，叶片大而常绿，比较适应家庭种植。多见于长江流域及其以南地区，北方地区多见盆栽。常植于园林内、道路两侧、草坪和院落等地，是机关、学校、军队、企事业单位、街道和家庭的最佳绿化树种。由于它对二氧化疏、氟化氢等有害气体有一定的抗性，也是工矿区绿化的优良花木。它与山、石、亭、台、楼、阁相配，更显端庄高雅、悦目怡情。它同时还是盆栽的上好材料，做成盆景后能观形、识花、闻香，真是“一举三得”。

除此之外，桂花材质硬、有光泽、纹理美丽，是雕刻的良材。

桂花是制作桂花糖、桂花茶、桂花酒、桂花糕的重要原料，从桂花中提炼的香精，广泛运用于食品行业和化工业。

桂皮可提取染料和鞣料，桂叶可作为调料。为食品增进清香。

2. 生长特性

四季桂，弱阳性，喜温暖湿润气候，有一定的抗寒能力，但不耐严寒。喜光，也耐阴，在幼苗时要有一定的遮阴度。对土壤要求不高，喜地势高燥、富含腐殖质的微酸性土壤，尤以土层深厚、肥沃湿润、排水良好的沙质土壤最为适宜。不耐干旱瘠薄土壤，忌盐碱土和涝积地，栽植于排水不良的过湿地，会造成生长不良、根系腐烂、叶片脱落，最终导致全株死亡。

四季桂适宜在温暖湿润、阳光充足的地方生长。所种的土壤要求肥沃疏松、略带酸性和排灌良好。四季桂较为耐旱耐寒，其生长适温为20～30度，冬季如无特大寒潮，一般都可露天越冬。

3. 繁殖与栽培管理

通常可采用扦插、压条或播种方法繁殖。若在花坛或园林配景，其株高可达2～3米。如果用于家庭盆栽则可矮化在1米以下。它的树干分枝较多，叶片较细，其幼苗茎长到1年之后便可陆续开花，长到3年之后花量更大，甚有观赏价值。

桂花的扦插繁殖技术简单、繁殖数量多、速度快、成活率高、成本低，是苗木生产者和花卉爱好者采用最广泛、使用最普遍的繁殖方法。扦插可在3月初～4月中旬选1年生春梢进行扦插，这是最佳扦插时间。也可在6月下旬～8月下旬选当年生的半熟枝进行扦插，但它对温、湿度的控制要求高。

插穗的剪取与处理：从中幼龄树上选择树体中上部、外围的健壮、饱满、无病虫害的枝条作插穗。将枝条剪成10～12厘米长，除去下部叶片，只留上部3～4片叶。有条件的再将插穗放入0.05‰～0.1‰的GGR6号溶液中浸0.5～1小时，对插条生根大有好处。

插壤准备：用微酸性、疏松、通气、保水力好的土壤作扦插基质。扦插前用多菌灵、五氯硝基苯等药物对插壤消毒杀菌。

插后管理：主要是控制温度和湿度，这是扦插能否生根成活的关键。最佳生根地温为 25～28 度，最佳相对湿度应保持在 85% 以上。可采用遮阳、拱塑料棚、洒水、通风等办法控制。

在栽培管理中，要注意适当增施草木灰和骨粉等磷钾肥，借以增添花量和香味。并要注意防治叶斑病，炭疽病、扁刺蛾和蜡介虫等病虫危害，保证植株正常生长发育，适时开花。

（1）阳台栽培。阳台栽培选用幼株最为适宜。高 30～50 厘米的幼株先将放花盆处铺放一层 4 厘米厚的碎石子，在花盆底部钻几个小孔（以便利水），再将花盆放在碎石上面。然后将细泥土装入花盆里，即栽培桂花苗株，栽苗后用细泥土覆盖苗株树根 4～5 厘米厚，将泥土拍紧。最后（用清水）淋定根水将花盆泥土浸透。待苗株成活露出新芽时，撬开根部处的泥土，按每株施发酵后的油饼 100 克。3 个月后，可按每株用碳铵 100 克对粪水 500 克淋 1 次，以后做到少施、勤施为宜。

（2）庭院栽培。①50～100 厘米高的小苗株，打窝栽培。窝深 40 厘米、窝宽 50 厘米。打窝后将窝内泥土欠细。然后栽培，栽苗后覆盖细泥 7～10 厘米厚。然后将泥土拍紧，最后（用清水）淋定根水将窝内泥土浸透。②大株为 100 厘米以上的，打窝栽培。窝深 60 厘米、窝宽 80 厘米。打窝后仍将窝内泥土欠细，然后栽培树苗，栽苗后覆盖泥土 10～15 厘米，再将泥土拍紧后，仍然（用清水）淋定根水将窝内泥土浸透。待大、小苗株成活露出新芽时按每株人畜粪尿 1 公斤施淋一次。3 个月后，按每株用碳铵 150 克对粪水 1～2 公斤淋施一次。以后做到勤施、少施为宜。

阳台栽培的桂花树，应修剪整理为球形，其形秀丽可观。庭院栽培的桂花树应整理剪为伞形其形增添乐趣美景。

四季桂是桂花中的一个优良品种，养护过程中应注意以下几点：

（1）土壤配制。四季桂适宜生长在疏松肥沃、排水良好的酸性土壤中。一般用阔叶腐殖土 60%，针叶腐殖土 25%，河沙或细炉灰渣 10%，掺 5% 发酵好的猪粪或鸡粪配制即可。

（2）光照。四季桂喜光，室内栽培应放在向阳通风的地方，每天光照保持在 8～12 小时。

（3）温度。四季桂喜温暖，一般在 18～25 度时生长良好，开花多而清香。如果低于 15 度以下，则处半休眠状态，开花较少。3～5 度条件下可以过冬，但不能开花。

（4）湿度。养育四季桂既要保持盆土湿润，又不可过涝。浇水时要见干见湿，切忌积水，以免烂根或使叶片脱落。特别是在开花时水不宜过多，以免引起落蕾，影响开花。

（5）施肥。四季桂喜肥，在发芽和孕蕾期间应多施些含磷、钾的稀释肥水，以使枝条及花蕾生长健壮，尤其是在开花前几天，施些稀释肥水，会使花大、色艳、香味浓。

4. 病虫防治

（1）枯斑病。该病病原菌多从叶缘、叶尖端侵入，发生在叶片的叶缘和叶尖。发病初期，叶片上产生淡褐色小点，逐步扩大成圆形或不规则形的病斑，后扩大为近圆形或不规则形灰褐色大斑，边缘为深褐色。枯斑病发生在 7～11 月，在环境条件不好的棚室内全年可发生。病菌以分生孢子借风、水传播浸染。高温、高湿、通风不良的环境有利于发病。植株生长衰弱时及越冬后的老叶及植株下部的叶片发病较重。

（2）炭疽病。该病浸染桂花叶片。发病初期，叶片上出现褪绿小斑点，逐渐扩大后形成圆形、半圆形或椭圆形病斑。病斑浅褐色至灰白色，边缘有红褐色环圈。在潮湿的条件下，病斑上出现淡桃红色的黏孢子盘。炭疽病发生在4~6月。病原菌以分生孢子盘在病落叶中越冬，由风雨传播。

防治措施：选择肥沃、排水良好的土壤或基质栽植桂花；增施有机肥及钾肥；栽植密度要适宜，以便通风透光，降低叶面湿度减少病害的发生。

科学使用药剂防治。发病初期喷洒波尔多液，以后可喷50%多菌灵可湿性粉剂1000倍液或50%苯来特可湿性粉剂1000~1500倍液。重病区在苗木出圃时要用1000倍的高锰酸钾溶液浸泡消毒。

十一、栀子花（图十一）

栀子花又名栀子、黄栀子，为龙胆目、茜草科、栀子属的常绿灌木，喜欢温暖湿润和阳光充足的环境，较耐寒，耐半阴，怕积水，要求疏松、肥沃和酸性的沙壤土，原产于中国。栀子花枝叶繁茂，叶色四季常绿，花芳香素雅，为重要的庭院观赏植物。除观赏外，其花、果实、叶和根可入药，有泻火除烦、清热利尿、凉血解毒之功效。

1. 形态特征

栀子植株大多比较低矮，高1~2米，干灰色，小枝绿色。单叶对生或主枝三叶轮生，叶片呈倒卵状长椭圆形，有短柄，长5~14厘米，顶端渐尖，稍钝头，叶片革质，表面翠绿有光泽，仅下面脉腋内簇生短毛，托叶鞘状。花单生枝顶或叶腋，有短梗，白色，大而芳香，花冠高脚碟状，一般呈6瓣，有重瓣品种（大花栀子），花萼裂片倒卵形至倒披针形伸展，花药露出。浆果卵状至长椭圆状，有5～9条翅状直棱，黄色或橙色，种子多而扁平，嵌生于肉质胎座上。花期较长，从5～6月连续开花至8月（每朵花盛开5～7天），果熟期10月，果为黄色染料，亦为消炎解热药。

2. 生长特性

栀子花喜温暖、湿润的半阴环境，稍耐阴，怕强光曝晒，夏季宜放在荫棚或花荫下等具有散射光的地方养护，因此宜用含腐殖质丰富、肥沃的酸性土壤栽培，一般可选腐叶土3份、沙土2份、园土5份混合配制。浇水应用雨水或发酵过的淘米水；如果是自来水，要晾放2～3天后再使用。生长期每7～10天浇1次含0.2%的硫酸亚铁（黑矾）水或施1次矾肥水（两者可相间进行），既能防止土壤碱性化，又可补充土壤中的铁质，这样不仅可防止叶片发黄，还能使叶片油绿光亮，花朵肥大。栀子花喜湿润，春、夏和初秋要经常浇水和向植株及周围的地面洒水，以保持土壤、空气湿润，使植株生长旺盛。但大雨后要及时倒掉盆中的积水，以防烂根。冬季放于室内阳光处，停止施肥，维持5度以上的温度，但也能耐短期的零度的低温。浇水不宜太多，可经常用与室温相近的水冲洗枝叶。保持叶面洁净，不要使灰尘沾污叶面，北方有暖气的房间更应如此。每1～2年的春季翻盆1次。每年春季对植株修剪1次，剪去过长的徒长枝、弱枝和其他影响株型的乱枝，以保持株型的优美，并促发新枝，使其多开花。

栀子花盆栽用土以40%园土、15%粗沙、30%厩肥土、15%腐叶土配制为宜。栀子苗期要注意浇水，保持盆土湿润，勤施腐熟薄肥。浇水以用雨水或经过发酵的淘米水为好。生长期如每隔10～15天浇1次0.2%硫酸亚铁水或矾肥水（两者可相间使用），可防止土壤转成碱性，同时又可为土壤补充铁元素，防止栀子叶片发黄。夏季，栀子花要每天早晚向叶面喷一次水，以增加空气湿度，促进叶面光泽。盆栽栀子，8月开花后只浇清水，控制浇水量。十月寒露前移入室内，置向阳处。冬季严控浇水，但可用清水常喷叶面。每年5～7月在栀子生长旺盛期将停止时，对植株进行修剪去掉顶梢，促进分枝萌生，使日后株型美、开花多。

3. 繁殖与栽培管理

栀子花可用有性生殖和无性生殖等多种方法繁殖，一般多采用扦插法和压条法进行繁殖，也可用分株和播种法繁殖，但很少采用，一般北方盆栽不易收到种子。

栽培方法：

（1）土壤。栀子花是酸性土壤的指示植物，故土壤的微酸性环境，是决定栀子花生长好坏的关键。培养土应用微酸的沙壤红土7成，腐叶质3成混合而成。将土壤PH值控制在4～6.5之间为宜。

（2）温度。栀子花的最佳生长温度为16～18度。温度过低和太阳直射都对其生长极为不利，故夏季宜将栀子花放在通风良好、空气湿度大又透光的树林或荫棚下养护。冬季放在见阳光且温度不低于零度的环境，让其休眠，温度过高会影响来年开花。

（3）水分。栀子花喜空气湿润，生长期要适量增加浇水。通常盆土发白即可浇水，一次浇透。夏季燥热，每天须向叶面喷雾2～3次，以增加空气湿度，帮助植株降温。但花现蕾后，浇水不宜过多，以免造成落蕾。冬季浇水以偏干为好，防止水大烂根。

（4）肥料。栀子花是喜肥的植物，为了满足其生长期对肥的需求，又能保持土壤的微酸性环境，可事先将硫酸亚铁拌入肥液中发酵。进入生长旺季4月后，可每半月追肥1次（施肥时最好多兑些水，以防“烧”花）。这样既能满足栀子花对肥料的需求，又能保持土壤环境处于相对平衡的微酸环境，防止黄化病的发生，同时又避免了突击补硫酸亚铁局部过酸对栀子花的伤害。

栽培管理：

栀子花喜肥，但以多施薄肥为宜。土壤喜偏酸，排水良好。小苗移栽后每月可追肥1次；每年5～7月各修剪1次，剪去顶梢，促使分枝，以形成完整树冠。成年树摘除败花，有利以后旺盛开花，延长花期。盆栽栀子在雨后要及时倒掉积水，叶黄时及时施矾肥水。

在北方，常常是第一年从南方引种的栀子花，花大，第二年变小，叶变黄易脱落，严重时植株死亡。主要原因是北方土质偏碱、气候干燥和水质不宜其生长。因此从南方引种，应尽可能多带土移植。平时用储存的雨水或用青禾草、果皮泡水来浇，也可用无盐泔水发酵后浇，如能在50公斤水中加0.1公斤硫酸亚铁，效果更好。在生长旺期追肥，能促进枝叶繁茂，叶色浓绿光亮。春秋两季，生长缓慢。每2～3周施1次薄液肥，入夏后，气温升高，生长渐旺盛，可7～10天连施液肥1次。早晚还可用清水淋湿叶面及附近地面，以增加空气湿度，秋季霜前，移入冬季温度不低于零度的环境中越冬。

4. 病虫防治

栀子花经常容易发生叶子黄化病和叶斑病，叶斑病用65%代森锌可湿性粉剂600倍喷洒。虫害有刺蛾、介壳虫和粉虱为害，用2.5%敌杀死乳油3000倍液喷杀刺蛾，用40%氧化乐果乳油1500倍液喷杀介壳虫和粉虱。

（1）黄化病。发生较为普遍，由多种原因引起，故须采取不同措施进行防治，一般施腐熟的人粪尿或饼肥。缺铁时幼嫩叶片的叶脉间失绿发黄，严重的会使整株叶片都发黄，甚至出现焦叶和枝条枯萎，最后造成植株死亡。对这种情况，可喷洒 0.2% ~0.5% 的硫酸亚铁水溶液进行防治。缺镁引起的黄化病则由老叶开始逐渐向新叶发展，叶脉仍呈绿色，严重时叶片脱落而死。对这种情况，可喷洒 0.7% ~0.8% 硼镁肥防治。浇水过多、受冻等，也会引起黄叶现象，所以在养护过程中要特别加以注意。缺氮的表现为单纯叶黄，新叶小而脆。缺钾的表现为老叶由绿色变成褐色。缺磷的表现为老叶呈紫红或暗红色。

（2）煤烟病。发生在枝条与叶片，发现后可用清水擦洗，或喷 0.3 波美度石硫合剂。

（3）腐烂病。常在下部主干上发生，出现茎秆膨大，开裂，发现后应立即刮除或涂 5~10 波美度石硫合剂，数次方能奏效。

危害栀子的害虫有蚜虫、跳甲虫和天蛾幼虫，前两种可用乐果、敌百虫喷洒杀虫，后一种可用六六六粉防治或人工捕捉。

另外，栀子花在冬季室内通风不良及温湿度过高时，容易发生介壳虫危害，并伴有煤烟病发生。介壳虫可用竹签或小刷刮除，也可用 20 号石油乳剂加 100~150 倍水进行喷雾防治。煤烟病可用清水擦洗，或用多菌灵 1000 倍液进行喷洒防治。

十二、绣球花（图十二）

绣球花，又名八仙花、紫阳花、七变化、洋绣球、粉团花等，为山茱萸目绣球花科绣球属，落叶灌木，花几乎全为无性花，所谓的“花”只是萼片而已。

绣球花原产我国和日本。1736 年引种到英国。在欧洲，荷兰、德国和法国栽培比较普遍，在花店可以看到红、蓝、紫等色绣球花品种。在小庭园、建筑物前地栽绣球花也不少。

我国栽培绣球花的时间较早，在明、清时代建造的江南园林中都栽有绣球花。20世纪初建设的公园也离不开绣球花的配植。现代公园和风景区都以成片栽植，形成景观。但绣球花的盆栽观赏还不是很普遍，这就给绣球花开发应用带来极好的机遇。

1. 形态特征

绣球花是落叶灌木或小乔木，高约3米，枝条开展，冬芽裸露。叶对生，卵形至卵状椭圆形，表面暗绿色，背面被有星状短柔毛，叶缘有锯齿。夏季开花，花于枝顶集成大球状聚伞花序，边缘具白色中性花。花期4～5月，花径18～20厘米，全部为不孕花。花初开带绿色，后转为白色，具清香。因其形态像绣球，故名。

叶：具短柄，对生，叶片肥厚，光滑，椭圆形或宽卵形，先端锐尖，长10～25厘米，宽5～10厘米，边缘有粗锯齿。

花：花呈球形，密花，白色、蓝色或粉红色，几乎全为无性花，每一朵花有瓣状萼4～5片，花瓣4～5片，小形，雄蕊在10枚以内，雌蕊极度退化，花柱2～3枚。花期5～7月。

有毒部位：全株均具有毒性。

中毒症状：误食茎叶会造成疝痛、腹痛、腹泻、呕吐、呼吸急迫、便血等现象。

用途：药用、切花、盆栽、庭院露天栽培。

2. 生长特性

绣球花性喜温暖、湿润和半阴环境。怕旱又怕涝，不耐寒。喜肥和湿润，排水良好的轻壤土，但适应性较强。

生长适温为 18～28 度。盆土要保持湿润，但浇水不宜过多，特别雨季要注意排水，防止受涝引起烂根。冬季室内盆栽八仙花以稍干燥为好。过于潮湿则叶片易腐烂。

绣球花为短日照植物，每天处在无光处在 10 小时以上，约 45～50 天形成花芽。平时栽培要避开烈日照射，以 60%～70% 遮阴最为理想。

土壤以疏松、肥沃和排水良好的沙质壤土为好。但土壤 PH 的变化，使绣球花的花色变化较大。为了加深蓝色，可在花蕾形成期施用硫酸铝。为保持粉红色，可在土壤中施用石灰。

土壤的酸碱性对绣球花的花色有较大的影响，在酸性土中多呈蓝色，在碱性土中多呈红色。不甚耐寒，在寒冷地区冬季地上部分枯死，翌年春天重新萌发新枝。

3. 繁殖与栽培管理

（1）繁殖。常用扦插、分株、压条和嫁接繁殖，以扦插为主，可于梅雨期间，选取幼龄母树上的健壮嫩枝作插穗，插穗基部需带节，并蘸以泥浆，长 20 厘米左右，摘去下部叶片。扦插适温为 13～18 度，插后需遮阴，经常保持湿润，15 天～1 个月发根，成活后第二年可移植。分株繁殖则宜在早春萌芽前进行。将已生根的枝条与母株分离，直接盆栽，浇水不宜过多，在半阴处养护，待萌发新芽后再转入正常养护。压条繁殖可在芽萌动时进行，30 天后可生长，翌年春季与母株切断，带土移植，当年可开花。一般春季 3～4 月进行高压，6～7 月即可生根，当年可剪下分栽。嫁接繁殖用琼花实生苗作砧木，春季切接，容易成活。移栽宜在落叶后或萌芽前进行。主枝易萌发徒长枝，花后需适当修剪，以整树形。

绣球花的繁殖以春末与初夏进行（4 月底至 7 月）最佳，此时花期于 5 月已基本结束，经摘除残花败叶并进行修剪已长出新枝叶芽，这时可剪取顶枝芽作插穗。也可在9月下旬至10月进行扦插，在早春绣球花经修剪取顶芽作插穗后，又萌发出许多的新分枝叶芽，此时由于天气转凉，适宜进行扦插繁殖。

除用砖砌成的苗床外，为了便于搬动管理，可用泡沫箱做苗床，先将箱的底部割几个口子后用瓦片将口子盖住，填入一层粗沙后再放入培养土（沙3份，无菌山泥土2份拌匀），弄平即可扦插。将插穗剪成10～15厘米一段，剪除顶生枝条的下部叶片，只留顶部2～3片叶。剪成后将插穗捆好理平，为了使插穗伤口早日愈合生根，将理平的插穗用强力生根剂（约每包兑水0.2千克）浸泡5～10分钟即可扦插，插好后枝条周围的土要用手指压实，使插穗与土紧密结合。然后用洒水壶浇透水一次，以后只要床土湿润就不必浇水，但要经常向插穗叶片上喷雾并保持苗床四周环境湿润。如遇上气候炎热阳光强烈，须搭荫棚遮阴。这样在精心的管理下25天左右伤口开始愈合，枝节上长出新根。

（2）栽培管理。绣球花的生长适温为18～28度，冬季温度不低于5度。花芽分化需5～7度条件下6～8周，20度可促进开花，见花后维持在16度，能延长观花期。但高温使花朵褪色快。盆栽植株在春季萌芽后注意充分浇水，保证叶片不凋萎。6～7月花期，肥水要充足，每半月施肥1次。平时栽培要避开烈日照射，盛夏光照过强时适当的遮阴可延长观花期。花后摘除花茎，促使产生新枝。

土壤以疏松、肥沃和排水良好的沙质壤土为好。盆土要保持湿润，但浇水不宜过多，特别雨季要注意排水，防止受涝引起烂根。冬季室内盆栽以稍干燥为好。过于潮湿则叶片易腐烂。每年春季换盆一次。适当修剪，保持株型优美。

绣球花经25天左右的精心管理，已经成活，并从顶芽开始向上长出新的叶芽，此时须分栽上盆管理。栽培绣球的培养土用针叶土（含酸较高）加糠质、氮、磷、钾（按针叶土分量）复合肥与土拌匀堆积，经充分发酵半年以上，用前翻开晾晒数日就可使用。待苗成活后顶枝长至10厘米左右就可进行第1次打顶，以促使下部萌发新叶芽。待后长出的数个枝芽长到一定的长度时进行第2次打顶，并让其生长均衡茂盛，主干枝干粗壮时，只留下3～4个枝条任其生长。在上盆成活后到定枝期间，需施肥3～4次，肥以磷酸二氢钾为主。

4. 病虫防治

主要有萎蔫病、白粉病和叶斑病。用65%代森锌可湿性粉剂600倍液喷洒防治。

虫害有蚜虫和盲蝽危害，可用40%氧化乐果乳油1500倍液喷杀。

十三、石榴（图十三）

石榴别名安石榴、海榴，石榴科石榴属，落叶灌木或小乔木。石榴果实营养丰富，维生素C含量比苹果、梨要高出1～2倍。西汉时从西域引入。西安市的市花即为石榴花。

1. 形态特征

石榴是落叶灌木或小乔木，在热带则是常绿树。树冠丛状自然圆头形。树根黄褐色。生长强健，根际易生根蘖。树高可达5～7米，一般3～4米，但矮生石榴高仅约1米或更矮。树干呈灰褐色，上有瘤状凸起，干多向左方扭转。树冠内分枝多，嫩枝有棱，多呈方形。小枝柔韧，不易折断。一次枝在生长旺盛的小枝上交错对生，具小刺。刺的长短与品种和生长情况有关。旺树多刺，老树少刺。芽色随季节而变化，有紫、绿、橙三色。叶对生或簇生，呈长披针形至长圆形，或椭圆状披针形，长2～8厘米，宽1～2厘米，顶端尖，表面有光泽，背面中脉凸起，有短叶柄。花两性，依子房发达与否，有钟状花和筒状花之别，前者子房发达善于受精结果，后者常凋落不实。一般1朵至数朵着生在当年新梢顶端及顶端以下的叶腋间。萼片硬，肉质，管状，5～7裂，与子房连生，宿存。花瓣倒卵形，与萼片同数而互生，覆瓦状排列。花有单瓣、重瓣之分。重瓣品种雌雄蕊多瓣花而不孕，花瓣多达数十枚。花多红色，也有白色和黄、粉红、玛瑙等色。雄蕊多数，花丝无毛。雌蕊具花柱1个，长度超过雄蕊，心皮4～8片，子房下位，成熟后变成大型而多室、多子的浆果，每室内有多数子粒。外种皮肉质，呈鲜红、淡红或白色，多汁，甜而带酸，即为可食用的部分。内种皮为角质，也有退化变软的，即软籽石榴。果石榴花期在5～6月，果期9～10月。在5～10月榴花似火。

2. 生长特性

石榴性喜光、有一定的耐寒能力，但在春寒料峭的早春应该做好防寒工作。喜湿润肥沃的石灰质土壤。重瓣的花多难结实，以观花为主；单瓣的花易结实，以观果为主。萼革质，浆果近球形，秋季成熟。据分析，石榴果实中含碳水化合物17%，水分79%，糖13%～17%，其中维生素C的含量比苹果高1～2倍，而脂肪、蛋白质的含量较少，果实以鲜吃为主。

3. 繁殖与栽培管理

石榴经长期的人工栽培，已出现了许多变异类型，现有6个变种：

白石榴：花大，白色。

红石榴：又称四瓣石榴，花大，果也大。

重瓣石榴：花白色或粉红色。

月季石榴（四季石榴）：植株矮小，花小，果小。每年开花次数多，花期长，均以观赏为主。

墨石榴：枝细软，叶狭小，果紫黑色，味不佳，主要供盆栽观赏用。

彩花石榴（玛瑙石榴）：花杂色。

石榴较耐瘠薄和干旱，怕水涝，生育季节需水及多栽培石榴的栽培方法，主要有园林栽培、果树栽培、盆景栽培和盆栽栽培等方式。

石榴常用扦插、分株、压条进行繁殖。

（1）扦插。春季选二年生枝条或夏季采用半木质化枝条扦插均可，插后 15 ~20 天生根。

（2）分株。可在早春 4 月芽萌动时，挖取健壮根蘖苗分栽。

（3）压条。春、秋季均可进行，不必刻伤，芽萌动前用根部分蘖枝压入土中，经夏季生根后割离母株，秋季即可成苗。

露地栽培。应选择光照充足、排水良好的场所。生长过程中，每月施肥 1 次。需勤除根蘖苗和剪除死枝、病枝、密枝和徒长枝，以利通风透光。1 ~2 月塑棚保温育苗，当年 5 月开花，秋季结果，3 年以上的石榴株高60 ~80 厘米，每株同时开花近百朵，最大单果重 150 克，3 年以上树龄即进入高产期，四季产果天天上市。零度以下即受冻，秋后轻霜冻时仍能开花，重霜冻时即落叶休眠。四季红石榴根是苦的，影响其他植物生长，根苗附近不要栽种其他植物。

盆栽。宜浅栽，需控制浇水，宜干不宜湿。生长期需摘心，控制营养生长，促进花芽形成。

盆景栽种。移栽在花盆上的石榴苗，待生长成活稳定后，苗高15厘米打尖平顶，使其多生枝杈，株高保持30厘米左右，每株同时开花几十朵，单果重只有30～50克。这段时间的树龄具有较高的观赏价值，是花卉淡季的珍品。根据树龄大小，一般可选用16～26厘米口径的花盆，一盆一株。

庭院栽植石榴应注意的问题：

石榴为亚热带及温带植物。喜温暖的气候条件，冬季在零下17度时即发生严重冻害，庭院内小气候环境较好，又便于防寒。

石榴喜光、喜温，在栽植时要选择温暖、光照好、没有遮阴的地方，可以庭院北侧、东侧、西侧及庭院中部栽植，并离开建筑物3～4米，南墙北侧不宜栽植。

（1）栽植。秋季落叶后至翌年春季萌芽前均可栽植或换盆。地栽应选向阳、背风、略高的地方，土壤要疏松、肥沃、排水良好。盆栽选用腐叶土、同土和河沙混合的培养土，并加入适量腐熟的有机肥。栽植时要带土团，地上部分适当短截修剪，栽后浇透水，放背阴处养护，待发芽成活后移至通风、阳光充足的地方。

（2）光照与温度。光照和温度是影响花芽形成的重要条件。生长期要求全日照，并且光照越充足，花越多越鲜艳。背风、向阳、干燥的环境有利于花芽形成和开花。光照不足时，只会长叶不开花，影响观赏效果。适宜生长温度15～20度，冬季温度不宜低于零下17度，否则会受到冻害。

（3）浇水与施肥。石榴耐旱，喜干燥的环境，浇水应掌握“干透浇透”的原则，使盆土保持“见干见湿、宁干不湿”。在开花结果期，不能浇水过多，盆土不能过湿，否则枝条徒长，会导致落花、落果、裂果现象的发生。雨季要及时排水。地栽、盆栽石榴均应施足基肥，然后入冬前再施1次腐熟的有机肥，每年入冬前再施1次腐熟的有机肥，对幼树应在距树1米处环状沟施，老树则放射状沟施，深度为20厘米。盆栽石榴应按“薄肥勤施”的原则，生长旺盛期每周施1次稀肥水。长期追施磷钾肥，保花保果。

（4）整形修剪。由于石榴枝条细密杂乱，因此需通过修剪来达到株形美观的效果。一般石榴可修成独干圆头或平头状，还可修成丛状开张形，也可制作盆景石榴。采用疏剪、短截，剪除干枯枝、徒长枝、交叉枝、病弱枝、密生枝。夏季及时摘心，疏花疏果，达到通风透光、株型优美、花繁叶茂、硕果累累的效果。

4. 病虫防治

主要应着重于坐果前后两个时期，前期防虫，后期防病害。石榴树从4月底到5月上中旬易发生刺蛾、蚜虫、蟠象、介壳虫、斜纹夜蛾等害虫。坐果后，病害主要有白腐病、黑痘病、炭疽病。

（1）坐果前防治。用33%水灭氯乳油12毫升（1支），稀释1500倍，喷施在石榴树正反叶面上。如果间隔3~5天仍发生蚜虫，可用2.5%扑虱蚜可湿性粉剂10克稀释1500倍喷洒正反叶面，以后每隔7~10天交叉用药喷洒一次，效果极佳。每年6~7月是石榴树发生桃蛀螟的高峰季节，若不及时防治，对石榴树危害极大。石榴果被桃蛀螟蛀后，遇高温多雨，蛀洞被灌进水，会使石榴慢慢烂掉，损害率达60%以上。这时要用50%辛硫磷乳油，稀释800倍与泥混合糊上花柄，或用敌敌畏稀释2000倍液进行喷洒。为避免桃蛀螟寄生传播，应将石榴果周围的叶片摘除掉。

喷施敌杀死、杀灭菊酯等防治刺蛾、蚜虫；杀扑磷、毒死蜱等防治介壳虫，效果良好。

（2）病害防治。石榴树夏季要及时修剪，以改善通风透光条件，减少病虫害发生。坐果后，病害主要有白腐病、黑痘病、炭疽病。每半月左右喷 1 次等量式波尔多液稀释 200 倍液，可预防多种病害发生。病害严重时可喷退菌特、代森锰锌、多菌灵等杀菌剂。

需要特别注意的是，防治石榴树虫害不要用氧化乐果和敌敌畏农药，因石榴树对这些农药敏感。花期不要用甲胺磷、久效磷，这些农药易伤蜜蜂，影响授粉，降低坐果率。

十四、大丽花（图十四）

大丽花又名大理花、天竺牡丹、东洋菊等，菊科大丽花属，原产于墨西哥，墨西哥人把它视为大方、富丽的象征，因此将它尊为国花。目前，世界多数国家均有栽植，选育新品种时有问世，据统计，大丽花品种已超过 3 万个，是世界上花卉品种最多的物种之一。大丽花花色花形誉名繁多，丰富多彩，是世界名花之一。

1. 形态特征

大丽花的颜色绚丽多彩，有红、黄、橙、紫、白等色，十分诱人。大丽花为多年生草本，有巨大棒状块根。茎直立，多分枝，高 1.5 ~2 米，粗壮。叶 1 ~3 回羽状全裂，上部叶有时不分裂，裂片卵形或长圆状卵形，下面灰绿色，两面无毛。头状花序大，有长花序梗，下垂，宽 6 ~12厘米。总苞片外层约 5 个，卵状椭圆形，叶质，内层膜质，椭圆状披针形。舌状花 1 层，白色、红色或紫色，常卵形，顶端有不明显的 3 齿，或全缘；管状花黄色，有时在栽培种全部为舌状花。瘦果长圆形，长 9 ~12 毫米，宽 3 ~4 毫米，黑色，扁平，有 2 个不明显的齿。

花期在 6 ~9 月，果期在 9 ~10 月。

2. 生长特性

大丽花适应全国不同气候及土质，病虫害少，易管理，最好繁殖。

大丽花效益优势明显，生长最快、花期最长、花量最多，花朵最大，大于牡丹 10 ~20 厘米。据《中国牡丹》记载，牡丹名品中最大花朵径为 20 厘米。而精品大丽花最大花径为 30 ~40 厘米，是花卉中独一无二的大花。花径最大而株型最小，盆栽矮化精品不超过 85 厘米，如冠名“白牡丹”的品种，株型不超过 40 厘米，花型达 25 ~34 厘米。露地丛植年开花达几十朵，在中原地区，有些品种自 5 月开始至下霜，仍有花蕾，如下霜前移入室内窗前或密封采光阳台，在温度适宜条件下可周年开花不断。

大丽花春夏间陆续开花，越夏后再度开花，霜降时凋谢。它的花形同那国色天香的牡丹相似，色彩瑰丽多彩，惹人喜爱。

大丽花是吉林省的省花，河北省张家口市的市花，绚丽多姿的大丽花象征大方、富丽，大吉大利。今天，它的足迹已遍布到世界各国，成为庭园中的常客和世界著名的观赏花卉。

大丽花容易繁殖，播种、扦插和分根都可，性喜阳光和疏松肥沃、排水好的土壤。在刚萌芽时嫁接，可以育出多彩的大丽花。

大丽花适宜花坛、花径或庭前丛植，矮生品种可作盆栽。花朵用于制作切花、花篮、花环等。块根含有菊糖，医药上同葡萄糖相似。全株可入药，有清热解毒的功效。

我国各地庭园中普遍栽培观赏，通常用块根繁殖或扦插，也可播种。

（1）喜湿润怕积水。大丽花怕干旱，忌积水。这是因为大丽花系肉质块根，浇水过多根部易腐烂。但是它的叶片大，生长茂盛，又需要较多水分。如果缺水萎蔫后不能及时补充水分，经阳光照射，轻者叶片边缘枯焦，重者基部叶片脱落。因此，浇水要掌握“干透浇透”的原则。

（2）大丽花喜肥沃怕过度。栽种大丽花宜选择肥沃、疏松的土壤，除施基肥外，还要追肥。通常从7月中下旬开始直至开花为止，每7~10天施1次稀薄液肥，而施肥的浓度要逐渐加大，才能使茎干越长越粗壮，叶色深绿而舒展。

（3）喜阳光怕荫蔽。大丽花喜阳光充足。若长期放置在荫蔽处则生长不良，根系衰弱，叶薄茎细，花小色淡，甚至不能开花。只有将其栽种在阳光充足处，才能使植株生长健壮，开出鲜艳的花朵。

（4）喜凉爽怕炎热。大丽花开花期喜凉爽的气候，气温在20度左右生长最佳。华北等地栽种从晚春到深秋均能生长良好。但它怕炎夏烈日直晒，特别是雨后出晴的曝晒，这时应稍加遮阴，则生长更好。

3. 繁殖与栽培管理

分根和扦插繁殖是大丽花繁殖的主要方法，大丽花通过种子繁殖进行育种。

（1）分根繁殖。分根繁殖是大丽花繁殖的最常用方法。因大丽花仅于根茎部能发芽，在分割时必须带有部分根茎，否则不能萌发新株。为了便于识别，常采用预先埋根法进行催芽，待根茎上的不定芽萌发后再分割栽植。分根法简便易行，成活率高，苗壮，但繁殖株数有限。

（2）扦插繁殖。扦插用全株各部位的顶芽、腋芽、脚芽均可，但以脚芽最好。扦插时间从早春到夏季、秋季均可，以3~4月成活率最高。扦插约2个星期后可生根。为提高扦插成活率，插前将根丛放温室催芽，保持15度以上温度，在嫩芽6～10厘米时，即脚芽长2片真叶时切取扦插。扦插法繁殖数量较大。

（3）种子繁殖。种子繁殖仅限于花坛品种和育种时应用。夏季多因湿热而结实不良，故种子多采自秋凉后成熟者。垂瓣品种不易获得种子，须进行人工辅助授粉。播种一般于播种箱内进行，20摄氏度左右，4～5天即萌芽出土，待真叶长出后再分植，1～2年后开花。

播种苗在发芽后18天移栽，在5厘米口径的育苗盘内，温度控制在16度左右。30～35天后定植于12～15厘米盆中。生长期每10天施肥1次，或用“卉友”15×15×30盆花专用肥。在定植后10天使用0.05%～0.10%矮壮素喷洒叶面1～2次，来控制大丽花的植株高度，也可待苗高15厘米时摘心1次，增加分枝，使多开花。花凋谢后需及时摘除，减少养分消耗，避免残花霉烂影响茎叶生长，又可促使新花枝形成，延长观花时间。生长过程中要严格控制浇水，既能防止茎叶徒长，又能促使茎粗、花朵大。夏季高温时，叶面应多喷水，有利于茎叶生长，但盆土不能过湿。霜前植株稍枯萎时，剪去茎叶，放半阴处，数天后挖起块根，室内沙藏。

栽培管理：

（1）矮化盆栽。大丽花花期之长和花之美艳，已是人所共知。但美中不足的是其植株高大，只好地栽。就是矮型品种，盆栽置于几案也不相宜。花卉工作者通过含蕾扦插法行矮化盆栽，取得了较好的效果，获得了株高尺许，花大而艳的矮化植株，可栽植于十几厘米口径的小盆内，很适于室内摆放，可为家庭生活增添不少春意和生气。

所谓含蕾扦插，即当植株上花蕾已形成但尚未显现，只有在分开心叶才能看到花蕾时取枝扦插。取枝时间宜早不宜晚，如花枝已显蕾，则成活后开出的花朵小，不艳丽，不能体现品种的特点。

为争取适时（气温不超过25度）扦插，应早育母株，有条件的可于温室催芽，育苗盆栽，终霜后地栽，加强管理，使在气温适宜扦插时可提供含蕾的枝条。可行扦插的温度范围为10～30度。发根的最宜温度为18～22度，超过30度则插条易腐烂。根据上述温度情况，结合当地气候条件和栽培品种的特性，就可决定培育母株的早晚。扦插温度要掌握“宁低勿高”的原则，低只延长成活时间，高则烂条徒劳无功。

如果温度适宜（18～22度），经20天左右便可生根成活。成活后要及时上盆，花盆口径15～15厘米较为适宜。上盆时切勿伤根，盆插的可整盆倒出洗净河沙分栽；地插的可以大水灌透，随灌随取苗。盆栽用土宜为透性强、肥力足的腐质土。上盆后置半阴处3～5天（注意叶面喷水），而后移至阳光充足、通风良好处培养。

盆栽大丽花生长好坏的关键，在于加强对植株盆土的管理，并给予充分的光照，勤施水、肥，及时进行整形和修剪等的管理。

（2）盆土的管理。大丽花适生于疏松、富含腐殖质和排水性良好的沙壤土。盆栽大丽花定植用土，一般以菜园土（50%）、腐叶土（20%）、沙土（20%）和大粪干（10%）配制的培养土为宜，板结土壤容易引起积水烂根，不能用。在日常管理中要及时松土，排除盆中积水，因为大丽花肉质块根在土壤中会因含水量过多空气通透不良而腐烂。

（3）光照。大丽花喜光不耐荫，若长期放置在荫蔽处则生长不良，根系衰弱，叶薄茎细，花小色淡，甚至有的不能开花。因此，盆栽大丽花应放在阳光充足的地方，每日光照要求在6小时以上，这样才能使植株茁壮，花朵硕大而丰满。若每天日照少于4小时，则茎叶分枝和花蕾形成会受到一定影响，特别是阴雨寡照则开花不畅，茎叶生长不良，且易患病。

（4）勤浇水。大丽花喜水但忌积水，既怕涝又怕干旱，这是因为大花系肉质块根，浇水过多根部易腐烂。但大丽花枝叶繁茂，蒸发量大，又需要较多的水分，如果因缺水萎蔫后没能及时补充水分，再受阳光照射，轻者叶片边缘枯焦，重者基部叶片脱落，因此。浇水要掌握“干透浇透”的原则，一般生长前期的小苗阶段，需水分有限，晴天可每日浇一次，以保持土壤稍湿润为度，太干太湿均不合适，生长后期，枝叶茂盛，消耗水分较多，晴天或吹北风的天气，注意中午或傍晚容易缺水，应适当增加浇水量。

（5）适当施肥。大丽花是一种喜肥花卉，从幼苗开始一般每隔10～15天追施1次稀薄液肥。现蕾后每7～10天施1次。到花蕾透色时即应停浇肥水。气温高时也不宜施肥。施肥量的多少要根据植株生长情况而定。凡叶片色浅而瘠薄的，为缺肥现象；反之，肥料过量，则叶片边缘发焦或叶尖发黄，叶片厚而色深浓绿，则是施肥合适的表现。施肥的浓度要求一次比一次加大，这样能使茎秆粗壮。

（6）整形和修剪。盆栽大丽花的整枝，要根据品种灵活掌握。一般大型品种采用独本整形，中型品种采用4本整形。独本整形即保留顶芽，除去全部腑芽，使营养集中，形成植株低矮、大花型的独本大丽花。4本大丽花是将苗摘心，保留基部两节，使之形成4个侧枝，每个侧枝均留顶芽，可成4干4花的盆栽大丽花。

（7）插杆扶株。大丽花的茎既空又脆，容易被风吹倒折断，应及时插竹扶持，插竹还可以避免枝条生长弯曲，提高盆栽观赏价值。当植株长高至30厘米以上时，应在每一枝条旁边插一小竹并用麻皮丝（或细线绳）绑扎固定。随着植株越长越高，还应及时换上更长的插竹，最后插的小竹要顶在花蕾的下部。

（8）植株安全越冬。大丽花不耐寒（主要是块根不能受冻），11月，当枝叶枯萎后，要将地上部分剪除，搬进室内，原盆保存。也可将块根取出晾1～2天后埋在室内微带潮气的沙土中、温度不超过5度，翌年春季再行上盆栽植。

4. 病虫防治

大丽花在栽培过程中易发生的病虫害有白粉病、花腐病、螟蛾、红蜘蛛。

（1）白粉病。9～11月发病严重，高温高湿会助长病害发生。被害后植株矮小，叶面凹凸不平或卷曲，嫩梢发育畸形。花芽被害后不能开花或只能开出畸形的花。病害严重时可使叶片干枯，甚至整株死亡。防治方法：①加强养护，使植株生长健壮，提高抗病能力。控制浇水，增施磷肥。②发病时，及时摘除病叶，并用50%代森铵水溶液800倍液进行喷雾防治。

（2）花腐病。多发生在盛花至落花期内，土壤湿度偏大，地温偏高时有利于病害的发生。花瓣受害时，病斑初为褪绿色斑，后变黄褐色，病斑扩展后呈不规则状，黄褐色至灰褐色。防治方法；①植株间要加强通风透光；后期，水、氮肥都不能使用过多，要增施磷、钾肥。②蕾期后，可用0.5%波尔多液或70%托布津1500倍液喷洒，每7～10天1次，有较好的防治效果。

（3）螟蛾。该虫主要危害大丽花、菊花，以幼虫钻进茎秆危害。受害严重时，植株不能开花，甚至残废。防治方法：一般应在6~9月，每20天左右喷1次90%的敌百虫原药800倍液，可杀灭初孵幼虫。

（4）棉叶蝉虫害。以成虫在植株叶背吸汁为害，使叶面出现黄褐色斑点，叶片向背面皱缩，严重时全叶变色枯焦。防治办法：①结合修剪，剪除被害枝叶并处理，以减少虫源。②在成虫为害期，利用灯光诱杀成虫。可喷洒90%晶体敌百虫1000~1500倍液，或40%氧化乐果乳油1000~1500倍液，或2.5%溴氰菊酯乳油1500~2000倍液进行防治，喷药次数视虫情而定，一般每隔10天左右喷1次。

十五、郁金香（图十五）

郁金香又名洋荷花、草麝香、郁香等，百合科郁金香属的具球茎草本植物，是荷兰的国花。欧洲最早种植的郁金香，从土耳其引入，中国从19世纪开始引进。依生长地区纬度不同而花期各异，普遍约在3月下旬至5月上旬。虽然全世界约有2000多种郁金香品种，但被大量生产的大约只有150种左右。1593年，第一颗郁金香花根，由一位荷兰商人格纳从康士坦丁（土耳其）进口。后于中国广泛培植。

1. 形态特征

郁金香为多年生草本植物，鳞茎扁圆锥形或扁卵圆形，长约2厘米，具棕褐色皮股，外被淡黄色纤维状皮膜。茎叶光滑具白粉。叶出3~5片，长椭圆状披针形或卵状披针形，长10~21厘米，宽1~6.5厘米。基生者2~3枚，较宽大，茎生者1~2枚。花茎高6~10厘米，花单生茎顶，大形直立，杯状，基部常黑紫色。花葶长35~55厘米，花瓣6片，倒卵形，鲜黄色或紫红色，具黄色条纹和斑点。雄蕊6，离生，花药长0.7~1.3厘米，基部着生，花丝基部宽阔。雌蕊长 1.7 ~ 2.5 厘米，花柱 3 裂至基部，反卷。花型有杯型、碗型、卵型、球型、钟型、漏斗型、百合花型等，有单瓣也有重瓣。花色有白、粉红、洋红、紫、褐、黄、橙等，深浅不一，单色或复色。花期一般为 3 ~ 5 个月，有早、中、晚之别。蒴果 3 室，室背开裂，种子多数，扁平。

2. 生长特性

郁金香原产伊朗和土耳其高山地带，由于地中海的气候，形成郁金香适应冬季湿冷和夏季干热的特点，其特性为夏季休眠、秋冬生根，并萌发新芽但不出土，需经冬季低温后，第二年 2 月上旬左右（温度在 5 度以上）开始伸展生长形成茎叶，3 ~ 4 月开花。生长开花适温为 15 ~ 20 度。花芽分化是在茎叶变黄时，将鳞茎从盆内掘起放于阴冷的室内度夏的贮藏期间进行的。分化适温为 20 ~ 25 度，最高不得超过 28 度。

郁金香属长日照花卉，性喜向阳、避风、冬季温暖湿润夏季凉爽干燥的气候。8 度以上即可正常生长，一般可耐零下 14 度低温。耐寒性很强，在严寒地区如有厚雪覆盖，鳞茎就可在露地越冬，但怕酷暑，如果夏天来得早，盛夏又很炎热，则鳞茎休眠后难以度夏。要求腐殖质丰富、疏松肥沃、排水良好的微酸性沙质壤土。忌碱土和连作。

3. 繁殖与栽培管理

郁金香常用分球繁殖，以分离小鳞茎法为主。秋季 9 ~ 10月栽小球。母球为 1 年生，即每年更新，花后在鳞茎基部发育成 1 ~ 3 个次年能开花的新鳞茎和 2 ~ 6 个小球，母球干枯。母球鳞叶内生出一个新球及数个子球，发生子球的多少因品种不同而异，与栽培条件也有关，新球与子球的膨大常在开花后 1 个月的时间内完成。可于 6 月上旬将休眠鳞茎挖起，去泥，储藏于干燥、通风和 20 ~ 22 度温度条件下，有利于鳞茎花芽分化。分离出大鳞茎上的子球放在 5 ~ 10 度的通风处贮存，秋季 9 ~ 10 月栽种，栽培地应施入充足的腐叶土和适量的磷、钾肥作基肥。植球后覆土 5 ~ 7 厘米即可。

秋季露地播种，深度 1 ~ 1.5 厘米。次春可发芽，4 ~ 5 年才能开花。新球与子球膨大，常在开花后 1 个月的时间内完成。

养护要点：郁金香耐寒性强，5 ~ 8 度也能正常生长，适合进行冬季促成栽培。

郁金香的促成栽培，即通过对种球的变温处理，打破花原基和叶原基的休眠，消除抑制花芽萌发的因素，促进花芽分化，再通过人为增温、补光等措施，使郁金香在非自然花期开花。市场上常见的有 5 度种球和 9 度种球，我们一般选 5 度种球进行春节开花以促成栽培。

（1）基质准备。首先要准备优质的基质，要求既保水又透气，盐度不能太高，也不能太酸，PH 值应不小于 6，无病虫害及有害物质。种球要很稳地植于足够深（至少深 5 厘米）的栽培床中。可用泥炭、腐熟土和沙以 1: 1: 1混合作为栽培基质，效果较好。定植前半个月左右床土中施入腐熟农家肥作基肥，并加入适量的呋喃丹和多菌灵（或用 1% 的福尔马林浇灌覆盖消毒），充分灌水，定植前仔细耕耙，确保土质疏松。

（2）种植。由于大棚内地温高，郁金香会发生晚春化现象，而且会降低促成栽培之低温处理效果。因此，早植不如晚植，一般在春节前两个月，11 月上中旬栽种。栽前去除褐色鳞茎皮，用 50% 的多菌灵 500 倍液浸泡两小时左右。株行距为 9 × 10 厘米，栽植时球根顶部与土面相平或略低，适当浅植可提早开花，有时郁金香鳞茎露出土面1/3左右可提早开花5天以上。定植后浇透水，促其生根。

（3）管理温度。一般一个星期后，种球开始发芽。在苗前和苗期，白天使室内温度保持在12～15度，温度过高应及时通风降温，夜间不低于6度，促使种球早发根，发壮根，培育壮苗。此时温度过高，会使植株茎秆弱，花质差。经过20多天，植株已长出两片叶时，应及时增温，促使花蕾及时脱离苞叶。白天室内温度保持在18～25度，夜间应保持在10度以上。一般再经过20多天时间，花冠开始着色，第一支花在12月下旬～1月上旬开放，至盛花期需10～15天，这时应视需花时间的不同分批放置，温度越高，开花越早。一般花冠完全着色后，应将植株放在10度的环境中保存。

（4）光照。充足的光照对郁金香的生长是必需的，光照不足，将造成植株生长不良，引起落芽，植株变弱，叶色变浅及花期缩短。但郁金香上盆后半个多月时间内，应适当遮光，以利于种球发新根。另外，发芽时，花芽的伸长受光照的抑制，遮光后，能够促进花芽的伸长，防止前期营养生长过快，徒长。出苗后应增加光照，促进植株拔节，形成花蕾并促进着色。后期花蕾完全着色后，应防止阳光直射，延长开花时间。

（5）施肥。由于基质中富含有机肥，生长期间不再追肥，但是如果氮不足而使叶色变淡或植株生长不够粗壮，则可施易吸收的氮肥如尿素、硝酸铵等，量不可多，否则会造成徒长，甚至影响植株对铁的吸收而造成缺铁症（缺铁时新叶、花蕾全部黄化，但老叶正常），生长期间追施液肥效果显著，一般在现蕾至开花每10天喷浓度为2‰～3‰的磷酸二氢钾液1次，以促花大色艳，花茎结实直立。

（6）水分。种植后应浇透水，使土壤和种球能够充分紧密结合而有利于生根，出芽后应适当控水，待叶渐伸长，可在叶面喷水，增加空气湿度，抽花薹期和现蕾期要保证充足的水分供应，以促使花朵充分发育，开花后，适当控水。

（7）其他。盆栽郁金香直接上盆管理，由于种球品质不一，造成生长和着花不齐，影响其商品质量。所以最好先在大棚内地栽，在其花冠着色后上盆管理，并不影响其开花质量，效果更好。

花色中，红色开花最早，黄色最迟，大致相隔 10 天左右，栽培中应适当错开栽种时间，保证同时开花。

4. 病虫防治

郁金香病虫害的病原菌可由种球携带，也可由土壤携带而感染种球，多发生在高温高湿的环境，主要病害有茎腐病、软腐病、碎色病、猝倒病、盲芽等，虫害多为蚜虫。

防治方法：栽种前进行充分的土壤消毒，尽可能选用脱毒种球栽培，发现病株及时挖出并销毁，大棚生长过程中浇 1～2 次杀菌剂，效果更好。应保持良好的通风，防止高温高湿。蚜虫发生时，可用 3% 天然除虫菊酯 800 倍喷杀。

十六、仙客来（图十六）

仙客来别名萝卜海棠、兔耳花、兔子花、一品冠、篝火花、翻瓣莲等，是报春花科仙客来属多年生草本植物。仙客来是一种普遍种植的鲜花，适合种植于室内花盆，冬季则需温室种植。仙客来的某些栽培品种有浓郁的香气，而有些香气淡或无香气。“仙客来”一词来自学名 Cyclamen 的音译，由于音译巧妙，使花名有“仙客翩翩而至”

的寓意。仙客来是山东省青州市的市花，也是1995年天津举办的第43届世界乒乓球锦标赛的吉祥物。此植物有一定的毒性，尤其是根茎部，误食可能会导致拉肚子、呕吐等症状，皮肤接触后可能会引起皮肤红肿瘙痒。

1. 形态特征

仙客来为球根花卉，块茎花卉。仙客来块茎扁圆球形或球形、肉质。叶片由块茎顶部生出，心形、卵形或肾形，叶缘有细锯齿，叶面绿色，具有白色或灰色晕斑，叶背绿色或暗红色，叶柄较长，红褐色，肉质。花单生于花茎顶部，花朵下垂，花瓣向上反卷，犹如兔耳。花有白、粉、玫红、大红、紫红、雪青等色，基部常具深红色斑。花瓣边缘多样，有全缘、缺刻、皱褶和波浪等形。花瓣通常为五瓣。

2. 生长特性

仙客来喜凉爽、湿润及阳光充足的环境，生长和花芽分化的适温为15～20度，湿度70%～75%，冬季花期温度不得低于10度，若温度过低，则花色暗淡，且易凋落。夏季温度若达到28～30度，则植株休眠，若达到35度以上，则块茎易腐烂。幼苗较老株耐热性稍强。要求疏松、肥沃、富含腐殖质，排水良好的微酸性沙壤土。花期10月至翌年4月。仙客来花形别致，娇艳夺目，烂漫多姿，有的品种有香气，观赏价值很高，深受人们喜爱。是冬春季节名贵盆花，也是世界花卉市场上最重要的盆栽花卉之一。仙客来花期长，可达5个月，花期适逢圣诞节、元旦、春节等传统节日，市场需求量巨大，生产价值高，经济效益显著。常用于室内花卉布置，并适作切花，水养持久。

3. 繁殖与栽培管理

繁殖。

（1）种子饱满先消毒后分株易成活。仙客来的种子播种一般在秋天，种子不但要大粒，还要饱满。先将种子洗净，再用磷酸钠溶液浸泡10分钟消一下毒，或者用温水浸泡1天做催芽处理。种子浸泡之后不要忙着种植，在常温下放两天再种入疏松肥沃的沙土里比较好，之后注意保湿保温，一般播种完1个月就可以发芽。分株的时间一般选在仙客来开花以后，春天凉爽的天气不会使分株的伤口腐烂。先小心取出仙客来的球状根茎，按照芽眼的分布进行切割，保证每个分株都有一个芽眼，然后将切割处抹一些草木灰再移栽到其他盆土中压实，分株后浇水要浇足，然后放在荫凉处即可。

（2）浇水宜湿不宜涝，施肥宜薄不宜浓，光照宜温不宜烫。仙客来在水分吸收方面有些矛盾，它非常喜欢湿润的环境，但又害怕水太多，因此给它浇水的时候，要每天适量浇1次水以保持盆土的湿润度，同时还要控制浇水量，盆土上务必不要积水以免水大腐蚀其根部。夏天时要多多为其喷水，以保证正常的水分吸收量。

仙客来是比较喜肥的植物，但它喜的是薄肥，特别是在生长期，每隔10天左右就要给它施1次薄肥，等到仙客来孕蕾的时候还要再追施1次液肥。开花期的时候尽量少施肥，就算施肥也是偶尔施1次薄肥，不要施氮肥。施肥时要特别小心不要将肥水直接浇在花叶上，不然花叶很容易被腐蚀。

在阳光比较温暖且不刺目时，可以让仙客来多多接受阳光的照射，充足的阳光有利于促进花开，夏天的时候尽量将仙客来放在有散射光照射之地，必要的时候要对其遮阴，以免被炽热的阳光晒伤。

栽培要领。

（1）适时换盆。一般9月中旬休眠球茎开始萌芽，即刻换盆，盆土不要盖没球茎。刚换盆的仙客来球茎发新根时，浇水不宜过多，以防烂球，盆土以稍干为好。

（2）注意通风遮阴。生长期随时注意室内通风和遮阴，当叶片繁茂时，拉开盆距，以免拥挤造成叶片变黄腐烂。春节左右仙客来进入盛花期，晴天中应调节通风，以免室内湿度过大，造成花朵凋萎及花梗出现水积状腐烂。结实期正值气温升高，浇水量随之增加，严防室内温湿度过高，注意通风调节，以免造成花茎腐烂、果实发霉。6月中旬，叶片开始变黄脱落，球茎进入休眠期。休眠球茎放在通风条件好、荫凉的场所，并保持一定湿度。过湿球茎易烂，过干推迟萌芽和开花。

（3）加强肥水管理。仙客来生长发育期每旬施肥1次，并逐步多见阳光，不要使叶柄生长过长、影响美观。当花梗抽出至含苞欲放时，增施1次骨粉或过磷酸钙。长江中下游地区，元旦前后就能开花。花期停止施用氮肥，并控制浇水，特别是雨雪天，水不能浇在花芽和嫩叶上，否则花叶容易腐烂，影响正常开花。花后，再施1次骨粉，以利果实发育和种子成熟。5月前后果实开始成熟，采后剥开果皮取出种子，放于通风处晾干后贮藏。仙客来生长前期可用通用肥，即氮含量20%、磷含量20%、钾含量20%。花期可用盆花专用肥水溶性高效营养液。

花期管理。促花技术：

（1）精选种子并进行种子处理。选择饱满有光泽的褐色种子，将种子放在30度左右的水中浸泡3~4个小时，然后播种，比未浸种的种子提前开花10天左右。

（2）合理浇水。仙客来属喜湿怕涝植物，水分过多不利于其生长发育，甚至引起烂根、死亡现象。因此，每天保持土壤湿润即可，且水量不宜过大。

（3）增施肥料。仙客来也属喜肥植物，首先应从土壤入手，花盆内的土取腐殖质较多的肥沃沙壤土，一年更换一次盆土，并在每年春季和秋季追施2‰的磷酸二氢钾各1次，切忌施用高氮肥料，可提前开花15～20天。

（4）创造适宜的温度条件。仙客来不耐高温。温度过高会使其进入休眠状态。因此，温度对仙客来影响极大。一般情况下，仙客来适宜生长在白天20度左右，晚上10度左右的环境下，幼苗期温度可稍低一些。此外，花芽分化和花梗伸长时温度稍低一些，有利于开花。仙客来在夏季因气温高而进入休眠阶段，如果创造低温条件，可以不休眠，有利于开花。

（5）延长光照条件。仙客来喜阳光，延长光照时间，可促使其提前开花，因此，应将仙客来放置在阳光充足的地方养护。

（6）激素处理。在仙客来的幼蕾出现时，用1毫克/公斤的赤霉素轻轻喷洒到幼蕾上，每天喷1～3次即可，可提早开花15天以上。

花期养护。仙客来是喜光花卉，冬春又是旺盛生花开花期，欲使花蕾繁茂，在现蕾期要给以充足的阳光，放置于室内向阳处，并每隔1周施1次磷肥，最好用0.3%的磷酸二氢钾复合肥。浇水时水温要与室温接近，千万不要将花盆放在暖气片上。

4. 病虫防治

（1）尖镰孢菌病。仙客来极易得病，宜种在干净、排水通畅的地方。主要病害有尖镰孢菌病，病菌常常潜伏在小苗上，直到移苗后开始发病；在运输过程中一定要注意温度和湿度管理，严格消毒，土壤、花盆也要消毒。将发黄的小苗扔掉，小苗移植后的第5周，施用甲基托布津或百菌清加以预防。

（2）萎蔫症。小苗移苗后，茎、叶发育不良，叶边出现黑色真菌，叶柄和球茎的维管束系统出现浅红色病变；残株器官上有大片的浅橙色孢子，这种病会迅速蔓延；取出病株，施用甲基托布津或百菌清防治。

（3）软根病。症状为植株突然打蔫，随后便倒伏，球茎细小。主要原因为球茎埋入过深，温度过高，湿度过大等。另外要避免在高温季节采用上喷的方式浇水。

（4）灰霉病。花和叶出现软腐，花上出现斑点和灰霉。降低温度，增加通风，加大苗间距，注意夜间温度不要过低，可施用真菌杀菌剂防治。

（5）斑萎菌病。症状为叶柄上出现黄色或棕色环，花朵变形，植株停止生长，此病控制昆虫便可控制此病。

（6）仙客来蜘蛛。它会造成叶子变形、卷曲，部分花失色，花茎扭曲变形。同其他虫害的防治。

仙客来常见的病害有软腐病和叶斑病。软腐病都在7～8月高温季节发生，会造成整个球茎软化腐烂死亡。主要是由于通风不良所造成。发病前可用等量式波尔多液喷洒1～2次。叶斑病以5～6月发病最多，叶面出现褐斑，并逐渐扩大，最后造成叶片干枯。病叶必须及时摘除。线虫常危害球茎，被害植株生长缓慢、叶片凋萎转黄，常因盆土过湿所致。生长期还发生蚜虫和卷叶蛾危害叶片和花朵，可用40%氧化乐果乳油1000倍液喷杀。

十七、海棠（图十七）

海棠花又名梨花海棠。蔷薇科苹果属，为我国著名的观赏花木之一。

1. 形态特征

海棠为落叶灌木或小乔木，高达7米，无枝刺；小枝圆柱形，紫红色，幼时被淡黄色绒毛；树皮片状脱落，落后痕迹显著。叶片椭圆形或椭圆状长圆形，长5～9厘米，宽3~6厘米，先端急尖，基部楔形或近圆形，边缘具刺芒状细锯齿，齿端具腺体，表面无毛，幼时沿叶脉被稀疏柔毛，背面幼时密被黄白色绒毛；叶柄粗壮，长1~1.5厘米，被黄白色绒毛，上面两侧具棒状腺体；托叶膜质，椭圆状披针形，长7~15毫米，先端渐尖，边缘具腺齿，沿叶脉被柔毛。花单生于短枝端，直径2.5~3厘米；花梗粗短，长5~10毫米，无毛；萼筒外面无毛；萼裂片三角状披针形，长约7毫米，先端长渐尖，边缘具稀疏腺齿，外面无毛或被稀疏柔毛，内面密被浅褐色绒毛，较萼筒长，果时反折；花瓣倒卵形，淡红色；雄蕊长约5毫米；花柱长约6毫米，被柔毛。梨果长椭圆体形，长10~15厘米，深黄色，具光泽，果肉木质，味微酸、涩，有芳香，具短果梗。花期4月，果期9~10月。

城市中常见栽培者有：

湖北海棠，乔木，枝坚硬开张，幼枝被柔毛，后脱落。与垂丝海棠极相似，主要区别在于叶缘具细锐锯齿，花柱3个，果椭圆形。

西府海棠，又名小果海棠，据说是因晋朝时生长在西府而得名。小乔木，叶长椭圆形，伞形总状花序，其花未开时，花蕾红艳，似胭脂点点，开后则渐变粉红，花形较大，4~7朵成簇向上，梨果球形，红色。原产于中国辽宁、河北、山西等省。西府海棠不论孤植、列植、丛植均甚美观，最宜植于水滨及小庭一隅，北京故宫御花园和颐和园的西府海棠久负盛名。

垂丝海棠，小乔木，幼枝紫色，叶卵形或椭圆形，3~4月开花，花有半重瓣和重瓣之分，红色，4~7朵一簇，花梗细长而下垂，故名垂丝海棠，梨果倒卵形，稍带紫色。产于中国西南部。垂丝海棠植于水边是中国传统的配置方法，小庭院可在建筑前后对植、列植，或于围墙边、庭院一隅栽植数株。垂丝海棠多用于江南及西南各省，以云南最盛，据《滇中》载，“云南的垂丝海棠高数丈，花色鲜媚异常，为人间尤物”，上海的公园、路边也常见其倩影。

贴梗海棠，又称皱皮木瓜。落叶灌木，高1～2米，叶卵形或椭圆形，花3～5朵簇生，花梗短粗或近无梗，故名贴梗海棠。花呈粉红色、朱红色或白色，先于叶或与叶同时开放，花期为3～5月，果卵形至球形，黄色或黄绿色，芳香。产于中国华北南部、西北东部和华中地区，现全国各地均有栽培。贴梗海棠花朵三五成簇，“占春颜色最风流”，黄果芳香、硕大，可入药。贴梗海棠为良好的观花、观果花木，适于庭院角隅、草坪边缘、树丛周围、池畔溪旁丛植，也可密植成花篱，还可制作树桩盆景。

2. 生长特性

海棠喜光，不耐阴，宜植于南向之地。对严寒的气候有较强的适应性，其耐干旱力也很强。多数种类在干燥的向阳地带最宜生长，有些种类还能耐一定程度的盐碱地，但以土壤深厚肥沃，PH值5.5～7的微酸性至中性黏壤中生长最盛。忌水涝，萌蘖力强。随纬度、海拔、种类不同而有差异。

3. 繁殖与栽培管理

（1）栽植一般进行地栽，也可以盆栽制作盆景，春季栽植，因忌积水，应栽植在地势稍高不易积水、向阳的地方。土质要求疏松，栽植穴应根据根系大小而确定，不宜太深太大，以能舒展开根系为好。栽植深度以距地面10厘米为宜。最好带土团栽植。栽后浇足水。

（2）光照与温度。海棠适宜在光照充足的环境中生长，在庇荫的环境下则生长不良。如果盆栽，生长期要放在光线充足的地方。冬季在零下 15 度的低温条件下也不会受到冻害，可在室外露地越冬。但在寒冷异常的冬季，则需采取防寒措施。

（3）浇水与施肥。浇水结合施肥进行。每年秋季落叶后要施 1 次大肥，补充花果消耗的养分，以施腐熟的有机肥为好。同时结合冬灌浇水。春芽萌动前施 1 次有机肥，并浇 1 次透水。秋冬施肥方式因树龄而异，幼龄树环状施肥，环距树根部 100 厘米以内；大龄树放射状施肥；老龄树结合除草，在树冠下撒施有机肥，施后将肥料翻入地下 30 厘米。花谢后追施 2 次磷钾肥，以保证一定的坐果率。同时注意浇水。

（4）整形修剪。海棠花芽多由顶芽分化而成，而且以中、短果枝为主要花枝，因此要保留中、短果枝。对长枝应进行短剪，同时还应剪除过密枝、干枯枝、病虫枝，然后根据所需树形进行修剪。若想使树冠圆满，则疏密养稀，剪去过密枝条，而对枝条稀疏的部位则垂剪，以便使其多发侧枝，补实空缺。

4. 病虫防治

四季海棠常见病虫害是卷叶蛾。此虫以幼虫食害嫩叶和花，直接影响植株生长和开花。少量发生时以人工捕捉；严重时可用乐果稀释液喷雾防治。

贴梗海棠病虫害主要有锈病、蚜虫等。锈病防治：秋末冬初剪除病枝，清除病叶、落地叶，以减少翌春浸染源。且增施磷肥、钾肥，促进生长，增强植株抗病力。生长期间可喷洒 15% 粉锈宁 1000 倍液，每隔 15 天左右喷洒 1 次，连续喷 2 ~3 次，有良好的防治效果。蚜虫防治：在发生期，喷洒 40% 氧化乐果 1000 倍液，或 50% 辛硫磷 1000 倍液，或 20% 菊杀乳油 2500 倍液进行防治，效果佳。

十八、水仙花（图十八）

水仙花又名凌波仙子、金盏银台、落神香妃、玉玲珑、金银台等，石蒜科水仙属多年生草本植物，原产中国，为中国传统名花之一。此属植物全世界共有800多种，其中的10多种如喇叭水仙、围裙水仙等具有极高的观赏价值。水仙花喻为思念、团圆之意。

1. 形态特征

水仙鳞茎卵状至广卵状球形，外被棕褐色皮膜。叶狭长带状，长30～80厘米，宽1.5～4厘米，全缘，面上有白粉。花葶自叶丛中抽出，高于叶面。一般开花的多为4～5片叶的叶丛，每球抽花1～7支，多者可达10支以上。伞房花序（伞形花序）着花4～6朵，多者达10余朵。花白色，芳香。花期1～3个月。

水仙花瓣多为6片，酷似椭圆形，花瓣末处呈鹅黄色。花蕊外面有一个如碗一般的保护罩。

根：水仙为须根系，由茎盘上长出，乳白色，肉质，圆柱形，无侧根，质脆弱，易折断，断后不能再生，表皮层由单层细胞组成，横断面长方形，皮层由薄壁细胞构成，椭圆形。为外起源，老根具气道。

球茎：中国水仙的球茎为圆锥形或卵圆形。球茎外被黄褐色纸质薄膜，称球茎皮。内有肉质、白色、抱合状球茎片数层，各层间均具腋芽，中央部位具花芽，基部与球茎盘相连。

叶：水仙的叶扁平带状，苍绿，叶面具霜粉，先端钝，叶脉平行。成熟叶长30～50厘米，宽1～5厘米。基部为乳白色鳞片，无叶柄。栽培的中国水仙，一般每株有叶5～9片，最多可达11片。

花：花序轴由叶丛抽出，绿色，圆筒形，中空。外表具明显的凹凸棱形，表皮具蜡粉。长 20 ~ 45 厘米，直径 2 ~ 3 毫米。伞形花序。小花呈扇形着生于花序轴顶端，外有膜质苞包裹，一般小花 3 ~ 7 朵（最多可达 16 朵）。花被基部合生，筒状，裂片 6 枚，开放时平展如盘，白色。副冠杯形鹅黄或鲜黄色（称金盏银台，尚有金盏金台——花瓣副冠均为黄色；银盏银台——花瓣副冠均为白色）。雄蕊 6 枚，雌蕊 1 枚，柱头 3 裂，子房下位。

果实：为小蒴果。蒴果由子房发育而成，熟后由背部开裂。

2. 品种介绍

（1）喇叭水仙。鳞茎球形，叶扁平线形，长 20 ~ 30 厘米，宽 1.4 ~ 1.6 厘米，灰绿色，光滑。花单生，大型，淡黄色，径约 5 厘米。副冠约与花被片等长。花期 2 ~ 3 月。本种有许多园艺品种，有宽叶和窄叶品种，有花被白色、副冠黄色或花被副冠全为黄色的。

（2）围裙水仙。植株低矮，叶细带状，暗绿色。花单生，形小，副冠长漏斗状。花的被片很小，花色纯黄。

（3）仙客来水仙。植株矮小，花 2 ~ 3 朵聚生，形小而下垂或侧生。花黄色，花被片向后卷曲。

（4）明星水仙。鳞茎卵圆形。叶扁平状线形，长 30 ~ 40厘米，宽 1 厘米左右，粉绿色。花单生，平伸或稍下垂，直径 5 ~ 5.5 厘米。花被与副冠均黄色，亦有花被白色的品种。花期在 4 月中旬。

（5）三蕊水仙。植株矮小，花 1 ~ 9 朵聚生，雄蕊仅 3 枚，伸出副冠之外。花白色，形似仙客来水仙而副冠短。

（6）法国水仙。花 3 ~ 10 朵聚生。副冠与花被同色或异色，具芳香。

（7）红口水仙。又称红水仙。叶长 30 厘米左右，宽

0.8～1厘米。花单生，少数一二朵，直径为5～6厘米。花被白色。副冠成浅杯状，黄色，边缘被皱，略带红色。春季开花。

（8）丁香水仙。叶1～3枚，柱状，深绿色，花1～2朵，高脚碟状，直径2.5厘米，花被黄色，副冠橘黄色，具浓香。春季开花。

3. 生长特性

水仙花性喜温暖、湿润，又要排水良好。以疏松肥沃、土层深厚的冲积沙壤土为最宜，PH值5～7.5均宜生长。喜阳光充足。水仙花性喜阳光、温暖，白天水仙花盆要放置在阳光充足的向阳处给予充足的光照。因为植物需要通过叶绿素经过光合作用提供养分，这样才可以使水仙花叶片宽厚、挺拔，叶色鲜绿，花香扑鼻。反之，则叶片高瘦、疲软，叶色枯黄，甚至不开花。

4. 繁殖与栽培管理

繁殖。

（1）侧球繁殖。这是最普通常用的一种繁殖方法。储球着生在鳞茎球外的两侧，仅基部与母球相连，很容易自行脱离母体，秋季将其与母球分离，单独种植，次年产生新球。

（2）侧芽繁殖。侧芽是包在鳞茎球内部的芽。只在进行球根阉割时，才随挖出的碎鳞片一起脱离母体，拣出白芽，秋季撒播在苗床上，翌年产生新球。

（3）双鳞片繁殖。1个鳞茎球内包含着很多侧芽，有明显可见的，有隐而不见的。但其基本规律是两张鳞片1个芽。用带有两个鳞片的鳞茎盘作繁殖材料就叫双鳞片繁殖。其方法是把鳞茎先放在低温4～10度处4～8周，然后在常温中把鳞茎盘切小，使每块带有两个鳞片，并将鳞片上端切除留下2厘米作繁殖材料，然后用塑料袋盛含水

50%的蛭石或含水6%的砂，把繁殖材料放入袋中，封闭袋口，置20~28度温度中黑暗的地方。经2~3月可长出小鳞茎，成球率为80%~90%。四季均可进行，但以4~9月为好。生成的小鳞茎移栽后的成活率高，可达80%。

（4）组织培养。用MS培养基，每升附加30克蔗糖与5克的活性炭，用芽尖作外植体，或用具有双鳞片的茎盘5×10毫米作外植体，PH值为5~7，装入20×100毫米的玻璃管中，每管10毫升培养基，经消毒后，每管植入一个外植体，然后在25度中培养，接种10天后产生小突起，20天后成小球，1个月后转入在含NAA0.1/毫克1/2MS的培养基中，6~8周后有叶、有根，移栽在大田中，可100%的成活。用茎尖作外植体的，还有去病毒的作用。

栽培管理。水仙栽培有旱地栽培、水田栽培两种方法。

（1）旱地栽培。每年挖球之后，把可以上市出售的大球挑出来，余下的小侧球可立即种植。也可留待9~10月种植。一般认为种得早，发根好，长得好。种植时，选较大的球用点播法，单行或宽行种植。单行种植时用6×25厘米的株行距，宽行种植的用6×15厘米株行距，连续种3~4行后，留出35~40厘米的行距，再反复连续下去。旱地栽培的，养护较粗放，除施2~3次水肥外，不常浇水。单行种植的常与农作物间作。

（2）水田栽培。种球选择甚为严格，要求选无病虫害、无损伤、外鳞片明亮光滑、脉纹清晰的作种球，并按球的大小、年龄分三级栽培。

栽培要点：

（1）耕地浸田：8~9月把土地耕松，然后在田间放水没灌，浸田1~2周后，把水排干。随后再耕翻5~6

次，深度在35厘米以上，使下层土壤熟化、松软，以提高肥力，减少病虫害和杂草，并增加土壤透气性。

（2）施肥作畦：水仙需要大量的有机肥料作基肥。3年生栽培，每亩需要有机肥5000～10000公斤，适当拌一些过磷酸钙或钙镁磷肥，每亩施20～50公斤，2年生栽培用肥量减半，1年生栽培的可以更减少些。这些肥料要分几次随翻地翻入土中，使土壤疏松，肥料均匀，然后将土壤表面整平，做成宽120厘米、高40厘米的畦，沟宽35～40厘米。畦面要整齐、疏松，沟底要平滑、坚实，略微倾斜，使流水畅通。

（3）种球阉割：为了使鳞茎球经过最后一次栽培后飞速增大，有利于多开花，需采用种球阉割手术。这项手术的原理与一般植物剥芽一样，是使养分集中，主芽生长健壮，翌年能获得一个硕大的鳞茎球。不同的是它的侧芽是包裹在鳞片之内的，不剖开鳞片就无法去除侧芽。阉割的技术难度较大，操作时要泾渭分明，既要去掉全部侧芽，又不能伤及主芽及鳞茎盘。侧芽居于主芽扁平叶面的两侧，阉割时，首先对准侧芽着生的位置，然后用左手拇指与食指捏住鳞茎盘，再用右手操刀阉割。阉割刀宽约1.5厘米，刀口在先端为回头形。阉割时，挖口宜小，如果误伤了鳞茎盘与主芽时，球就无用，当抛弃。如发现内部鳞片有黑褐色斑驳者，也应抛弃不用。

（4）种球消毒：种植前用40%的福尔马林100倍液浸球5分钟；或用0.1%的升汞水浸球半小时消毒。如有螨虫存在，可用0.1%的三氯杀螨醇浸种10分钟。

（5）种植：由于水仙叶片是向两侧伸展的，因此采用的株距较小、行距较大，3年生栽培用15×40厘米的株行距，2年生栽培用12×35厘米的株行距。种植时要逐一审查叶片的着生方向，按未来叶片一致向行间伸展的要求种植，以使有充足的空间。为使鳞茎坚实，宜深植。1~2年生栽培，深8~10厘米，3年生栽培，深约5厘米。种后覆盖薄土，并立即在种植行上施腐熟肥水。种后清除沟中泥块，拉平畦面，并立即灌水满沟。次日把水排干，待泥粘而不成浆时，整修沟底与沟边并予夯实，以减少水分渗透，使流水畅通。修沟之后，在畦面盖稻草，3年生者覆草宜厚，约5厘米，1~2年生者，覆草可薄些。覆草时，使稻草根伸向畦两侧沟中，梢在畦中重叠相接。种植结束后放水，初期水深8~10厘米，1周后加深到15~20厘米，水面维持在球的下方，使球在土中，根在水中。深达沟水中，根梢在畦头的中央重叠相接。初期沟水深约8~10厘米，1周后再加深到15~20厘米，水面维持在鳞茎球下方，使根在水中，球在土中。

水仙养护。水仙由种植到挖球，需要在田间生长6~7个月。要长成一个理想的鳞茎，除上述基础工作外，主要靠养护。

（1）灌水。沟中经常要有流水，水的深度与生长期、季节、天气有关，花农有“北方多水，西南少水，雨天排水，晴天保水”的原则。一般天寒时，水宜深。天暖时，水宜浅。生长初期，水深维持在畦高的3/5处，使水接近鳞茎球基部。2月下旬，植株已高大，水位可略降低，晴天水深为畦高的1/3，如遇雨天，要降低水位，不使水淹没鳞茎球。在4月下旬~5月，要彻底去除拦水坝，排干沟水，直至挖球。

（2）追肥。水仙好肥。在发芽后开始追肥，3年生栽培，追肥宜勤，隔7天施1次，2年生栽培，每隔10天施1次，1年生栽培半月施1次。为提高水仙的耐寒力，在入冬前要施1次磷钾肥。1月停肥，2月下旬至4月中旬继续追肥，以磷钾肥为主，5月停肥、晒田。

（3）剥芽与摘花。阉割鳞茎球时，如有未除尽的侧芽萌发，应及早进行1~2次拔芽工作，以补阉割不尽之弊。田间种植的水仙12月下旬~3月开花，为使养料集中到鳞茎球的生长上去，应予摘花。为充分利用花材，在花茎伸长至20厘米时可剪作切花。

（4）防寒。水仙虽耐一定的低温，但也怕浓霜与严寒。偶现浓霜时，要在日出之前喷水洗霜，以免危害水仙叶片。对于低于零下2度的天气，要有防寒措施。较暖地区可栽风障，上海地区可用薄膜防寒，不可让水仙花受寒。

5. 病虫防治

（1）褐斑病。主要危害水仙的叶和茎。初染时出现于叶尖，褐色，大片感染时叶和梗均会出现病斑，使叶片扭曲，植株停止生长，导致枯死。发病初期，可用75%百菌清可湿性粉剂600~700倍水溶液，每5~7天喷洒1次，连喷数次可控制病害发展。种植前剥去膜质鳞片，将鳞茎放在0.5%福尔马林溶液中，或放在50%多菌灵500倍水溶液中浸泡半小时，可预防此病发生。

（2）枯叶病。多发生在水仙叶片上，初发时为褪绿色黄斑，然后呈扇面形扩展，周边有黄绿色晕圈，后期叶片干枯并出现黑色颗粒状物。此病可于栽植前剥去干枯鳞片，用稀高锰酸钾溶液冲洗2~3次预防。病发初期，可用50%代森锌1500倍水溶液喷洒。

（3）线虫病。主要危害水仙的叶片和花茎。初发时，水仙叶片和花茎上会出现黄褐色镶嵌条纹，然后出现水泡状或波涛状隆起，导致叶和茎表皮破裂而呈褐色，直至枯萎。此病可用0.5%福尔马林液浸泡鳞茎3~4小时加以预防。如在养护过程中发现植株染病严重，应立即将病株剔除并销毁。

十九、蟹爪兰（图十九）

蟹爪兰又名圣诞仙人掌、蟹爪莲和仙指花等，为仙人掌科蟹爪兰属植物。由于它开花正逢圣诞节日，故西方又称它为“圣诞花”，是隆冬季节一种非常理想的室内盆栽花卉，在向阳的窗台，高悬伞状低垂的蟹爪兰，可使满室生辉，美胜锦帘。蟹爪兰为多年生常绿植物，冬季至早春在茎节的顶端开花，两侧对称。只要栽培管理得当，一株栽培几年的嫁接植株，可同时开花 200 ~ 300 朵，十分壮观。

1. 形态特征

蟹爪兰嫩绿色，新出茎节带红色，主茎圆，易木质化，分枝多，呈节状，刺座上有刺毛，花着生于茎节顶部刺座上。常见栽培品种有大红、粉红、杏黄和纯白色。因节径连接形状如螃蟹的副爪，故名蟹爪兰。蟹爪兰节茎常因过长而呈悬垂状，故又常被制作成吊兰做装饰。蟹爪兰开花正逢圣诞节、元旦节，株型垂挂，花色鲜艳可爱，适合于窗台、门庭入口处和展览大厅装饰，可使满室生辉。但因为饲养方式的关系，有些蟹爪兰被调控在 10 月开花。花朵娇柔婀娜，光艳若倜，明丽动人，特别受人们的喜爱和赞美。在日本、德国、美国等国家，蟹爪兰已规模性生产，成为冬季室内的主要盆花之一。中国自 20 世纪 80 年代开始引种蟹爪兰。

蟹爪兰为附生性小灌木。叶状茎扁平多节，肥厚，卵圆形，鲜绿色，先端截形，边缘具粗锯齿。花着生于茎的顶端，花色有淡紫、黄、红、纯白、粉红、橙和双色等。

蟹爪兰已经选育出 200 多个栽培品种。常见的有白花的圣诞白、多塞、吉纳、雪花，黄色的金媚、圣诞火焰、金幻、剑桥，橙色的安特、弗里多，紫色的马多加，粉色的卡米拉、麦迪斯托和伊娃等。常见的同属观赏种有茎淡紫色、花红色的圆齿蟹爪兰，花芽白色、开放时粉红色的美丽蟹爪兰，花红色的红花蟹爪兰。还有拉塞尔蟹爪兰、巴克利蟹爪兰、钝角蟹爪兰和圣诞仙人掌等，它们既是观赏种又是育种的好材料。

同时，根据花期的早晚，蟹爪兰又分为早生种、中生种和晚生种。蟹爪兰的花期从 9 月 ~ 翌年 4 月，鲜艳绚丽的蟹爪兰给人们带来了春天的气息。

2. 生长特性

蟹爪兰原产于南美洲的巴西。属附生类仙人掌，在自然环境中，常附生于树上或潮湿山谷，因而栽培环境要求半阴、湿润。夏季避免烈日曝晒和雨淋，冬季要求温暖和光照充足。土壤需肥沃的腐叶土、泥炭、粗沙的混合土壤，PH 值 5.5 ~ 6.5。蟹爪兰的生长期适温为 18 ~ 23 度，开花温度以 10 ~ 15 度为宜，不超过 25 度，以维持 15 度最好，冬季温度不低于 10 度。蟹爪兰属短日照植物，因此在短日照条件下才能孕蕾开花。蟹爪兰在原产地由鸟类授粉，室内栽培时需人工授粉才能正常结实。

3. 繁殖与栽培管理

（1）扦插基质。就是用来扦插的营养土或河沙、泥炭土等材料。家庭扦插限于条件很难弄到理想的扦插基质，建议用已经配制好并且消过毒的扦插基质。用中粗河沙也行，但在使用前要用清水冲洗几次。海沙及盐碱地区的河沙不要使用，它们不适合花卉植物的生长。

在早春或晚秋（中午气温最高不超过 28 度、夜晚最低不低于 15 度）是蟹爪兰的生长旺季，剪下叶片或茎秆（要带 3 ~ 4 个叶节），待切口晾干后插入基质中，把插穗和基质稍加喷湿，只要基质不过分干燥或水积，就可很快长出根系和新芽。在晚春至早秋气温较高时，插穗极易腐烂，最好不要进行扦插。

（2）上盆。小苗装盆时，先在盆底放入2～4厘米厚的粗粒基质或者陶粒来作为滤水层，其上撒上一层充分腐熟的有机肥料作为基肥，厚度为1～2厘米，再盖上一层基质，厚1～2厘米，然后放入植株，以把肥料与根系分开，避免烧根。

上盆用的基质可以选用下面的任何一种。菜园土：炉渣3:1；或者园土、中粗河沙、锯末（茹渣）按4:1:2的比例；或者水稻土、塘泥、腐叶土中的一种；或者草炭、珍珠岩、陶粒按2:2:1的比例；菜园土、炉渣按3:1的比例；草炭、炉渣、陶粒按2:2:1比例；锯末、蛭石、中粗河沙按2:2:1比例。上完盆后浇1次透水，并放在略阴环境养护一周。

（3）湿度管理。蟹爪兰喜欢较干燥的空气环境，阴雨天持续的时间过长，易受病菌浸染。怕雨淋，晚上保持叶片干燥。最适空气相对湿度为40%～60%。

（4）温度管理。最适生长温度为15～32度，怕高温闷热，在夏季酷暑气温33度以上时进入休眠状态。忌寒冷霜冻，越冬温度需要保持在10度以上，在冬季气温降到7度以下也进入休眠状态，如果环境温度接近4度时，会因冻伤而死亡。

（5）光照管理。在夏季放在半阴处养护，或者给它遮阴50%时，叶色会更加漂亮。在春、秋二季，由于温度不是很高，要给予它直射阳光的照射，以利于它进行光合作用积累养分。在冬季，放在室内有明亮光线的地方养护。平时放在室内养护的，要放在东南向的门窗附近，以能接收光线，并且每经过一个月或一个半月，要搬到室外养护2个月，否则叶片会长得薄、黄，新枝条或叶柄纤细、节间伸长，处于徒长状态。

（6）肥水管理。蟹爪兰的耐旱能力很强，在干旱的环境条件下也能生长，但这并不等于可以不给它浇水或浇肥。其根系怕积水，如果花盆内积水，或者给它浇水施肥过于频繁，就容易引起烂根。给它浇肥浇水的原则是“见干见湿，干要干透，不干不浇，浇就浇透”。

（7）养护管理。一盆嫁接成型、支撑得当的蟹爪兰，3 年后冠径可达 2～3 尺，能同时开花二三百朵，形色俱丽。特别是隆冬腊月，室外花草一片凋零，蟹爪兰却繁花怒放，生机盎然。翠绿肥厚的叶状茎，映衬着朵朵色泽艳丽的小花，格外美丽。可要使它年年绚丽多彩，却不是件容易的事，除了平时的精心培植外，开花前后的养护管理尤为重要。

秋凉以后，蟹爪兰即可孕蕾进入花期，此时将花移入室内向阳处，以免因昼夜温差大损伤花蕾。同时要修剪花形，将那些参差不齐的茎节及主茎节上吊得过多的弱小花蕾适当剪除，千万不要舍不得。这样做的必要有两点：一是修整以后，株形匀称，保持伞状，达到美观目的。二是除掉弱小过剩的花苞，使其整个花期的长势旺盛，花朵大小如一。否则，会使顶端茎节的花蕾因养料不足而萎蔫。

花期可 10 天施 1 次颗粒复合肥，沿盆土浅埋泥土中，切勿靠近根部，以免灼伤根，盆土见湿见干即可。如果作好花前的养护管理，那你将会在冬季和来年初春如愿以偿地看到一盆美丽壮观的蟹爪兰。

来年 2 月底至 3 月初，蟹爪兰的花势将逐渐减弱以至结束。此时，蟹爪兰即将进入休眠期，原来挂花的那些茎节，大多数发软起皱，有的虽然还挂着少许残花，但都要全部剪掉，同时注意修整花形。春分前后，将花放置阳台或窗口避雨通风处，盆土要保持干燥，经常向植株喷些水雾，使枝条鲜亮。待休眠期一过，新芽萌发，就可正常施肥浇水了。

4. 病虫防治

蟹爪兰常发生炭疽病、腐烂病和叶枯病危害叶状茎，特别在高温高湿情况下，发病严重。

发病严重的植株应拔除，集中烧毁。病害发生初期，用50%多菌灵可湿性粉剂500倍液，每10天喷洒1次，共喷3次。介壳虫危害严重时，叶状茎表面布满白色介壳，使植株生长衰弱，被害部呈黄白色。如被害植株较轻，可用竹片刮除，严重时用25%亚胺硫磷乳油800倍液喷杀。

二十、夜兰香（图二十）

夜兰香又名月见草、夜来香、夜香藤等，萝摩科夜来香属，多年生藤状缠绕草本。小枝柔弱，有毛，具乳汁。花多黄绿色，有清香气，夜间更甚，故有“夜来香”、“夜香花”之名。多为盆栽观赏植物，但不宜放在室内。其花香会使人呼吸困难。

1. 形态特征

叶对生，叶片宽卵形、心形至矩圆状卵形，长4～9.5厘米，宽3～8厘米，先端短渐尖，基部深心形，全缘，基出掌状脉7～9条，边缘和脉上有毛。伞形状聚伞花序腋生，有花多至30朵。花冠裂片，矩圆形，黄绿色，有清香气，夜间更甚。副花冠5裂，肉质，短于花药，着生于合蕊冠上，顶端渐尖。花粉块每室1个，椭圆形，直立。蓇葖果披针形，长7.5厘米，外果皮厚，无毛。种子宽卵形，长约8毫米，顶端具白色绢质种毛。

2. 生长特性

夜兰香性喜温暖湿润、阳光充足、干燥的气候环境，它对环境适应能力强、生命力旺盛、根系发达，它主要生长在排水性好、土质肥沃的土壤中。每年春季开花，花期很长。它对于温度要求较高，平均年温控制在20度左右。夜兰香是喜肥的一种植物，所以在它生长过程中要少量多次地进行施肥。夜兰香对水分要求也很高，在炎热的夏季要多浇水，冬季要保持土壤湿润但是切记内涝。春暖后发枝长叶，每节有腋芽或花芽，随着生长不断生发侧枝并抽生花序，一般在5～10月陆续开花，开花时气味芳香，夜间更香浓。冬季结果。

很多植物都是依靠昆虫传粉繁殖后代的。依靠白天活动的昆虫来传粉的植物，在白昼里，花开香飘，迎候使者。夜兰香是靠夜间出现的飞蛾传粉的，在黑夜里，就凭着它散发出来的强烈香气，引诱长翅膀的“客人们”前来拜访，为它传送花粉。夜兰香的这一习性是它对环境的一种适应。

夜兰香的花瓣与一般白天开花的花瓣构造不一样，夜来香花瓣上的气孔有个特点，一旦空气的湿度大，它就张得大，气孔张大了，蒸发的芳香油就多。夜间虽没有太阳照晒，但空气比白天湿得多，所以气孔就张大，放出的香气也就特别浓。如果你注意一下就可以发现，夜兰香的花，不但在夜间，而且在阴雨天，香气也比晴天浓，这是因为阴雨天空气湿度大的关系。

3. 繁殖与栽培管理

夜兰香的繁殖方法主要有扦插繁殖、压条繁殖、分株繁殖和种子育苗等方法，最常用的还是扦插繁殖的方法。扦插繁殖除了冬季都可以进行，保持适宜温暖湿润的气候下，在土质肥沃的土壤里最好是沙壤土里进行培育，因为夜兰香有强大的生命力，新枝条会逐渐长成一株新的幼苗。然后将新幼苗移到花盆里进行养护即可，将夜兰香盆景放在靠窗向阳的位置，夜晚就会闻到阵阵幽香。

（1）选插条。应选择生长健壮或者无病虫害的枝条，在同一植株上应选择当年生中上部向阳的枝条，要求枝条节间较短、枝叶粗壮、芽尖饱满，不宜选用即将开花的枝条。

（2）选基质。用泥炭土、腐叶土加沙分别按3:3:4比例配制，这样配制的床土具有提高床温、保水、通气、肥沃、偏酸等特点，适宜枝条生根发芽。

（3）处理插条。扦插前用ABT生根粉等药剂处理插条，有促进生根的效果。将插穗截成8～12厘米的一段，上面带有2～3个芽，插穗下部的切口宜在节下0.5厘米处，切口要平滑，剪去下部叶片，仅留顶部2～3个叶片，插深一般以3厘米左右为宜。

（4）创生根的条件。其适宜生根温度为20～24度，一般土温比气温高3度至5度对生根有利。插床空气相对湿度为80%～90%，有利于生根，并要求光照在30%左右。水分应适宜，扦插初期水分稍大，后期稍干。本地露地扦插适宜期为5月初～6月中旬，此时正值较好的气候，能较好地满足插条生根所需的温度、湿度条件。

（5）加强插后管理。插后应浇透水，用塑料薄膜覆盖，放在较荫蔽处，或在薄膜上撒乱草，防阳光直射，并且在夜间增加光照，助其扦插成活。每天放风1～2次，以补充所需氧气，并防止病害发生。要经常喷水，保持插床适度湿润，但喷水不可过量，否则插床过湿，常影响插条愈合生根。待插条新根长到2～3厘米时，即可适时移植上盆。花后冬季有的地区应搬入室内养护。

盆栽管理。

（1）配制盆土。夜兰香喜疏松、排水良好、富有机质的偏酸性土壤。其盆土一般用泥炭土或腐叶土3份加粗河泥2份和少量的农家肥配成，盆栽时底部约1/5深填充颗状的碎砖块，以利于盆排水，上部用配好的盆土栽培。

（2）适宜环境。盆栽夜兰香要求通风良好的环境条件，5月初~9月底宜放院内阳光充足或阳台上养护，其虽然喜阳光充足，但在夏季的中午应避免烈日曝晒。

（3）施肥。在其生长过程中，应每隔10~15天施1次液肥，4月下旬开始每半月施一次稀薄液肥，从5月中旬起即可保证不断开花，如能施用春泉883或惠满丰等高效腐殖酸液肥，则效果更好。

（4）水分。其夏季是生长旺季，除施足肥料外盆土必须保持经常湿润，必要时一天浇2次水。若是幼苗，每天应向叶面喷水1~2次。

（5）适温。每年10月中下旬应将其移入棚室内，棚室温度要求保持8~12度，如温度低于5度，叶片会枯黄脱落直至死亡。

（6）换盆。换盆宜在春季4月初出室前进行，换盆时应去掉部分旧土和老根，换上新的培养土，并进行重剪，以促发新枝。换盆后要保持盆土湿润，但盆内不能有积水，换盆后若发现嫩叶略有下垂，要及时浇水。

（7）调整株形。栽培管理中需搭设棚架，植株上棚后要及时打顶，促使多分枝，花开后要及时剪去残花梗，并加施肥料，花谢后应将枯干枝叶和过密枝条剪去，对徒长进行截短处理。

注意事项：夜兰香不宜放在室内。夜兰香的香气会使高血压和心脏病患者感到头晕目眩，郁闷不适，引起胸闷和呼吸困难等症状，所以夜兰香不适合放在室内摆放。最好是放在室外，作为观赏植物。

夜兰香的故乡在亚洲热带地区，那里白天气温高，飞虫很少出来活动，到了傍晚和夜间，气温降低，许多飞虫出来觅食，这时夜兰香便散发出浓烈的香味，引诱飞虫前来传播花粉。经过世世代代的环境因素的影响，夜兰香形成了总是在晚上发出香味的习性。如果长期把它放在室内，会引起头昏、咳嗽，甚至气喘、失眠。

4. 病虫防治

常有蚜虫、介壳虫和粉虱危害，可用50%杀螟松乳油1000倍液、天王星、氯氰菊酯和快杀灵等防治，效果较好。防治螨类可采用抗螨23乳油800倍液、73%克螨特2000倍液等。防治介壳虫，可用40%乐果乳剂600～800倍液。

防治枯萎病，可采用枯萎立克600～800倍液、50%多菌灵600倍液等。如发现枯萎病株，应及时清除，带到园外烧毁，并翻开病株周围的土壤撒生石灰，1个月后再补种。

二十一、报春花（图二十一）

报春花又名年景花，樱草，四季报春，原产于中国。报春花科报春花属。报春花属植物在世界上栽培很广，历史亦较久远。近年来发展很快，已成为当前一类重要的园林花卉。中国名报春和学名 Primula，均含有早花的意思。早春开花为本属植物的重要特性。

1. 形态特征

报春花为报春花科多年生草本植物，常作一二年生栽培。叶基生，全株被白色绒毛。叶椭圆形至长椭圆形，叶面光滑，叶缘有浅被状裂或缺，叶背被白色腺毛。花葶由根部抽出，高约30厘米，顶呈伞形花序，高出叶面。有柄或无柄，全缘或分裂。花期冬、春两季，花有深红、纯白、碧蓝、紫红、浅黄等色。红、蓝、白色花有黄芯，还有紫花白芯、黄花红芯等，可谓五彩缤纷、鲜艳夺目，多数品种花还具有香气。蒴果球状，种子细小、褐色，果实成熟时开裂弹出。

2. 生长特性

报春花属是一种典型的暖温带植物，绝大多数种类均分布于较高纬度低海拔或低纬度高海拔地区，喜气候温凉、湿润的环境和排水性良好、富含腐殖质的土壤，不耐高温和强烈的直射阳光，多数亦不耐严寒。

一般用作冷温室盆花的报春花，如鄂报春、藏报春，宜用中性土壤栽培。不耐霜冻，花期早。而作为露地花坛布置的欧报春花，则适合生长于阴坡或半阴环境，喜排水性良好、富含腐殖质的土壤。

3. 繁殖与栽培管理

报春花以种子繁殖为主，特殊园艺品种亦用分株或分蘖法。

种子寿命一般较短，最好采后即播，或在干燥低温条件下贮藏。采用播种箱或浅盆播种。因种子细小，播后可不覆土。种子发芽需光，喜湿润，故需加盖玻璃并遮以报纸，或放半阴处。10～28 天发芽完毕。适温 15～21 度，超过 25 度，发芽率明显下降，故应避开盛夏季节。播种时期根据所需开花期而定，如为冷温室冬季开花，可在晚春播种。如为早春开花，可在早秋播种。春季露地花坛用花，亦可在早秋播种。

报春花播种多用浅盆，盆土用细的腐叶土、园土混合培植，盆土整平以后，将种子拌上 4 倍细沙，均匀撒播于盆内，然后用光滑木板将土面轻轻压实，以利种子吸水和扎根，不必覆土。播后连盆放水池中浸水，以待表土浸湿后取出，放置半阴处，经 1～2 周发芽后移至有光线处。

报春花栽培管理并不困难，作温室盆花用的种类，自播种至上 12 厘米盆上市，约需 160 天。如在 7 月播种，可在次年初开花。为避开炎热天气，在 8 月播种，也可在次年 1 月开花。第一次在浅盆或木箱移植，株距约 2 厘米，或直接上 8 厘米小盆，盆土切不可带酸性，然后直接上 12 厘米盆。栽植深度要适中，太深易烂根，太浅易倒伏。须经常施肥。叶片失绿的原因除盆土酸性外，可能太湿或排水不良。不仅夏季要遮阳，在冬季阳光强烈时，也要给庇荫，以保证花色鲜艳。

报春花属耐寒种类，在长江以北地区露地越冬时，要提供背风的条件，并给予轻微防护，以保安全。8 月播种，盆栽苗在冷床越冬，可于 2～4 月开花上市。

幼苗移植上盆，花盆一般以 12～16 厘米为限。2 年生老株，盆可适当放大。越夏时应注意通风，给予半阴并防止阵雨袭击，采用喷雾、棚架及地面洒水等措施以降温。冬季室内夜温最低温度控制在 5 度左右，不宜过高。但作为盆花，如播种过迟（10 月），则越冬温度需提高至 10 度，以便加速生长，保证明春及时开花。真叶 4～5 枚时，分苗于 3 寸盆中。用土与播种时相同，并加适量厩肥、骨粉。移植后，每苗可浇半匙水，上盆后 1 周内，如遇光过强，还须遮阴，并松土。施肥 2～3 次，以 10% 的稀薄肥料为妥，切忌肥水沾污叶片，以免伤叶。9 月，根据植株大小，定植于 5 寸盆中，盆中拌以基肥，栽时根颈部不能埋入土中，两周追肥一次，肥水浓度可增加到 30%。生长要放置于空气流通，阳光不直射的荫棚或屋檐下。播种后约 6 个月就可开花，开花期宜适当增施肥料有利于结实，但在大部分花谢后即停止施肥。结果期间，注意通风，保持干燥，如湿度过大则结实不良。

报春花幼苗较弱，如气候炎热，易生猝倒病。气温过低，土壤过湿易发生白叶病，应予以防治。

养护要点：

（1）报春花性喜温暖湿润而通风良好的环境，忌炎热，较耐阴、耐寒、耐肥，宜在土质疏松、富含腐殖质的沙质土壤中生长。

（2）幼苗出土后，长到5片真叶时，移栽在口径10厘米的小花盆内，盆底宜施少量骨粉或腐熟饼肥末。待幼苗长到一定高度时，定植在口径16厘米的花盆中。

（3）盆土宜选用腐叶土7份，园土3份，并施入少量基肥的培养土。

（4）初上盆时应注意适当遮阴，缓苗以后约10～15天，施1次氮磷结合的稀薄液肥或复合化肥。生长期间浇水要见干见湿，避免盆内积水。

（5）花谢后及时剪除残花，施1～2次薄肥，以利新花枝生长，则可继续开花。

注意事项：

（1）分栽与移栽。当播种苗长出2～3片真叶时，先分栽在小盆中，经1个月左右培育，再移栽至中盆。

（2）施肥与浇水。在生长期中，盆土要保持湿润，不能过干过湿，同时每隔10天追施1次以氮肥为主的液肥，孕蕾期需追施以磷肥为主的液肥2～3次。盛花期要减少施肥，花谢后要停止施肥。施肥前应停止浇水，让盆土偏干些，以利肥料吸收。施肥时注意肥水勿沾污叶片，可在施肥后喷水1次。

（3）温度和光照。报春花喜温暖，稍耐寒。适宜生长温度为15度左右。冬季室温如保持10度，翌年2月起就能开花。要注意通风，能在0度以上越冬。夏季温度不能超过30度，怕强光直射，故要采取遮阴降温措施。

（4）及时剪去残花。开花时，为了延长观赏期，温度与光照不宜过高。花谢后，要使其开花不断就需及时剪去残花与梗，并追施肥料，促使生长、开花。

4. 病虫防治

（1）花叶病。症状：由黄瓜花叶病毒引起的全株性病害。症状为叶片变小、畸形，分布有暗绿色斑纹或黄化。染病植株不开花，抑或开花，花也矮小畸形，有斑纹。传染途径主要由桃蚜和棉蚜传毒。传染源主要为周围杂草感病病株。

防治方法：首先要及时清除杂草，减少传染源。其次应及早防治蚜虫，消除传毒媒介。

（2）褐斑病。症状：多在四季报春上发生。由半知菌亚门的链格孢菌类引起。染病植株叶片上有褐色斑点。传染途径是分生孢子借风雨传播。

防治方法：发病初期喷洒 70% 百菌清可湿性粉剂 1000 倍液等杀菌剂。

（3）灰霉病。症状：为报春花的常见病害之一，全国各地均有发生。植株感病后，整株黄化，枯死。该病主要浸染叶片、嫩茎、花器等部位。多在叶尖、叶缘处发生。发病初期叶片出现水浸状斑点，以后逐渐扩大，变成褐色并腐败。后期，病斑表面形成灰黄色霉层。茎部感病后，病斑呈褐色，逐渐腐烂。花器被浸染后也成为褐色，腐烂脱落。在潮湿的条件下，病部出现灰色霉层，这是该病的一大特征。该病以菌核在病残体和土壤内越冬。气温 20 度左右、空气湿度大时易发病。通过风雨、工具、灌溉水传播。温室中冬末春初发病最为严重。

防治方法：种植密度要合理。注意通风，降低空气湿度。病叶、病株及时清除，以减少传染源。发病初期喷洒 50% 速克灵或 50% 扑海因可湿性粉剂 1500 倍液。最好与 65% 甲霉灵可湿性粉剂 500 倍液交替施用，以防止产生抗药性。

（4）斑点病。症状：主要危害植株叶片。病情由植株下部向上部蔓延。病斑通常直径 3 ~ 4 毫米，褐色，严重时，病叶枯死，造成落叶。该病由报春柱格孢菌引起。

病菌以菌丝体或分生孢子座在病残体上越冬，种子也可带菌，成为第二年的初浸染源。该病主要靠分生孢子随空气及雨水传播。生长季节再浸染频繁。通常温暖多湿的天气和偏施氮肥时，植株容易发病。一般 7 月开始发病，8 ~ 10 月流行。

防治方法：选育抗病品种，加强肥水管理，增施有机肥和磷钾肥，避免偏施氮肥。病害初期喷洒 70% 甲基托布津 1000 倍液加 75% 百菌清可湿性粉剂 1000 倍液，或 1∶1∶100波尔多液。

（5）细菌性叶斑病。症状：多在叶及花托上发病。初期沿叶脉产生水浸状不规则病斑，以后黄化、变褐，病斑扩大，叶缘干枯。严重时自下叶枯死。

防治方法：加强栽培管理，培育无病种苗，苗床土应消毒；温室内应及时放风，降低空气湿度。及时清除病株残体。发病后用 50% 琥胶肥酸铜可湿性粉剂 500 倍液，或 72% 农用链霉素可湿性粉剂 4000 倍液喷施。

（6）缺铁黄叶病。症状：植株上部嫩叶首先失绿，而老叶仍正常。失绿叶片叶肉变黄，叶脉还保持绿色。严重时叶尖出现褐斑，甚至脱落。

防治方法：盆土应选用富含铁质的壤土。在有机肥中混入硫酸亚铁、硫酸锌等，可促使根系发育，增加吸铁能力。出现缺铁病状时，可喷施 0.2% ~0.5% 硫酸亚铁溶液，效果比直接施入土中要好。

二十二、蔷薇（图二十二）

蔷薇又称野蔷薇，蔷薇科蔷薇属植物，主要分布在北半球温带、亚热带及热带山区等地区，其不同颜色有不同花语，如红蔷薇代表热恋；粉蔷薇代表爱的誓言。在文学作品和日常生活中、口语中的蔷薇，一般指黄蔷薇和野蔷薇。严格地说，蔷薇属除少数玫瑰及月季外都称作蔷薇，而每一种蔷薇前面都有形容词，如矮蔷薇、藏边蔷薇、多腺小叶蔷薇等。

1. 形态特征

蔷薇是落叶灌木。植株丛生、蔓延或攀援，小枝细长，不直立，多被皮刺，无毛。叶互生，奇数羽状复叶，小叶5～9片，倒卵形或椭圆形，先端急尖，边缘有锐锯齿，两面有短柔毛，叶轴与柄都有短柔毛或腺毛；托叶与叶轴基部合生，边缘篦齿状分裂，有腺毛。多花簇生组成圆锥状聚伞花序，花多朵，花径2～3厘米。花瓣5枚，先端微凹，野生蔷薇为单瓣，也有重瓣栽培品种。花有红、白、粉、黄、紫、黑等色，红色居多，黄蔷薇为上品，具芳香。每年开花一次，花期5～6月。果近球形，红褐色或紫褐色，径约6毫米，光滑无毛。

常见栽培的主要变种有：粉团蔷薇，花形较大，单瓣，粉红或玫瑰红色，多花簇生呈伞房状；荷花蔷薇，花重瓣，粉色至桃红色，多数簇生；七姊妹，花重瓣，深粉红色，常7～10朵簇生在一起，具芳香；白玉堂，花白色，重瓣，常7～10朵簇生；日本无刺蔷薇，花白色，单瓣，一枝多花，聚状开放，香；普通蔷薇，无特点。

被称为蔷薇三姐妹的玫瑰、月季、蔷薇是人们普遍喜爱的花卉，它们同是蔷薇科蔷薇属的植物，在形态上有许多相似的地方，使许多养花者难以鉴别，购买时不免上当。但是，只要认真观察它们的枝、叶、花，就会发现它们的区别。

月季，叶片平展光滑，茎干低矮，花1～3朵簇生，且月月季季开花不断，故名月月红、月季花、长春花。

玫瑰，叶子正面发皱，背面发白，有小刺；落叶灌木，枝丛生，密生绒毛及硬刺，茎干粗壮；花单生或1～

3 朵顶生，只在夏季开 1 次花。

蔷薇，叶片虽平展但有柔毛，植株较高，有时蔓生。花多，为圆锥伞房花序。

从叶的角度来看：月季复叶中的小叶少而大，一个叶柄上有 3 ~5 片小叶，叶较薄，叶面平展而不皱，呈暗绿色，叶背色浅，两面无毛；玫瑰复叶中的小叶多而厚，一个叶柄上具有 5 ~9 片小叶，叶面光亮有皱纹，叶背发白而有小毛刺；蔷薇复叶中的小叶小而多，一个叶柄上有 5 ~9片小叶，叶面两面有毛。

从枝的角度来看：月季枝低矮粗壮，皮刺大而稀，略带钩状（极少数品种无刺），多呈青绿色；玫瑰枝干粗壮直立，皮刺密集大小相同，多呈灰褐色；蔷薇较细长四散蔓生，皮刺大而稀，多呈暗青色。

从花的角度来看：月季花多单花顶生，也有数朵簇生，花柄长，色彩多，花的直径约 5 厘米以上；玫瑰花单生或簇生，花柄短；蔷薇花簇生成圆锥形伞房花序，花的直径约 3 厘米。

从花谢后的萼片和果实看：三者花谢后的萼片和果实不同。月季与玫瑰的叶片不脱落，蔷薇脱落；月季与蔷薇的果实为圆球状，玫瑰的果实则呈扁圆状。

2. 生长特性

蔷薇喜阳光，亦耐半阴，较耐寒，在中国北方大部分地区都能露地越冬。对土壤要求不高，耐干旱，耐瘠薄，但栽植在土层深厚、疏松、肥沃湿润而又排水通畅的土壤中则生长更好，也可在黏重土壤上正常生长。不耐水湿，忌积水。新株定植时要施入腐熟有机肥。霜植后头一二年可于每年深秋开沟施一次基肥，以利生长和开花。萌蘖性强，耐修剪，抗污染。花期一般为每年的 4 ~9 月，次序开放，可达半年之久，由于温室效应而导致全球变暖，某些地方的蔷薇提早在4月，甚至是3月便开始开花。

3. 繁殖与栽培管理

蔷薇种子可供育苗，但生产上多用当年嫩枝扦插育苗，容易成活。名贵品种较难扦插，可用压条或嫁接法繁殖，无性繁殖的幼苗，当年即可开花。用作盆花的苗，应选择优良品种中较老的枝条，用压条法育苗，还要注意修剪主芽，进行人工矮化。用作切花的苗，应选择能形成采花母枝、花大色艳的品种育苗。

栽培蔷薇与培养月季有许多相似之处，但它比月季管理粗放。栽植株距不应小于2米。从早春萌芽开始至开花期间可根据天气情况酌情浇水3～4次，保持土壤湿润。如果此时受旱会使开花数量大大减少，夏季干旱时需再浇水2～3次。雨季要注意及时排水防涝。因蔷薇怕水涝，容易烂根。秋季再酌情浇水2～3次。全年浇水都要注意勿使植株根部积水。孕蕾期施1～2次稀薄饼肥水，则花色好，花期持久。

修剪为蔷薇造景整形中不可缺少的重要工序，修剪不善，长成刺蓬一堆，参差不齐，不仅病虫害多，外形亦不雅观。一般成株于每年春季萌动前进行一次修剪。修剪量要适中，一般可将主枝（主蔓）保留在1.5米以内的长度，其余部分剪除。每个侧枝保留基部3～5个芽便可。同时，将枯枝、细弱枝及病虫枝剪除并将过老过密的枝条剪掉，促使萌发新枝，不断更新老株，则可年年开花繁盛。植株蔓生愈长，开花愈多，需要的养分亦多，每年冬季需培土施肥1次，保持嫩枝及花芽繁茂，景色艳丽。培育作盆花，更注意修枝整形。切花因产花量大，产花季每周需施肥1～2次，并应注意培育采花母枝，剪去弱枝上的花蕾。

（1）浇水。蔷薇喜润而怕湿忌涝，所以不管是地种还是盆栽都得保证有良好的排水系统。

（2）施肥。蔷薇喜肥，按“薄肥勤施”原则，不断供给各种养料。

（3）光照。蔷薇系阳性花卉，它喜温暖，华北地区及其以南，皆可在室外安全越冬。蔷薇夏季要适当遮阴，避开阳光曝晒。要松土透气，保持通风流畅。要叶面喷水增加空气湿度。

（4）修剪。修剪为蔷薇造景整形中不可缺少的重要工序，一般成株于每年春季萌动前进行一次修剪。修剪量要适中，保证蔷薇枝条疏密适中，外形美观。

4. 病虫防治

野生蔷薇少有病虫害，人工栽培的常有锯蜂、蔷薇叶蜂、介壳虫、蚜虫以及焦叶病、溃疡病、黑斑病等病虫害，除应注意用药液喷杀外，布景时这应与其他花木配置使用，不宜一处种植过多。每年冬季，对老枝及密生枝条，常进行强度修剪，保持透光及通风良好，可减少病虫害。

（1）黑斑病。主要侵害叶片、叶柄和嫩梢，叶片初发病时，正面出现紫褐色至褐色小点，扩大后多为圆形或不定形的黑褐色病斑。可喷施多菌灵、甲基托布津、达克宁等药物。

（2）白粉病。侵害嫩叶，两面出现白色粉状物，早期病状不明显，白粉层出现3～5天后，叶片呈水积状，渐失绿变黄，严重伤在时则造成叶片脱落。发病期喷施多菌灵、三唑酮即可，但以国光英纳效果最佳。

（3）蔷薇锈病。是蔷薇一种常见的病害，叶片和新枝条都可能发病。病情严重，会引起叶片大面积脱落，以致使花卉失去观赏价值，甚至死亡。如果发现此病，要及时处理，可用800倍液三唑酮进行叶面喷雾，每周1次，连续3～4周，此疾病可基本痊愈。

二十三、一品红（图二十三）

一品红，又名圣诞花、象牙红、老来娇、圣诞红、猩猩木等，大戟科大戟属植物，是在圣诞节用来摆设的红色花卉，花期从12月可持续至来年的2月，花期时正值圣诞、元旦期间，非常适合节日的喜庆气氛。一品红可作药用植物有活血化瘀、接骨消肿的作用。

1. 形态特征

一品红为常绿灌木，高50～300厘米，茎叶含白色乳汁。茎光滑，嫩枝绿色，老枝为深褐色。单叶互生。杯状聚伞花序，每一花序只有1枚雄蕊和1枚雌蕊，其下形成鲜红色的总苞片，呈叶片状，色泽艳丽，是观赏的主要部位。一品红的“花”由形似叶状、色彩鲜艳的苞片（变态叶）组成，真正的花则是苞片中间一群黄绿色的细碎小花，不易引人注意。果为蒴果，果实9～10月成熟，花期12月至翌年3月。卵状椭圆形，全缘或波状浅裂，有时呈提琴形，顶部叶片较窄，披针形。叶被有毛，叶质较薄，脉纹明显。顶端靠近花序之叶片呈苞片状，开花时朱红色。杯状花序聚伞状排列，顶生。总苞淡绿色，边缘有齿及1～2枚大而黄色的腺体。雄花具柄，无花被；雌花单生，位于总苞中央。

2. 生长特性

（1）喜温暖。一品红的生长适温为18～25度，4～9月为18～24度，9月至翌年4月为13～16度。冬季温度不低于10度，否则会引起苞片泛蓝，基部叶片易变黄脱落，形成“脱脚”现象。当春季气温回升时，从茎干上能继续萌芽抽出枝条。

（2）喜湿润。一品红对水分的反应比较敏感，生长期只要水分供应充足，茎叶就会生长迅速，有时出现节间伸长、叶片狭窄的徒长现象。相反，盆土水分缺乏或者时干时湿，则会引起叶黄脱落。因此，水分的控制直接关系到一品红的生长和发育。

（3）喜阳光。一品红为短日照植物。在茎叶生长期需充足阳光，促使茎叶生长迅速繁茂。要使苞片提前变红，将每天光照控制在 12 小时以内，促使花芽分化。如每天光照 9 小时，5 周后苞片即可转红。土壤以疏松肥沃、排水良好的沙质土壤为好，盆栽土以培养土、腐叶土和沙的混合土为佳。

3. 繁殖与栽培管理

繁殖技术。一品红采用硬枝或嫩枝扦插繁殖。

（1）硬枝扦插多在春季 3～5 月进行，剪取一年生木质化或半木质化枝条，长约 10 厘米作插穗。剪除插穗上的叶片，切口蘸上草木灰，待晾干切口后插入细沙中，深度约 5 厘米，充分灌水，并保持温度在 22～24 度，约 1 个月左右生根。

（2）嫩枝扦插是选当年生嫩条生长到 6～8 片叶时，取 6～8 厘米长，具 3～4 个节的一段嫩梢，在节下剪平，去除基部大叶后，立即投入清水中，以阻止乳汁外流，然且扦插，并保持基质潮湿，20 天左右可以生根。

养护要点。

（1）培养土的配制。一品红喜疏松、排水良好的土壤，一般用菜园土 3 份、腐殖土 3 份、腐叶土 3 份、腐熟的饼肥 1 份，加少量的炉渣混合使用。

（2）温度。一品红喜温暖怕寒冷。每年的 9 月中下旬进入室内，要加强通风，使植株逐渐适应室内环境，冬季室温应保持 15～20 度。此时正值苞片变色及花芽分化期，若室温低于 15 度以下，则花、叶发育不良。至 12 月中旬以后进入开花阶段，要逐渐通风。

（3）光照。一品红喜光照充足，向光性强，属短日照植物。一年四季均应得到充足的光照，苞片变色及花芽分化、开花期间显得更为重要。如光照不足，枝条易徒长、易感病害，花色暗淡，长期放置阴暗处，则不开花，冬季会落叶。为了提前或延迟开花，可控制光照，一般每天给予8～9小时的光照，40天便可开花。

（4）施肥。一品红喜肥沃沙质土壤。除上盆、换盆时，加入有机肥及马蹄片作基肥外，在生长开花季节，每隔10～15天施1次稀释5倍充分腐熟的麻酱渣液肥。入秋后，还可用0.3%的复合肥，每周施1次，连续3～4次，以促进苞片变色及花芽分化。

（5）浇水。要根据天气、盆土和植株生长情况灵活掌握，一般浇水以保持盆土湿润又不积水为度，但在开花后要减少浇水。

（6）修剪。主要修剪一些老根、病弱枝，一般修剪时间为6月下旬、8月中旬。在栽培中应控制大肥大水，尤其是秋季植株定型前。待枝条长20～30厘米时开始整形作弯，目的是使株形短小，花头整齐，均匀分布，提高观赏性。

盆栽养护。养护一品红要做好生长期的肥水管理、控制定头、保暖防寒等工作。

浇水要注意调匀，防止过干过湿，否则会造成植株下部叶子发黄脱落，俗称“脱脚”，或枝条生长不均匀。在黄梅季节及夏天阵雨时，要防止盆内积水，雨后要及时侧盆倒水，或者雨前连盆将其移到室内。夏季天气炎热，需水量多，每天早晨浇足清水，傍晚观察，如发现盆土干燥，应补充浇水1次，这次水量可以少些。春秋季节一般1～2天浇水1次，具体看天气与盆土干湿而定。

中耕施肥工作不可忽视，上盆2～3周后就可用小竹片疏松盆土，使土壤空气流通，然后可施些液肥，用20%腐熟人粪尿及黄豆水均可。8月中旬至10月，需增加施肥的次数，约10天施1次，浓度也可略浓些，用30%腐熟鸡、鸭、鸽粪水。可以促使其形成花蕾时充分生长。

一品红上盆后，生长较快，要控制定头，否则枝条生长过高，风大易倒，且影响姿态的美观。定头可以根据需要分为直头或扎景两种。直头的形式即在6月最后一次定头后，让枝条一直生长，可长到高60～70厘米大株。而扎景需在定头生长达10～15厘米时，用铅丝剪成15～20厘米一段，上端弯成钩子形，下端插入盆土中，上端把每根枝条由上而下钩到盆面，约10天枝条继续长出后，再把枝条沿盆边水平方向诱引，再隔10天后，把已到盆边的枝条向上引导。在9月中旬至10月下旬，用30～40厘米长的细竹竿把每根花头扎住，而开花时枝条如有高低可进行整理，高的往下扎，低的往上拉。这种方法费力、费时较多，但可以使盆花花朵整齐。国外引进许多一品红矮生品种，只要通过定头控制，便可达到株矮、花大、花头整齐的目的。

一品红每年10月中旬即霜降前进入室内养护，太迟会受冻害，太早室内温度高，会使植株徒长。刚移到室内时，安放在通风处。到10月中旬，要放在朝南向阳温暖地方，不再受冷风吹袭，以免叶黄脱落。一般在12月上中旬，一品红顶端叶片转红，被绿叶衬托，显得格外红艳。

整形修剪。在清明节前后将休眠老株换盆，剪除老根及病弱枝条，促其萌发新技，在生长过程中需摘心两次，第一次在6月下旬，第二次在8月中旬。在栽培中应控制大肥大水，尤其是秋季植株定型前。待枝条长 20～30 厘米时开始整形作弯，其目的是使株形短小，花头整齐，均匀分布，提高观赏性。

4. 病虫防治

（1）病害。主要有真菌引起的茎腐病、灰霉病和细菌引起的叶斑病等，除了定期喷施杀菌剂外，还要在温室中做好通风换气、降低湿度等辅助工作来减少病源，工具应及时消毒，防止交叉传染，并及时清理病株，减少感染源。冬季可用硫磺熏蒸器或含硫的烟幕弹杀死空气中的真菌孢子。

（2）虫害。最常见的有白粉虱，可以用杀虫剂来喷施或灌根即可。利用白粉虱的趋光性，在温室中摆放涂上机油的黄色粘虫板，可将其诱杀。另外要注意白粉虱一般在幼叶的背面吸食汁液，且浅颜色叶片更容易引起白粉虱的为害。

二十四、茉莉（图二十四）

茉莉又名茉莉花，为木樨科茉莉属常绿灌木或藤本植物的统称，原产于印度、巴基斯坦，中国早已引种，并广泛种植。茉莉有着良好的保健和美容功效，可以用作饮食。它象征着爱情和友谊。同时，《茉莉花》也是中国传统民歌，在动画中，也被用于卡通人物人名。

1. 形态特征

茉莉是一种常见花卉，适合在家中养，能发出浓郁的香气，沁人肺腑，常绿灌木。枝条细长，略呈藤本状。叶对生，光亮，卵形。聚伞花序，顶生或腋生，有花 3～12 朵，花冠白色，极芳香。大多数品种的花期 6～10 月，由初夏至晚秋开花不绝，落叶型的冬天开花，花期 11 月至次年 3 月。性喜温暖湿润，在通风良好、半阴环境中生长最好。

2. 生长特性

茉莉性喜温暖湿润，土壤以含有大量腐殖质的微酸性沙质壤土为最适合。大多数品种畏寒、畏旱，不耐霜冻、湿涝和碱土，冬季气温低于3度时，枝叶易遭受冻害，如持续时间长就会死亡。而落叶藤本类就是很耐寒耐旱的了。适宜在温暖的南方栽植，盆栽即可，适应能力强，夏天开花，1年1次。

3. 繁殖与栽培管理

（1）栽植。茉莉花扦插繁殖，于4～10月进行，选取成熟的1年生枝条，剪成带有两个节以上的插穗，去除下部叶片，插在泥沙各半的插床，覆盖塑料薄膜，保持较高空气湿度，经40～60天生根。茉莉花压条繁殖，选用较长的枝条，在节下部轻轻刻伤，埋入盛沙泥的小盆，经常保湿，20～30天开始生根，2个月后可与母株割离成苗，另行栽植。生长期间需每周施稀薄饼肥1次。春季换盆后，要经常摘心整形，盛花期后，要重剪，以利于萌发新枝，使植株整齐健壮，开花旺盛。

（2）光照与温度。每年霜降前入温室，越冬室温为5～10度，5度以下受冻害，0度以下易死亡。最适生长温度为20～25度、春季谷雨后移出温室，出房前先在室内向阳处逐渐经受锻炼，慢慢出房，出房后先置于背风向阳处，适应室外环境后放开管理。

（3）浇水与施肥。浇水原则为“不干不浇，浇必浇透”。上盆后浇1次透水。春、秋季根据天气情况，一般2～3天浇1次水，每天可喷水保持空气湿润。夏季每天上午喷1次水，下午4点后浇1次水。冬季在温室内要减少浇水量，否则易烂根。茉莉喜肥，出房后1个月，就可以开始浇矾肥水，随着天气温度的升高，植株生长势的增强，肥水浓度可逐渐加大，雨季可施干肥。花前及花期可追施磷、钾肥，以促花繁味香。追肥在每茬花后进行1次，盛花期停止追肥，冬季入室后停止施肥。

（4）整形修剪。3月可对茉莉整形修剪。首先修去过密枝、干枯枝、病弱枝、交叉枝等，然后将留下的枝条短剪，留枝条长15厘米，促新枝生长，有利开花。若想使茉莉开好花、开大花，春季第1茬花蕾应抹掉一部分，或摘掉枝条一部分嫩尖。每次花后应及时摘除残花，使养分集中供下次花开。

（5）盆栽和管理。茉莉盆栽，要求培养土富含有机质，而且具有良好的透水和通气性能，一般可用田园土4份、堆肥4份、河沙或谷糠灰2份，外加充分腐熟的干枯饼末、鸡鸭粪等适量，并筛出粉末和粗粒，以粗粒垫底盖面。上盆时间以每年4～5月新梢末萌发前最为适宜。按苗株大小选用合适的花盆。上盆时一手扶苗，一手铲填培养土，待土盖满全部根系后，将植株稍向上轻提，并把盆振动几下，使土与根系紧密接触。然后用手把盆土压实，让土面距盆沿有2厘米的距离，留作浇水。栽好后，浇定根水，然后放在稍加遮阴的地方7～10天，避免阳光直射，以后逐渐见光。日常管理的关键是水，要根据茉莉喜湿润、不耐旱、怕积水、喜透气的特性，掌握浇水时间和浇水量。6～7月可开花。这时根系已恢复正常生长，每7～10天要浇1次稀薄矾肥水。以后可按成株茉莉管理，当年不再换盆。

盆栽茉莉花一般每年应换盆换土1次。换盆时，将茉莉根系周围部分旧土和残根去掉，换上新的培养土，重新改善土壤的团粒结构和养分，有利于茉莉的生长。换好盆，又要像上盆那样浇透水，以利于根土密接，恢复生长。换盆前应对茉莉进行1次修剪，对上年生的枝条只留

10 厘米左右，并剪掉病枯枝和过密、过细的枝条。生长期经常疏除生长过密的老叶，可以促进腋芽萌发和多发新枝、多长花蕾。春季 4 ~5 月茉莉正抽枝长叶，耗水量不大，可 2 ~3 天浇 1 次水，中午前后浇，要见干见湿，浇必浇透。5 ~6 月为茉莉春花期，浇水可略多些。盛夏 6 ~8 月为高温气候，正值茉莉生长快、叶面蒸发作用也加快的盛花期，日照强，需水多，可早晚各浇 1 次水。天旱时还应用水喷洒叶片及盆周围的地面。因茉莉既不耐干旱，又怕积涝，故夏季雨天时应及时倒除盆内积水，秋天气温降低，可减为 1 ~2 天浇 1 次水。冬季则要严格控制浇水量，如盆土湿度过大，将对越冬不利。

茉莉喜肥，特别是花期长，需肥较多。它还喜酸性土，平时可每周浇 1 次 1：10 的矾肥水。第 1 次开花后，宜用豆饼等作追肥，施于表土中，开花时酌施骨粉、磷肥，有条件的可浇腐熟的人粪尿，这样可使茉莉花香浓郁。在盛花的高温时，应每 4 天施肥 1 次，不妨大肥大水，一般上午浇水，傍晚浇肥，第二天解水，这样有利于的茉莉根部吸收。浇肥不宜过浓，否则易引起烂根。浇前用小铲将盆土略松后再浇，不要在盆土过干或过湿时浇肥，于似干非干时施肥效果最好。

为使盆栽茉莉株形丰满美观，花谢后应随即剪去残败花枝，以促使基部萌发新技，控制植株高度。9 月上旬停止施肥，以提高枝条成熟度，有利越冬。茉莉花畏寒，在气温下降到 6 ~7 度时，应搬入室内，同时注意开窗通风，以免造成叶子变黄脱落。这时气温常不稳定，遇天气暖时，仍应搬到室外，通风见光。茉莉搬入室内过冬，宜放置在阳光充足的房间里，室温应在 5 度以上。每 7 天左右浇 1 次水，使盆土微湿。这样，冬季亦能保持枝叶鲜绿，且不失其观赏效果。

4. 病虫防治

（1）茉莉花主要虫害有卷叶蛾和红蜘蛛，危害顶梢嫩叶，要注意及时防治。

清除枯枝落叶，集中销毁，可以减少部分越冬基数。

药剂防治。红蜘蛛繁殖能力强，对药剂的选择压力强，容易产生抗药性，应及时用药和轮换用药。常用药剂及浓度有25%三唑酮可湿性粉剂1000～2000倍；50%溴螨乳油2000～3000倍液；20%甲脒乳油1000～2000倍液；20%三氯杀螨醇1000～1500倍液；5%卡死克乳油500～1000倍液；50%敌敌畏乳油1000倍液；40%氧化乐果1000倍液。注意以上药剂不能与波尔多液等碱性农药混用。

保护和利用天敌。捕食螨、瓢虫、草蛉、蓟马等对螨都具有一定控制作用，选择药剂时应考虑天敌的安全，若有条件，可人工释放天敌。

（2）白绢病。多在茎基部发生。感病植株变褐腐烂，病部皮层易剥落，表面产生白色绢丝状菌丝。后期，病部生出油菜籽状的菌核。病原菌在土中或病残体上以菌核或菌丝体越冬。每年5～6月和8～9月雨水多时，易发生重复浸染。

防治方法：及时清除病株残体，集中销毁。加强管理，严格检疫，杜绝病源。病初用70%五氯硝基苯药土对周围土壤进行消毒，或喷施1%波尔多液或0.3波美度石硫合剂，或50%可湿性退菌特药土进行防治。发病较重时，喷75%百菌清可湿性粉剂800～1000倍液，或65%代森锌可湿性粉剂800倍液。用82木霉麸皮生物制剂，拌以细土，混合于盆土中。

（3）炭疽病。主要危害叶片，有时也危害嫩梢。病初在叶面产生浅绿色至黄色小斑点，逐渐扩大成灰褐色或灰白色的圆形或近圆形斑。后期病斑上散生黑色小点。病原菌以分生孢子盘和菌丝体在被害叶片上越冬。一般夏秋间病害较重。

防治方法：加强栽培管理，发现病叶及时摘除并销毁。病初喷 2 ~ 3 次 70% 乐克 600 ~ 800 倍，7 ~ 10 天施 1 次。家庭中也可用 0.1% 升汞水或紫药水涂抹。发病较重时，喷 50% 托布津或 75% 百菌清可湿性粉剂 800 ~ 1000 倍液，或 50% 多菌灵 1000 倍液，65% 代森锌 500 倍液。

二十五、梅花（图二十五）

梅花，梅树的花，是蔷薇科梅亚属的植物，寒冬先叶开放，花瓣五片，有白、红、粉红等多种颜色。叶片广卵形至卵形，是有名的观赏植物，为南京、武汉、无锡、梅州等地市花。主要分为花梅和果梅两类。可孤植、丛植、群植等。其具有良好的药用价值：花蕾能开胃散郁，生津化痰，活血解毒；根研成末可治黄疸。梅花花语为“坚强，忠贞，高雅”。

1. 形态特征

梅花株高 5 ~ 10 米，干呈褐紫色，多纵驳纹。小枝呈绿色。叶片广卵形至卵形，边缘具细锯齿。花每节 1 ~ 2 朵，无梗或短梗，原种呈淡粉红或白色，栽培品种则有紫、红、彩斑至淡黄等花色，于早春先叶而开。

梅花可分为系、类、型。如真梅系、杏梅系、樱李梅系等。系下分类，类下分型。梅花为落叶小乔木，树干灰褐色，小枝细长绿色无毛，叶卵形或圆卵形，叶缘有细齿，花芽着生在长枝的叶腋间，芳香，花瓣 5 枚，白色至水红，也有重瓣品种。核果近球形，有沟，直径 1 ~ 3 厘米，密被短柔毛，味酸，绿色，4 ~ 6 月果熟时多变为黄色或黄绿色亦有品种为红色和绿色等。

2. 生长特性

梅花性喜温暖、湿润的气候，在光照充足、通风良好条件下能较好生长，对土壤要求不严，耐瘠薄，耐寒，怕积水。适宜在表土疏松、肥沃、排水性良好、底土稍黏的湿润土壤上生长。

喜温暖和充足的光照。除杏梅系品种能耐零下25度低温外，一般耐零下10度低温。耐高温，在40度条件下也能生长。在年平均气温16～23度地区生长发育最好。对温度非常敏感，在早春平均气温达零下5～7度时开花，若遇低温，开花期延后，若开花时遇低温，则花期可延长。生长期应放在阳光充足、通风良好的地方，若处在庇荫环境，光照不足，则生长瘦弱，开花稀少。冬季不要入室过早，以11月下旬入室为宜。冬季应放在室内向阳处，温度保持5度左右。

3. 繁殖与栽培管理

常用嫁接法繁殖，砧木多用梅、桃、杏、山杏和山桃。梅花露地栽培，应于阳坡或半阳坡地段，株距3～5米。通常在生长期间施3次肥，即在秋季至初冬施肥，如饼肥堆肥、厩肥等；在含苞前施速效性肥；在新梢停止生长后（6月底至7月初），适当控制水分并施肥，促进花芽分化。梅花适作盆景栽培。将地栽培数年后的植株上盆。盆土宜软松肥沃，栽前栽后均要整形和修剪。

（1）栽植。在南方可地栽，在黄河流域耐寒品种也可地栽，但在北方寒冷地区则应盆栽室内越冬。在落叶后至春季萌芽前均可栽植。为提高成活率，应避免损伤根系，带土团移栽。地栽应选在背风向阳的地方。盆栽选用腐叶土3份、园土3份、河沙2份、腐熟的厩肥2份均匀混合后的培养土。栽后浇1次透水。放荫蔽处养护，待恢复生长后移至阳光下正常管理。

（2）整形修剪。地栽梅花整形修剪时间可于花后20天内进行。以自然树形为主，剪去交叉枝、直立枝、干枯枝、过密枝等，对侧枝进行短截，以促进花繁叶茂。盆栽梅花上盆后要进行重剪，为制作盆景打基础。通常以梅桩作景，嫁接各种姿态的梅花。保持一定的温度，春节可见梅花盛开。若想“五一”开花，则需保持温度0～5度并湿润的环境，4月上旬移出室外，置于阳光充足、通风良好的地方养护，即可“五一”前后见花。

（3）花期控制。盆栽梅花一般为家庭观赏。冬季落叶后置于室内，温度保持在0～5度，元旦后逐渐加温至5～10度，并每天充分接受光照，经常向枝条喷水，水温应与室温接近。在冬季过去以后，梅花在春天苏醒过来。当盆栽的梅花土壤是在潮湿的环境下就浇水，并且胡乱施无机肥和农家肥，立刻移到尚不温暖的室外，这样是不能在春天开花的。

春节前20天开始逐渐增加温度至15～25度，并需要光照充足，空气良好。控制浇水，盆土不干不浇，湿度太大易导致生长过急，花芽齐放，影响观赏。每天往枝干上喷水1～2次，以防干梢。当花蕾含苞未放时，可根据需要，视花苞的实际发育情况，开花太快，可移入低温处控制慢开；开花太慢，赶不上用花时间，又可适当地增加温度促使其早开。

梅花的抗旱能力较差，要经常向植株周围喷水，如果湿度不足，叶片容易变黄皱缩，直接影响开花。适时施肥入冬后，石斛要少施肥，且宜施磷肥、钾肥及适量氮肥，可促进开花。盆栽梅花依据大小分大型古梅桩及小盆景。古梅盆景是用野生梅桩嫁接栽培品种，经多年培育而成。小盆梅是由小苗培养而成。首先要选易于形成花芽，开花繁密，同时兼顾花香、色艳的品种。先按30～50厘米的株行距将小苗栽植于大田。然后进行嫁接，根部整形，修剪培育。经过2~3年大田培养，然后再于冬季或早春起出上盆。盆土宜选用含腐植质的腐叶土，也可加些园土及细沙，以保证土壤的透气性。上盆时依据小梅桩的形状再修剪根系及枝条，做到以最佳观赏角度上盆。

4. 病虫防治

梅花病害种类很多，最常见的有白粉病、缩叶病、炭疽病等。

（1）白粉病。此病常在湿度大、温度高、通风不良的环境中发生。早春3月，梅花萌芽时，嫩芽和新叶易受病菌浸染，受害部位会出现很薄的白粉层，接着白粉层上出现针头大小的黑色或黄色颗粒，后期叶片变黄而枯死。

（2）缩叶病。可喷洒托布津或多菌灵防治，亦可喷洒1%波尔多液，每隔一星期喷1次，3~4次即可治愈。

（3）炭疽病。病发初期可喷70%托布津1000倍液或喷代森锌600倍液防治。

二十六、紫罗兰（图二十六）

紫罗兰，又名草桂花、四桃克、草紫罗兰等，原产于地中海沿岸。目前我国南部地区广泛栽培。为十字花科紫罗兰属下的各个种的植物的统称。

1. 形态特征

多年生草本植物，叶子长圆形或倒披针形，花紫红色，也有淡红、淡黄或白色的，有香气，果实细长。极具观赏价值。

紫罗兰一般在头年秋季播种，翌年春季开花，株高30~60厘米，全株被灰色星状柔毛覆盖，茎直立，基部稍木质化。叶面宽大，长椭圆形或倒披针形，先端圆钝。总状花序顶生和腋生，花梗粗壮，花有紫红、淡红、淡黄、白等颜色，单瓣花能结籽，重瓣花不结籽，果实为长角果圆柱形，种子有翅。花期12～至翌年4月，果熟期6～7月。

2. 生长特性

紫罗兰喜冷凉，忌燥热，喜通风良好的环境，冬季喜温和气候，但也能耐短暂的零下5度的低温。花芽分化的适宜温度为15度，对土壤要求不严，但在排水良好、中性偏碱的土壤中生长较好，忌酸性土壤。紫罗兰耐寒不耐阴，怕积水，适生于位置较高，接触阳光，通风、排水良好的环境中。切忌闷热，在梅雨天气炎热而通风不良时则易受病虫危害。要求肥沃湿润及深厚之壤土。喜阳光充足，但也稍耐半阴。施肥不宜过多，否则对开花不利。光照和通风如果不充分，易患病虫害。

3. 繁殖与栽培管理

紫罗兰繁殖主要是播种繁殖。播种适期因各系统开花的时期、生产方式和栽培形式差异不同。

分枝性系（早开花）无加温塑料大棚栽培，每年的8月5～15日开花；玻璃温室栽培每年的8月1～10日开花；无分枝性系无加温塑料大棚栽培的，每年的8月25～9月5日；无分枝性系玻璃温室栽培，每年的8月20～30日；十周系（早开花）玻璃温室栽培，每年的9月1～10日开花。

田间管理。

紫罗兰栽培播种后经过30～40天，在真叶6～7片时定植。栽植间距，无分枝性系12厘米×12厘米，分枝性系18厘米×18厘米，加温栽培比无加温栽培稍许扩大。注意紫罗兰为直根系，不要挖断根苗，应很小心地带根土栽植。因为要保持低于15度的温度20天以上，花芽方能分化，因而室内栽培到10月下旬时，要把换气窗、出入口全部打开，以便降温，确保花芽分化。通常无须摘心。但分枝性系定植 15～20 天后，真叶增加到 10 片而且生长旺盛，此时可留 6～7 片真叶，摘掉顶芽。发侧枝后，留上部 3～4 枝，其余及早摘除。在 10 月中旬，植株 30～40 厘米高时，要张网。值得注意的是，由于重瓣植株的观赏价值比单瓣植株高得多，所以在栽培上就出现了如何选择重瓣植株的问题。通常是从选择采种母株及幼苗两方面来解决的。由于重瓣种的雌雄蕊均完全瓣化，不可能结种子，故只能从单瓣植株上采取种子。而单瓣植株有两类，一类是后代完全呈单瓣的（称纯单瓣植株），另一类是后代中可分离 50%～80% 呈重瓣的。一般来说，纯单瓣植株生长旺盛，体态端直，叶色鲜绿，叶端呈卵形突尖状，略略下垂或平直不垂，长角果直而宽，呈斜上着生状，其顶端有角状突起；含重瓣遗传性的单瓣植株生长不旺盛，株态弯曲，叶色暗绿，叶端圆形并呈弓状下垂，长角果弯曲，果顶无角状突起，果与花枝平生着生。采种时应选择后者，在所采的种子中又应选择种粒较小、外观上似发育不健全的种子进行播种。除一年生品种外，均需以低温处理以通过春化阶段而开花，因而露地常作二年生栽培。生长适温白天 15～18 度，夜间 10 度左右，但在花芽分化时需 5～8 度的低温周期。有 8 片以上真叶的幼苗，遇上 3 周时间 5～15 度的低温，花芽就分化。因而在自然条件下，多数在 10 月中下旬分化花芽。为了早日出产，到 10 月中旬就要培育出具 8 片以上真叶的幼苗。花芽分化后在长日照条件下，如保持 5 度以上，花芽形成快，能提早 2 周开花。紫罗兰的花期通常是利用品种、播种期以及温室、冷床、电照等进行调节的。对一年生品种，在夏季凉爽地区，一年四季都可播种。1 月播种 5 月开花，2～3 月播种 6 月开花，4 月播种 7 月开花，5 月中旬播种

8 月开花。可以此类推，通常要有 100～150 天的生长期。

单瓣花的幼苗子叶呈长椭圆形，真叶上锯齿较多，苗色较深。通常花后约 90 天，种子成熟、果荚变黄时即可采收，每株约采收角果 20 个，有 1000～2000 粒种子。采得的种子贮藏在干燥、阴凉、透气处。

留种植株要远离其他十字花科的种类，以防止种间杂交。

种苗生产中各个生长期的技术要求：

第一阶段：从播种到胚根长出（要 4～9 天）播种后无须覆盖，适宜基质温度 20～26 度，PH 值 5.0～5.5，EC 值小于 0.75，发芽期应始终保持基质湿润，但绝不能饱和。

第二阶段：到第一片真叶出现（需 11～16 天）基质温度保持在 18～24 度，湿度中等。但为了使种子发芽良好，浇水前需让基质轻微干燥。基质 PH 值 5.2～5.6，EC 值小于 1.0。光照应充足，但避免夏季强光直射。当子叶完全展开后，施用硝酸钾或硝酸钙。全苗后用广谱性杀菌剂甲基托布津灌根或喷雾，防治立枯病、根腐病等病害。

第三阶段：到成苗（需 21～28 天）最适基质温度 16～24 度，空气相对湿度不超过 80%，光照充足。浇水前使基质干透，但避免植株永久性萎蔫，这样有利于根系生长。基质 PH 值保持在 5.2～5.8，EC 值小于 1.5。本阶段交替施用硝酸钾或硝酸钙肥料。施肥可与浇水交替进行，以控制植株高度。注意防治线虫和地种蝇等植物根部虫害，可用克线膦、氧化乐果等农药灌根。

第四阶段：炼苗（需 7 天）基质温度控制在 14～20 度，空气相对湿度小于 70%，浇水前使基质充分干透。基质 PH 值保持在 5.2～5.6，EC 值小于 0.75。在植株不缺肥的情况下，每周施用一次含硝酸钾或硝酸钙肥料。

4. 病虫防治

紫罗兰常遭到病虫的危害，其主要病害有紫罗兰枯萎病、紫罗兰黄萎病、紫罗兰白锈病及紫罗兰花叶病等。

（1）霜霉病。症状：发病叶片表面产生淡绿色斑点，后变成黄色，无明显边缘，受叶脉限制而成角缘。在相应的叶片背面，长有白色的霜留层。嫩梢和花各部也可受到浸染，造成植株矮化或畸形。播种过密、排水不良容易发病严重。防治措施：喷施0.5%～1%酌狡尔多浓液，浓度为每升水中加药2～3克。

（2）枯萎病。症状：此病由尖镰孢菌所引起。主要症状是植株变矮、萎蔫。幼株的叶片上产生明显的脉纹、在较大的植株上引起叶片下垂等症状。防治措施：①可用50～55度温水进行10分钟温烫浸种，这样可以杀死种子携带的病菌。②药剂消毒。种植紫罗兰用的土壤应消毒后再利用，药剂可用1000倍高锰酸钾溶液。③如发现有严重感染的病株，应立即拔除烧毁，以防传染给其他健康植株。

（3）黄萎病。症状：植株下部叶片变黄、萎蔫。病株严重矮化，维管束组织迅速变色。防治办法同紫罗兰枯萎病。

（4）白锈病。症状：此病是由白锈病所引起，紫罗兰植株受浸染后，病害部变为黄色，后期变为褐色。在叶片的表皮下产生链状的无色孢子。防治措施：①该病在其他十字花科植物上危害也很严重，紫罗兰如与其他十字花科植物放置在一起会互相传染，故应铲除十字花科的杂草，并与其他十字花科的植株隔离。②紫罗兰植株发生病害前应喷3～4波美度的石硫合剂预防，生长季节根据发病情况喷65%代森锌可湿性粉剂500～600倍液，或敌锈钠 250～300 倍液防治。

（5）花叶病。症状：此病是芜菁花叶病毒，又称甘蓝病毒 1 号所引起。通过以桃蚜和菜蚜为主的 40～50 种蚜虫传毒，也可通过汁液传播。该病毒可危害很多十字花科植物和其他非十字花科植物。故应与这些植物隔离。防治措施：①与其他毒源植物隔离。②应及时消灭蚜虫，药剂可用植物性杀虫剂 1.2% 烟参碱 2000～4000 倍液或内吸药剂 10% 吡虫啉 2000 倍液喷雾防治。

（6）疫病。症状：紫罗兰叶片发病呈圆形大病斑，潮湿时软腐，干燥时呈青白色，易晚裂。茎部发病呈水积状、暗绿色，病部一般缢缩，但维管束不变色，患部以上部分叶片萎蔫。如植株有几处茎部发病，全株很快萎蔫干枯。幼苗感病，生长点常呈暗绿色，水积状，软腐后枯死呈干尖状。防治措施：除选用抗病品种、轮作栽培管理外，该病用药强调及时，发现中心病株立即用药。

（7）叶斑病。症状：是由连作密植、通风不良、湿度过高等原因引起的。防治措施：①清除病株残体，减少浸染源；②选用抗病品种，适当增施磷、钾肥，提高植株抗病性；③实行轮作；④沿土壤表面浇灌，避免在植株上喷水；⑤喷洒 1% 的波尔多液或 25% 多菌灵可湿性粉剂 300～600 倍液，或 50% 甲基托布津 1000 倍液，或 80% 代森锌 400～600 倍液。

（8）猝倒病。症状：主要通过土壤和肥料传播，湿度过大，土温过高，播种过密，幼苗生长瘦弱等情况下易发生。防治措施：①及时拔除病株；②对土壤进行消毒；③幼苗出土前期，适当控制浇水；④发病初期用 50% 的代森铵水溶液 300～400 倍液或 70% 甲基托布津可湿性粉剂 1000 倍液浇灌。

虫害：主要是蚜虫，积聚在叶、嫩芽及花蕾上，以刺吸式口器刺入植物组织内吸取汁液，使受害部位出现黄斑或黑斑，受害叶片皱缩、脱落，花蕾萎缩或畸形生长，严重时可使植株死亡。蚜虫能分泌蜜露，导致细菌生长，诱发煤烟病等病害。

防治方法：①通过清除附近杂草来消除；②喷施40%乐果或氧化乐果1000～1500倍液，或杀灭菊酯2000～3000倍液或80%敌敌畏1000倍液等。

二十七、百合（图二十七）

百合又名强瞿、番韭、山丹、倒仙等，是百合科百合属多年生草本球根植物，主要分布在亚洲东部、欧洲、北美洲等北半球温带地区。全球已发现有一百多个品种，中国是其最主要的起源地，原产五十多种，是百合属植物自然分布中心。近年有不少经过人工杂交而产生的新品种，如亚洲百合、麝香百合、香水百合等。百合的主要应用价值在于观赏，有些品种可作为蔬菜食用和药用。

1. 形态特征

百合为多年生球根草本花卉，株高40～60厘米，还有高达1米以上的。茎直立，不分枝，草绿色，茎秆基部带红色或紫褐色斑点。

地下具鳞茎，鳞茎由阔卵形或披针形，白色或淡黄色，直径由6～8厘米的肉质鳞片抱合成球形，外有膜质层。多数须根生于球基部。单叶，互生，狭线形，无叶柄，直接包生于茎秆上，叶脉平行。有的品种在叶腋间生出紫色或绿色颗粒状珠芽，其珠芽可繁殖成小植株。花着生于茎秆顶端，呈总状花序，簇生或单生，花冠较大，花筒较长，呈漏斗形喇叭状，六裂无萼片，因茎秆纤细，花朵大，开放时常下垂或平伸。花色因品种不同而色彩多样，多为黄色、白色、粉红、橙红，有的具紫色或黑色斑点，也有一朵花具多种颜色的，极美丽。花瓣有平展的，有向外翻卷的，故有“卷丹”美名。有的花味浓香，故有“麝香百合”之称。花落结长椭圆形蒴果。

2. 生长特性

百合性喜湿润、光照，要求肥沃、富含腐殖质、土层深厚、排水性极为良好的沙质土壤，最忌硬黏土。多数品种宜在微酸性至中性土壤中生长，土壤 PH 值为 5.5～6.5 较合适。百合喜凉爽潮湿环境，日光充足的地方、略荫蔽的环境对百合更为适合。忌干旱、酷暑，它的耐寒性稍差些。百合生长、开花温度为 16～24 度，低于 5 度或高于 30 度生长几乎停止，10 度以上植株才正常生长，超过 25 度时生长又停滞，如果冬季夜间温度低于 5 度持续 5～7 天，花芽分化、花蕾发育会受到严重影响，推迟开花甚至盲花、花裂。

3. 繁殖与栽培管理

（1）播种法繁殖。播种属有性繁殖，主要在育种上应用。方法是：秋季采收种子，贮藏到翌年春天播种。播后 20～30 天发芽。幼苗期要适当遮阳。入秋时，地下部分已形成小鳞茎，即可挖出分栽。播种实生苗因种类的不同，有的 3 年开花，也有的需培养多年才能开花。因此，此法家庭不宜采用。

（2）分小鳞茎法。如果需要繁殖 1 株或几株，可采用此法。通常在老鳞茎的茎盘外围长有一些小鳞茎。在 9～10 月收获百合时，可把这些小鳞茎分离下来，贮藏在室内的砂中越冬。第二年春季上盆栽种。培养到第三年 9～10 月，即可长成大鳞茎而培育成大植株。此法繁殖量小，只适宜家庭盆栽繁殖。

（3）鳞片扦插法。此法可用于中等数量的繁殖。秋天挖出鳞茎，将老鳞上充实、肥厚的鳞片逐个分掰下来，每个鳞片的基部应带有一小部分茎盘，稍阴干，然后扦插于盛好河沙（或蛭石）的花盆或浅木箱中，让鳞片的2/3插入基质，保持基质一定湿度，在20度左右条件下，约1个半月，鳞片伤口处即生根。冬季湿度宜保持18度左右，河沙不要过湿。培养到次年春季，鳞片即可长出小鳞茎，将它们分上来，栽入盆中，加以精心管理，培养3年左右即可开花。

（4）分珠芽法。分珠芽法繁殖，仅适用于少数种类。如卷丹、黄铁炮等百合，多用此法。做法是：将地上茎叶腋处形成的小鳞茎（又称“珠芽”，在夏季珠芽已充分长大，但尚未脱落时）取下来培养。从长成大鳞茎至开花，通常需要2～4年的时间。为促使多生小珠芽供繁殖用，可在植株开花后，将地上茎压倒并浅埋土，将地上茎分成每段带3～4片叶的小段，浅埋茎节于湿沙中，则叶腋间均可长出小珠芽。

百合开花之后，很多人就把球根扔掉。其实它仍有再生能力，只要将残叶剪除，把盆里的球根挖出另用沙堆埋藏，经常保湿勿晒，翌年仍可再种1次，并可望花开二度。

盆栽宜在9～10月进行。培养土宜用腐叶土、沙土、园土以1:1:1的比例混合配制，盆底施足充分腐熟的堆肥和少量骨粉作为基肥。栽种深度一般约为鳞茎直径的2～3倍。百合对肥料要求不很高，通常在春季生长开始及开花初期酌施肥料即可。国外一些栽培者认为，百合对氮肥、钾肥需要较大，生长期应每隔10～15天施1次，而对磷肥要限制供给，因为磷肥偏多会引起叶子枯黄。花期可增施1～2天磷肥。为使鳞茎充实，开花后应及时剪去残花，以减少养分消耗，浇水只需保持盆土潮润，但生长旺季和天气干旱时须适当勤浇，并常在花盆周围洒水，以提高空气湿度。盆土不宜过湿，否则鳞茎易腐烂，盆栽百合花每年换盆1次，换上新的培养土和基肥。此外，生长期每周还要转动花盆1次。不然植株容易偏长，影响美观。

新涌现的金百合，其种头暂时仍要从国外进口供应。在栽培过程中，对磷钾肥的需要量较多，播种前最好用一些骨粉和草木灰做基肥。

不论白百合或是金百合，都具有抗寒、喜光、耐肥、畏湿的特性，适宜生长的温度为12～18度。在冬天即使气温降至3～5度亦不会冷死。如果缺乏阳光，长期遮阴就会影响正常开花。但它们对地域的适应性较广，南北各地都可地种或盆栽。因它属球根植物，可用种头直接播种，要求深播至6～7厘米，以便侧根能够深扎，尽量多吸收养分。所需的植料以沙质壤土为好，不宜用黏土和石灰土之类。如果用了塘泥种植，也要适当掺入一些河沙和木炭屑，使植料疏松透气才能适时开花。

4. 病虫防治

（1）花叶病。此病又叫百合潜隐花叶病，病发时叶片出现深浅不匀的褪绿斑或枯斑，被害植株矮小，叶缘卷缩，叶形变小，有时花瓣上出现梭形淡褐色病斑，花畸形，且不易开放。防治方法：选择无病毒的鳞茎留种；加强对蚜虫、叶蝉的防治工作；发现病株及时拔除并销毁。

（2）斑点病。此病初发时，叶片上出现褪色小斑，扩大后呈褐色斑点，边缘深褐色。以后病斑中心产生许多的小黑点，严重时，整个叶部变黑而枯死。防治方法：摘除病叶，并用65%代森锌可湿性粉剂500倍液喷洒一次，防止蔓延。

（3）鳞茎腐烂病。发病后，鳞茎产生褐色病斑，最后整个鳞茎呈褐色腐烂。防治方法：发病初期，可浇灌

50%代森锌300倍液。

（4）叶枯病。多发生在叶片上，多从下部叶片的尖端开始发病，发病后叶上产生大小不一的圆形或椭圆形不规则状病斑，因品种不同，病斑浅黄色至灰褐色。严重时，整叶枯死。防治方法：温室栽培注意通风透光，加强管理。发病初期摘除病叶，第7～10天喷洒一次1%等量波尔多液，或50%退菌特可湿性粉剂800～1000倍液，喷3～4次即可。

（5）蚜虫。主要是危害百合的嫩叶、茎秆，特别是叶片展开时，蚜虫寄生在叶片上，吸取汁液，引起百合植株萎缩，生长不良，花蕾畸形。同时还传播病毒，造成植株感病。防治方法与防治病毒病相同。

（6）其他病虫害。主要是地老虎、蝼蛄啃食幼苗（茎）、蚂蚁、蚯蚓、线虫等为害地下鳞茎及鳞茎盘，造成根腐死苗。防治方法：种植前，在定植沟（穴）中每亩撒施生石灰30～50公斤。种植前一定要清除杂草，使用农家肥必须充分腐熟。用茶枯或少量桐枯放到种球根部。用敌敌畏500～600倍液浇灌根部，防治蝼蛄和地老虎。

二十八、丁香（图二十八）

丁香又名洋丁香、公丁香、百结、鸡舌香等，桃金娘科蒲桃属，属落叶灌木或小乔木。广泛分布于桑给巴尔、马达加斯加等地，因花筒细长如钉且香而名。丁香为哈尔滨市市花，是著名的庭园花木。花序硕大、开花繁茂，花色淡雅、芳香，习性强健，栽培简易，因而在园林中广泛栽培应用。花两性，呈顶生或侧生的圆锥花序，花色以白色和紫色为居多。由其制成的丁香油、丁香酚有良好的药用价值。古代诗人多以丁香描写愁绪。因为丁香花多成簇开放，好似结，称之为“丁结花、百结花”。

1. 形态特征

落叶灌木或小乔木，树高2~5米。小枝近圆柱形或带四棱形，具皮孔。冬芽被芽鳞，顶芽常缺。叶对生，单叶，稀复叶，全缘，稀分裂，革质，具叶柄。花两性，聚伞花序排列成圆锥花序，顶生或侧生，与叶同时抽生或稍后抽生，具花梗或无花梗。花萼小，钟状，具4齿或为不规则齿裂，或近截形，宿存。花冠漏斗状、高脚碟状或近幅状，裂片4枚，开展或近直立，花蕾时呈镊合状排列。雄蕊2枚，着生于花冠管喉部至花冠管中部，内藏或伸出。子房2室，每室具下垂胚珠2枚，花柱丝状，短于雄蕊，柱头2裂。果为蒴果，微扁，2室，室间开裂。种子扁平，有翅；子叶卵形，扁平；胚根向上。

丁香花蕾略呈研棒状，长1~2厘米。花冠圆球形，直径0.3~0.5厘米。花瓣4片，覆瓦状抱合，棕褐色或黄褐色，花瓣内为雄蕊和花柱，搓碎后可见众多黄色细粒状的花药。萼筒圆柱状。略扁，有的稍弯曲，长0.7~1.4厘米，直径0.3~0.6厘米，红棕色或棕褐色，上部有4枚三角状的萼片，十字状分开。富油性。气芳香浓烈，味辛辣，有麻舌感。以个大粗壮、鲜紫棕色、香气浓郁、富有油性者为佳。萼筒中部横切面：表皮细胞1列，有较厚角质层，皮外侧散有2~3列径向延长的椭圆形油室；其下有20~50个小型双韧维管束，断续排列成环，维管束外围有少数中柱鞘纤维，壁厚，木化。内侧为数列薄壁细胞组织的通气组织，有大形细胞间隙。中心轴柱薄壁组织间散有多数细小维管束，薄壁细胞中含众多细小草酸钙簇晶。纤维梭形，顶端钝圆，边缘平整或稍波弯曲，有的显不规则连珠状突起并扭曲，壁厚微木化，胞腔宽窄不一，有的含棕色油状物。草酸钙簇晶众多，多存在于较小的薄壁细胞中。

2. 生长特性

丁香花喜充足阳光，也耐半阴。适应性较强，耐寒、耐旱、耐瘠薄，病虫害较少。以排水良好、疏松的中性土壤为宜，忌酸性土。忌积涝、湿热，一般不需要多浇水。要求土壤肥沃、排水性好的沙土。不喜欢大肥，不要施肥过多，否则影响开花。极端低温达3度时，可导致植株死亡。丁香性喜热带海岛性气候，原产区气候特点属于赤道雨林气候，最低月平均气温21度。

拟女贞亚属的种类，播种后4～5年才开花，但扦插或嫁接苗1～2年即可开花。5年后开花渐盛。除此，丁香花的所有种类，播种3～4年后，实生苗均可开花。

3. 繁殖与栽培管理

（1）用种子繁殖。从5～6年生留植株上于5～6月果产为紫红色时，及时采收，具随采随播，若不能及时播种，最好剥掉果肉放入潮湿细沙或湿木糠中贮藏，以免干死。处理后的种子，最佳播种时间为8～9月。开沟点播，行距15厘米，粒距约5厘米，种子平放或直放，胚根朝下，播种后覆土1厘米，鲜果播后35～45天，处理后的种子播后10天左右出苗，苗长至4～5厘米，具两片幼叶时，即可移植于苗床或移入营养袋里育苗，苗高6～10厘米，有4～6对真叶时移栽实植，移栽时需带土团。

（2）扦插法。丁香的扦插是取1～2年生健壮枝条作插穗，直接插入温床，使其生根发芽而形成新的植物体。通常是春季花谢后一个月剪取顶枝进行扦插，插穗的长度为10～15厘米，带有2～3对芽节，其中一对芽节埋入土中，在25度条件下，30～40天生根，当幼根由白变为黄褐色时，开始移苗栽植。

丁香宜在早春芽萌动前进行移栽。移栽穴内应先施足基肥，基肥上面再盖一层土，然后放苗填土。栽后浇一次透水，以后再浇 2 ~ 3 次水即可成活。丁香适应性强，管理比较粗放，平时只要注意除草，雨季防涝，便可顺利生长。

丁香不喜大肥，切忌施肥过多，以免引起枝条徒长，影响开花。一般每年或隔年入冬前施 1 次腐熟堆肥即可。定植后，一般每年施肥 2 ~ 3 次：第一次在 2 ~ 3 月；每株施稀人粪尿 10 ~ 15 公斤或尿素、硫酸钙和氯化钾各 0.05 ~ 0.1 公斤；第二次在 7 ~ 8 月，除施氮肥外，每株加施 0.1 公斤过磷酸钙或适量堆肥和火烧土，但不宜过量和紧靠根际，以免引起灼根造成腐烂；第三次在 10 ~ 12 月施以厩肥或堆肥，掺适量过磷酸钙和草木灰。

丁香 3 月中旬发芽前，要对丁香进行整形修剪，除过密枝、细弱枝、病虫枝，中截旺长枝，使树冠内通风透光。花谢后如不留种，可将残花连同花穗下部两个芽剪掉，以减少养分消耗，促进萌发新枝和形成花芽。落叶后，还可以进行一次整枝，以保树冠圆整美观，利于来年生长、开花。一般每年或隔年入冬前施 1 次腐熟的堆肥，即可补足丁香花土壤中的养分。丁香花花谢以后，如不留种，可将残花连同花穗下部两个芽剪掉。

幼树可与木薯、香蕉间作或搭荫棚，并在株间栽种绿肥，干旱及时灌水，雨季开沟排水，适时追肥，培土。剪去主杆 50 ~ 70 厘米，下侧枝，分叉主杆。上部枝叶亦可适当修剪。

4. 病虫防治

丁香病虫害很少。主要害虫有蚜虫、袋蛾及刺娥。可用 800 ~ 1000 倍 40% 氧化乐果乳剂或 1000 倍 25% 的亚胺硫磷乳剂喷洒防治。

病害有褐斑病，主要危害叶片，可在发病前或发病初期用1：1：100的波尔多液或50%的可湿性甲基托布津1000倍溶液喷射。

二十九、凤仙花（图二十九）

凤仙花，又名指甲花、染指甲花、小桃红等。凤仙花科凤仙花属。因其花头、翅、尾、足俱翘然如凤状，故又名金凤花。凤仙花属一年生草本花卉，原产中国和印度。

1. 形态特征

凤仙花茎高40~100厘米，肉质，粗壮，直立。上部分枝，有柔毛或近于光滑。叶互生，阔或狭披针形，长达10厘米左右，顶端渐尖，边缘有锐齿，基部楔形。叶柄附近有几对腺体。边缘有锐锯齿，两面无毛或被疏柔毛，侧脉4~7对。叶柄长1~3厘米，上面有浅沟。花单生或2~3朵簇生于叶腋，无总花梗，单瓣或重瓣。花梗长2~2.5厘米，密被柔毛。苞片线形，位于花梗的基部。侧生萼片2片，卵形或卵状披针形，长2~3毫米，唇瓣深舟状，长13~19毫米，宽4~8毫米，被柔毛，基部急尖成长1~2.5厘米内弯的距。旗瓣圆形，兜状，先端微凹，背面中肋具狭龙骨状突起，顶端具小尖，翼瓣具短柄，长23~35毫米，2裂，下部裂片小，倒卵状长圆形，上部裂片近圆形，前端2浅裂，外缘近基部具小耳。雄蕊5片，花丝线形，花药卵球形，顶端钝。子房纺锤形，密被柔毛。蒴果宽纺锤形，长10~20毫米：两端尖，密被柔毛。种子多数，圆球形，直径1.5~3毫米，黑褐色。其花形似蝴蝶，花色有粉红、大红、紫、白黄、洒金等，善变异。有的品种同一株上能开数种颜色的花朵。凤仙花多单瓣，重瓣的称凤球花。据《古花谱》载，凤仙花200多个品种，不少品种现已失传。因凤仙善变异，经人工栽培选择，已产生了一些好品种，如五色当头凤，花生茎之顶端，花大而色艳，还有十样锦等。根据花型不同，又可分为蔷薇型、山茶型、石竹型等。凤仙花的花期为 6～10 月，结蒴果，蒴果纺锤形，有白色绒毛，成熟时弹裂为 5 个旋卷的果瓣；种子多数，球形，黑色，状似桃形，成熟时外壳自行爆裂，将种子弹出，自播繁殖，故采种须及时。

2. 生长特性

凤仙花性喜阳光，怕湿，耐热不耐寒，适生于疏松肥沃微酸土壤中，但也耐瘠薄。凤仙花适应性较强，移植易成活，生长迅速。生长季节每天应浇水 1 次，炎热的夏季每天应浇水 2 次，雨天注意排水，总之不要使盆土干燥或积水。

3. 繁殖与栽培管理

（1）栽植。一般于春季 3～4 月播种。可播种在苗床内，或直接播于庭院花坛。幼苗生长快，应及时间苗，经 1 次移植后于 6 月初定植园地。如果延期播种，苗株上盆，可于国庆节开花。盆栽时，当小苗长出 3～4 片叶后，即可移栽。凤仙花为一年生草本，每年秋末挑选优良单株采种，春季进行播种育苗，因此不存在越冬问题。盆栽凤仙花 5 月便可上盆，用 1 份园土、1 份沙土、0.5 份腐叶土或腐熟谷壳、0.5 份基肥配制培养土，将播种出的小苗植入 23 厘米花盆里，上盆后蔽荫 3 天，再移至室外环境下生长，进行正常养护管理，每次浇水需待盆表土干至略发白，浇水 1 次浇足，雨天时花盆不能积水。每隔半月施 1 次薄肥，直至开花停止施肥。南方地区夏季酷暑炎热，强光直晒，不利于生长，需遮阴，必要时可在花盆四周地面上浇水，以增加空气湿度。在雨季注意花盆不积水的同时，要注意通风，雨后还需喷洒 1000 倍液防病药剂。先用小口径盆，逐渐换入较大的盆内最后定植在 20 厘米口径的大盆内。10 天后开始施液肥，以每隔一周施 1 次。

定植后，对植株主茎要进行打顶，增强其分枝能力。基部开花随时摘去，这样会促使各枝顶部陆续开花。

（2）光照与温度。凤仙花喜光，也耐阴，每天要接受至少4小时的散射日光。夏季要进行遮阴，防止温度过高和烈日曝晒。适宜生长温度为16～26度，花期环境温度应控制在10度以上。冬季要入温室，防止寒冻。

（3）浇水与施肥。定植后应及时浇水。生长期要注意浇水，经常保持盆土湿润，特别是夏季要多浇水，但不能积水和土壤长期过湿。如果雨水较多应注意排水防涝，否则根、茎容易腐烂。定植后施肥要勤，特别注意不可忽干忽湿。夏季切忌在烈日下给萎蔫的植株浇水。特别是开花期，不能受旱，否则易落花。

（4）花期控制。如果要使花期推迟，可在7月初播种。也可采用摘心的方法，同时摘除早开的花朵及花蕾，使植株不断扩大，每15～20天追肥1次，9月以后形成更多的花蕾，使它们在国庆节开花。

4. 病虫防治

（1）白粉病。症状：此病主要发生在叶片和嫩梢上。一般在6月开始发生，7月份以后叶面布满白色粉层。随后，在白粉层中形成黄色小粒点，颜色逐渐变深，最后呈黑褐色。传染途径：病菌在病株残体和种子内越冬。翌年，环境适宜时，病菌借风雨传播。8～9月为发病盛期。防治方法：栽植不过密，适当通风，加强肥水管理，增强植株的抗病力。将病叶、病株清除，集中销毁，减少传染源。发病期间用15%粉锈宁可湿性粉剂1000～1200倍液，或70%甲基托布津可湿性粉剂1000倍液防治。在32度以上的高温下避免喷药，以免发生药害。

（2）斑病。在中国南北各地均有发生。症状：病害主要发生在叶片上。叶面病斑初为浅黄褐色小点，后扩展成圆形或椭圆形，以后中央变成淡褐色，边缘褐色，具有不明显的轮纹。严重患病的叶片上，病斑连片，导致叶片变得枯黄，直至植株死亡。传染途径：病菌在凤仙花病残体及土壤植物碎片上越冬。翌年当环境条件适宜时，病菌借风雨飞散传播。高温多雨的季节，易发病。防治方法：凤仙花喜肥沃的沙质土壤，不耐涝。因此，种植以沙质土壤为宜，以利排水。盆栽凤仙花，雨后应及时倒盆。秋末应将病叶、病株集中销毁，减少来年传染源。发病初期用25%多菌灵可湿性粉剂300～600倍液，或50%甲基托布津100倍液，或75%百菌清1000倍液防治。

（3）立枯病。症状：病菌主要浸染根茎部，致病部变黑或缢缩，潮湿时其上生白色霉状物，植株染病后，数天内即见叶萎蔫、干枯，继而造成整株死亡。传播途径：主要以菌丝或菌核的形式在土壤或病残体内越冬，土壤中的菌丝营腐生生活，不休眠。在田间，主要靠接触传染，即植株的根、茎、叶接触病土时，便会被土中的菌丝浸染，在有水膜的条件下，与病部接触的健叶即染病。此外，种子、农具及带菌堆肥等都可使病害传播蔓延。防治方法：在发病初期拔除病株后喷洒75%百菌清可湿性粉剂600倍液，或60%多·福可湿性粉剂500倍液、20%甲基立枯磷乳油1200倍液。

（4）轮纹病。症状：危害凤仙花叶，使叶周围产生周缘深褐色的大型圆病斑。病斑表面有明显的同心轮纹。后期病斑中部变灰褐色，散生黑色小粒点。传播途径：病菌以分生孢子器及子囊壳在病残体上越冬、越夏。分生孢子可借风雨传播。以后的病斑上产生分孢子继续传播蔓延，引起再浸染。防治方法：常年病重区，在发病初期开始喷药，每隔7～10天喷1次，连喷2～3次。常用药剂有：50%福美双可湿性粉剂800倍液；65%代森锌可湿性粉剂或75%百菌清可湿性粉剂600倍液；50%多菌灵可湿性粉剂1000倍液等。

三十、宝石花（图三十）

宝石花又名石莲掌、莲花掌等，景天科石莲花属。民间泛指莲花座造型的多肉植物。肉质厚实叶片形状恰如宝石一般，多枝叶片重叠簇生在一起，莲座状叶盘酷似一朵盛开的莲花而得名，被誉为“永不凋谢的花朵”。形态独特，养护简单，很适合家庭栽培。置于桌案、几架、窗台、阳台等处，充满趣味，如同有生命的工艺品，是近年来较流行的小型多肉植物。

1. 形态特征

宝石花为多年生草本。多数品种植株呈矮小的莲座状，也有少量品种植株有短的直立茎或分枝。叶片肉质化程度不一，形状有匙形、圆形、圆筒形、船形、披针形、倒披针形等多种，部分品种叶片被有白粉或白毛。叶色有绿、紫黑、红、褐、白等，有些叶面上还有美丽的花纹、叶尖或叶缘呈红色。根据品种的不同，有总状花序、穗状花序、聚伞花序，花小型，瓶状或钟状。

宝石花叶似玉石，集聚枝顶，排成莲座状。是美丽的观叶植物。适宜作盆花、盆景，也可配作插花用。其叶片厚实有棱，具有光泽，形状恰如宝石一般，多枝叶片重叠簇生在一起，成莲花座形，故名宝石花和石莲花。看到莲花座自然使人联想到观音菩萨的宝座，即带有了神秘色彩。其叶厚实，几乎无叶柄。人们之所以喜爱它，是因其植株小巧，形如莲花，玲珑翠艳，不是鲜花而胜于鲜花，极有观赏价值。

2. 生长特性

宝石花喜温暖、干燥和通风的环境，喜光，喜富含腐殖质的沙壤土，也能适应贫瘠的土壤。非常耐旱，连着几个星期不浇水照样能够生长，因为它的每瓣叶子就像一座小水库，水分都储藏在叶子里，以备干旱时用。也耐寒、耐阴、耐室内的气闷环境。

3. 繁殖与栽培管理

（1）繁殖管理。常用扦插，于春、夏进行。茎插、叶插均可。叶插时将完整的成熟叶片平铺在潮润的沙土上，叶面朝上，叶背朝下，不必覆土，放置阴凉处，10天左右从叶片基部可长出小叶丛及新根。也可搞分株繁殖，最好在春天进行。常用扦插繁殖。室内扦插，四季均可进行，以8~10月为更好，生根快，成活率高。插穗可用单叶、蘖枝或顶枝，剪取的插穗长短不限，但剪口要干燥后，再插入沙床。插后一般20天左右生根。插壤不能太湿，否则剪口易发黄腐烂，根长2~3厘米时上盆。

在北方宜温室盆栽。每年三四月换盆1次，加些磷肥。平时不施肥也可以，它虽然是耐阴植物，但时间过长叶片会稀瘦而失去原来风采。应隔几天拿到室外照晒一段时间，以保其丰满的神态。浇水除了夏季多一些外，一般不宜过多，尤其是冬季应控制浇水，使盆土经常保持干燥，以免腐烂而死亡。

（2）管理。春、秋是宝石花主要生长期，需要充足的光照，否则会造成植株徒长，株形松散，叶片变薄，叶色暗淡，叶面白粉减少。浇水掌握“不干不浇，浇则浇透”的原则，避免盆土积水，否则会发生烂根。空气干燥时可向植株周围洒水，但叶面，特别是叶丛中心不宜积水，否则会造成烂心。尤其要注意避免长期雨淋。夏季高温时，避免烈日曝晒，节制浇水、施肥。

生长季节每20天左右施1次腐熟的稀薄液肥或低氮高磷钾的复合肥，不施肥也可以。施肥时不要将肥水溅到叶片上。施肥一般在天气晴朗的早上或傍晚进行，当天的傍晚或第二天早上浇1次透水，以冲淡土壤中残留的肥液。冬季放在室内阳光充足的地方，倘若夜间最低温度在10度左右，并有一定的昼夜温差，可适当浇水，酌情施肥，使植株继续生长。如果保持不了这么高的温度，应控制浇水，维持盆土干燥，停止施肥，使植株休眠，也能耐5度的低温，某些品种甚至能耐0度的低温。

1~2年翻盆1次，多在春季或秋季进行，盆土宜用疏松肥沃、具有良好透气性的沙质土壤。可用腐叶土3份、河沙3份、园土1份、炉渣1份混合配制，并掺入少量的骨粉等钙质材料。翻盆时剪去烂根，剪短过长老根，以促发健壮的新根。还可在盆面铺一层石子或沙砾，既可提高观赏性，又可防止浇水、施肥时肥水溅到叶片上，影响观赏，2~3年生以上的石莲花，植株趋向老化，应培育新苗及时更新。

（3）四季维护。

春季。四季均适合布置在东、南、西朝向阳台上。春季应布置在有光照的窗台。春初气温较低时，宝石花处于半休眠状态，应严格控制浇水，使盆土处于偏干至干燥状态。春季气温稳定在10度以上时换盆，亦可在9~10月进行。盆土最好使用疏松、排水好的沙质壤土。土壤配好后最好高温消毒后使用，亦可在太阳下曝晒杀菌。一般2年换盆1次。换盆前停止浇水数日，使盆土干燥后脱盆，除去根部全部土壤，修剪去枯死根、断根，放置3~5天，阴干伤口后栽种。如伤口较大，应多晾1~2天待伤口干结后栽种。栽后放置于半阴处，暂不浇水，2~3天后略浇水，保持盆土偏干。气温升高后，开始恢复生长，可逐步加大浇水量，使盆土湿润偏干，切忌土壤过湿，以土壤干透后再浇为宜。保证充足的光照。生长旺季注意应少量施肥。雨水较多的天气应减少浇水次数。

夏季。宝石花耐高温烈日。但光照过强叶片易老化，影响观赏效果，因此气温炎热时应布置于早晚有光照的阳台或窗台上培养。气温较高时生长减缓，应注意控水，防止高温多湿引起烂根。夏末气温凉爽后移至光照下培养，并增加浇水量。

秋季。应放置在有充足的光照而无雨淋的地方培养。气温凉爽后，停止施肥。天气渐凉时可逐步减少浇水量，使盆土偏干至干燥，直至休眠。当气温降至5度左右时，应防冻伤。

冬季。宝石花不耐寒，冬季阳台内气温应保持在5度以上。此时宝石花处于半休眠状态，应严格控制浇水，使盆土处于偏班干至干燥状态。保证充足的光照。阳台内气温在10度以上时，可缓慢生长，此时应适当浇水。

4. 病虫防治

常有锈病、叶斑病和根结线虫危害，可用75%百菌清可湿性粉剂800倍液喷洒防治，根结线虫用3%呋喃丹颗粒剂防治。虫害有黑象甲危害，用25%西维因可湿性粉剂500倍液喷杀。

常见的虫害有介壳虫，多发生在叶片上。高温、通风不良时容易发生。介壳虫吸食汁液影响生长，严重时叶片脱落，并诱发煤烟病。

防治方法：受害植株不多时，可用竹片刮掉或毛刷刷掉成虫，或用镊子将虫体镊出杀死，但勿损伤叶面。也可结合修剪将虫多的部分剪掉烧毁。在夏季高温高湿季节，加强通风，控制浇水，降低空气湿度，保持适当干燥。在初孵若虫期用清水或中性洗衣粉70～100倍液进行冲洗灭虫。初孵若虫期喷洒40%氧化乐果乳油剂1000倍液，或介螨灵80～100倍液，每隔7天喷1次，连续喷洒2～3

次。在为害期，可在盆土中埋施15%铁灭克颗粒剌，每盆（15厘米直径）埋施1~2克，也可埋施3%呋喃丹，每盆（15厘米直径）埋施3克，也可用40%氧化乐果乳油剂2000倍液浇灌根际部位，每盆（15厘米直径）浇灌50~100毫升。

三十一、朱顶红（图三十一）

朱顶红原产巴西，又名百枝莲、柱顶红、朱顶兰、孤挺花等，是石蒜科朱顶红属的多年生草本植物，由于品种繁多，被广泛盆栽，具有很高的观赏价值。

1. 形态特征

朱顶红是多年生草本植物，鳞茎肥大，近球形，直径5~7.5厘米，并有匍匐枝。外皮淡绿色或黄褐色。叶片两侧对生，鲜绿色，带状，先端渐尖，长约30厘米，基部宽约2.5厘米。花茎中空，稍扁，高约40厘米，宽约2厘米，具有白粉。花2~4朵。佛焰苞状总苞片披针形，长约3.5厘米。花梗纤细，长约3.5厘米。花管绿色，圆筒状，长约2厘米，花被裂片长圆形，顶端尖，长约12厘米，宽约5厘米，洋红色，略带绿色，喉部有小鳞片。总花梗顶端着花2~6朵，花喇叭形。雄蕊6枚，长约8厘米，花丝红色，花药线状长圆形，长约6毫米，宽约2毫米。子房长约1.5厘米，花柱长约10厘米，柱头3裂。花6~8枚，叶片多于花后生出。

现代栽培的多为杂种，花期有深秋以及春季到初夏，甚至有的品种初秋到春节开花（白肋朱顶红花朵）。花朵硕大，花色艳丽，有大红、玫红、橙红、淡红、白、蓝紫、绿、粉中带白、红中带黄等色；其花色除纯蓝、纯黑、纯绿外已经可以覆盖色谱中其余的所有颜色。花径大者可达20厘米以上，而且有重瓣品种。朱顶红品种繁多不逊于郁金香；花色之齐全超过风信子；花形奇特，连百合也逊色；花叶双艺乃球根罕见。可见其综合性状乃球根花卉之首。

2. 生长特性

朱顶红喜温暖湿润气候，生长适温为 18 ~ 25 度，忌酷热，阳光不宜过于强烈，应置荫棚下养护。怕水涝。冬季休眠期，要求冷凉的气候，以 10 ~ 12 度为宜，不得低于 5 度。喜富含腐殖质、排水良好的沙壤土。

3. 繁殖与栽培管理

（1）播种法。朱顶红经人工授粉容易结实，授粉后 60 余天种子成熟，熟后即可播种，播后置半阴处，保持 15 ~ 18 度和一定的空气湿度，15 天左右可发芽。实生苗需养护 2 ~ 3 年方可开花，最快的 18 个月就能开花。

朱顶红如采收种子，应进行人工授粉，可提高结实率。由于朱顶红种子扁平、极薄，容易失水，丧失发芽力，应采种后即播。如种球生产，花后及时剪除花茎，以免消耗鳞茎养分。待长出叶片后，加强施肥，促使鳞茎增大和产生新鳞茎。鳞茎在 13 度条件下可贮藏 8 ~ 10 周，在 5 度温度下，可长期贮藏。

种子成熟后即可播种，在 18 ~ 20 度情况下，发芽较快。幼苗移栽时，注意防止伤根，播种留经二次移植后，便可上入小盆，当年冬天须在冷床或低温温室越冬，次年春天换盆栽种，第三年便可开花。一般多用分离小鳞茎的方法繁殖，将着生在母球周围的小鳞茎分离，进行培养，第二年就可开花。

（2）分离小鳞茎法。朱顶红分割鳞茎法繁殖一般于 7 ~ 8 月进行。首先将鳞茎纵切数块，然后，再按鳞片进行分割，外层以 2 鳞片为一个单元，内层以 3 片为一个单元，每个单元均需带有部分鳞茎盘。此法繁殖，若被分割的鳞茎直径为6厘米以上，则每球可分割成20个以上双鳞片和三鳞片的插穗，将插穗斜插于基质中（PH值最好为8左右），保持25～28度和适当的空气湿度，30～40天后，每个插穗的鳞片之间均可产生1～2个小鳞茎，而且基部生有根系，此法繁殖的小鳞茎，需培养3年左右方能开花。

（3）鳞片扦插繁殖。选发育良好的无病鳞茎，剥去外层过分老熟的鳞片，留下生长充实的中部鳞片供繁殖，但每个鳞片必须带茎盘。9月将鳞片插植沙床，在18～20度下，保持湿润，当年形成小鳞茎、基部生根。翌春于小鳞茎上长出新苗，需继续培养3年成为开花的鳞茎。

（4）刻伤法繁殖。选择鳞茎周径24～26厘米种球，将鳞茎用1%硫酸铜液浸泡5分钟，用水洗净后，切去鳞茎的1/3，用刀轻轻刻伤鳞茎中心的主芽，平放在沙床上，室温保持18～22度，维持较高的空气湿度，2个月后在鳞片之间形成若干小鳞茎。

（5）组培繁殖。常用MS培养基，以茎盘、休眠鳞茎组织、花梗和子房为外植体。经组培后先产生愈伤组织，30天后形成不定根，3～4个月后形成不定芽。

（6）栽培朱顶红。盆栽朱顶红宜选用大而充实的鳞茎，栽种于18～20厘米口径的花盆中，4月盆栽的，6月可开花；9月盆栽的，置于温暖的室内，次年3～4月可开花。用含腐殖质肥沃壤土混合以细沙作盆栽土最为合适，盆底要铺沙砾，以利排水。鳞茎栽植时，顶部要稍露出土面。将盆栽植株置于半阴处，避免阳光直射。生长和开花期间，宜追施2～3次肥水。鳞茎休眠期，浇水量减少到维持鳞茎不枯萎为宜。若浇水过多，温度又高，则茎叶徒长，妨碍休眠，影响正常开花。

（7）庭院栽种朱顶红，宜选排水良好的场地。露地栽种，于春天 3～4 月植球，应浅植，时鳞茎顶部稍露出土面即可，5 月下旬至 6 月初开花。冬季休眠，地上叶丛枯死，10 月上旬挖出鳞茎，置于不上冻的地方，待第二年栽种。

在栽种中，茎、叶及鳞茎上有赤红色的病害斑点，宜在鳞茎休眠期，以 40～44 度温水浸泡 1 小时预防。

朱顶红冬季处于休眠状态，要求干燥，温度 9～12 度，最低不能低于 5 度，长江流域以南地区，只要稍加防护便可过冬。盆栽朱顶红花盆不宜过大（一般先用 16～20 厘米口径的花盆），以免盆土久湿不干，造成鳞茎腐烂，盆土宜用腐叶土与沙土混合配制，栽前盆底施些腐熟的饼肥或鸡鸭粪为基肥。栽植时，将鳞茎的 1/4～1/3 露出土面，栽完后，将盆土压实，留 2～3 厘米沿口，浇 1 次透水，以后不宜多浇，保持较低的湿度，并避免阳光直射，待叶片抽出约 10 厘米长时，再正常浇水，并开始施追肥，至花蕾形成后即停止施肥（但花后可适量施肥，以促使鳞茎肥大充实）。花后要及时剪去已凋谢的花茎，以免分耗鳞茎的养分。秋后浇水要逐渐减少，盆土以稍干燥为好。冬季应移入室内过冬，浇水量少至维持鳞茎不枯萎即可，温度保持不低于 5 度，否则会影响休眠和来年开花。

栽培要点：朱顶红在春季 4 月开花，冬季又开花，为促进开花应及早加强管理。

换盆。朱顶红生长快，经 1 年生长，应换上适应的花盆。

换土。朱顶红盆土经 1 年或 2 年种植，盆土肥分缺乏，为促进新一年生长和开花，应换上新土。

分株。朱顶红生长快，经 1 年或 2 年生长，头部生长小鳞茎很多，因此在换盆、换土同时进行分株，把大株的合种为 1 盆，中株的合种为 1 盆，小株的合种为 1 盆。

施肥。朱顶红在换盆、换土、种植的同时要施底肥，上盆后每月施磷钾肥 1 次，施肥原则是薄施勤施，以促进花芽分化和开花。

修剪。朱顶红生长快，叶长又密，应在换盆、换土同时把败叶、枯根、病虫害根叶剪去，留下旺盛叶片。

4. 病虫防治

主要病害有病毒病、斑点病和线虫病。斑点危害叶、花、花葶和鳞茎，发生圆形或纺锤形赤褐色斑点，尤以秋季发病多。应摘除病叶；栽植前鳞茎用 0.5% 福尔马林溶液浸泡 2 小时，春季定期喷洒等量式波尔多液。病毒病致使朱顶红根、叶腐烂，可用 75% 百菌清可湿性粉剂 700 倍液喷洒。线虫主要从叶片和花茎上的气孔侵入，侵入后引起叶和茎花发病，并逐步向鳞茎方向蔓延。鳞茎需用 43 度温水加入 0.5% 福尔马林浸 3 ~4 小时，达到防治效果。

虫害有红蜘蛛，可用 40% 三氯杀螨醇乳油 1000 倍液喷杀。

三十二、蝴蝶兰（图三十二）

蝴蝶兰又名蝶兰，兰科蝴蝶兰属植物，于 1750 年发现，已发现 70 多个原生种，大多数产于潮湿的亚洲地区。在中国台湾和泰国、菲律宾、马来西亚、印度尼西亚等地都有分布。其中以我国台湾出产最多。蝴蝶兰属是著名的切花种类，蝴蝶兰是单茎性附生兰，茎短，叶大，花茎一至数枚，拱形，花大，因花形似蝶得名。其花姿优美，颜色华丽，为热带兰中的珍品，有“兰中皇后”之美誉。

1. 形态特征

蝴蝶兰茎很短，常被叶鞘所包。叶片稍肉质，常 3 ~

4 枚或更多，正面绿色，背面也一样，椭圆形，长圆形或镰刀状长圆形，长 10 ~20 厘米，宽 3 ~6 厘米，先端锐尖或钝，基部楔形或有时歪斜，具短而宽的鞘。花序侧生于茎的基部，长达 50 厘米，不分枝或有时分枝。花序柄绿色，粗 4 ~5 毫米，被数枚鳞片状鞘。花序轴紫绿色，多少回折状，常具数朵由基部向顶端逐朵开放的花。花苞片卵状三角形，长 3 ~5 毫米。花梗连同子房绿色，纤细，长 2.5 ~4.5 厘米。花白色，美丽，花期长。中萼片近椭圆形，长 2.5 ~3 厘米，宽 1.4 ~1.7 厘米，先端钝，基部稍收狭，具网状脉；侧萼片歪卵形，长 2.6 ~3.5 厘米，宽 1.4 ~2.2 厘米，先端钝，基部收狭并贴生在蕊柱足上，具网状脉。花瓣菱状圆形，长 2.7 ~3.4 厘米，宽 2.4 ~3.8 厘米，先端圆形，基部收狭呈短爪，具网状脉。唇瓣 3 裂，基部具长约 7 ~9 毫米的爪。侧裂片直立，倒卵形，长 2 厘米，先端圆形或锐尖，基部收狭，具红色斑点或细条纹，在两侧裂片之间和中裂片基部相交处具 1 枚黄色肉突。中裂片似菱形，长 1.5 ~2.8 厘米，宽 1.4 ~1.7 厘米，先端渐狭并且具 2 条长 8 ~18 毫米的卷须，基部楔形。蕊柱粗壮，长约 1 厘米，具宽的蕊柱足；花粉团 2 个，近球形，每个劈裂为不等大的 2 片。花期 4 ~6 月。

2. 生长特性

蝴蝶兰喜欢高气温、高湿度、通风透气的环境，不耐涝，喜半阴环境，忌烈日直射，忌积水，畏寒冷，生长适温为 22 ~28 度，越冬温度不低于 15 度。

3. 繁殖与栽培管理

繁殖。

（1）播种繁殖法：此法能繁育出大量优良的种苗，而且不易传染病毒和其他病害，还能利用杂交的手段来培育更优良、更新奇、更多花色花形的新品种。

自然播种法：将已开裂蒴果散发出来的种子播于亲本植株的花盆中，这是由于亲本植株的植料中或许存在有蝴蝶兰种子发芽时所必要的共生菌。自然播种法简单易行，无需复杂的无菌程序和操作工具，适用于一般家庭蝴蝶兰种植者，但此法成功的机率甚微，极少应用。

无菌播种法：先将未裂开的成熟蒴果洗净，然后置于75%～90%乙醇或氯仿中浸泡2～3秒，再用5%～10%的漂白粉溶液或3%的双氧水浸5～20分钟。取出种子在同样的消毒水中浸泡5～20分钟，然后用过滤的方法除去溶液，取出种子，再用细针将种子均匀地平铺于已制备好的瓶中培养基表面。温度保持在20～26度。9～10个月后，小苗长出2～3片叶子便可出瓶上盆栽植。此法是一项科学性较强的工作，一般在组织培养实验室里进行，或在规模大、管理严格的组培工厂里进行。

（2）花梗催芽繁殖法。许多品种的蝴蝶兰在花凋谢后，其花梗的节间上常能长出带根的小苗来，剪下另行种植就能长成一株新的蝴蝶兰。可采用人工催芽的方法确保蝴蝶兰的花梗长出花梗苗，用于繁殖。方法是先将花梗中已开完花的部分剪去，然后用刀片或利刃仔细地将花梗上部第一至第三节节间的苞片切除，露出节间中的芽点；用棉签将催芽剂或吲哚丁酸等激素均匀地涂抹在裸露的节间节点上；处理后将兰株置于半阴处，温度保持在25～28度，2～3周后可见芽体长出叶片，3个月后长成具有3～4片叶并带有气生根的蝴蝶兰小苗；切下小苗上盆，便可成为一棵新的兰株。

（3）断心催芽繁殖法。兰株因冻害、虫害、病害以及人为等因素而致使其生长点遭到破坏后，经过一段时间，会从兰株近基部的茎节上长出1～2个新芽。可以利用这一特点来繁殖蝴蝶兰。具体的操作方法是：将茎顶最高的心叶抽掉，注意要将茎尖生长点破坏，使其无法向上生长；伤口晾干或用杀菌剂涂抹消毒灭菌，经过一段时间即能在近基部的茎节上长出2~3个新芽；待新芽长大并有根系从基部长出时，就可切下另行种植，成为一棵新的植株。

（4）切茎繁殖法。切茎繁殖法的原理是破坏茎尖生长点，以诱发潜伏芽生长。蝴蝶兰植株的叶腋处虽有潜伏芽1~3个，但多不能萌芽成株。可待植株不断向上生长、茎节较长后，再将植株带有根的上部用消毒过的利刃或剪刀切断，植入新盆使其继续生长，下部留有根茎的部分给予适当的水分管理，不久就可萌生新芽1~3个（依植株本身的性状及管理方法而定）。如植株的茎较长，亦可考虑分切多段，只要每段有2~3节节间或长2~3厘米以上并有根一条以上者，就有可能长成一棵新的植株，但如果植株的根茎均已干枯死亡，则此法无效。

（5）组织培养法。采用组织培养法来繁殖蝴蝶兰，可以获得与母株完全相同的优良的遗传特性。通过这种方法产生的蝴蝶兰苗称为分生苗或组织苗。用于进行分生培养的植物组织（外植体）可以是顶芽（茎尖）、茎段（休眠芽），也可以是幼嫩的叶片或根尖，但最常见的是蝴蝶兰的花梗。因为选用花梗作为外植体，不仅不会损伤植株，而且诱导容易。较老的花梗或已开花的花梗主要取其花梗节芽，而幼嫩的花梗除了花梗节芽外，花梗节间也可作为培养的材料。

（6）家庭繁殖方法。将开花后花梗上的残花连花梗剪去，注意保留未萌发的芽节（大约有三四节）；把最上面一二节芽上的苞片小心除去，露出节芽，注意不可伤及芽子；取少量的催芽均匀涂在节芽上，若能将除去苞片后的伤口也涂抹盖上，效果更好；将处理好的兰花置于适宜的地方（能见光又不直晒），温度需保持在25～30度，湿度在75%以上，2～3个月就可长出新的花苗来；当新苗长到一定大小时，在其基部用薄膜包裹住，当小苗长出两三根粗根时，即可剪下单独种植。

分期养护。

蝴蝶兰从瓶苗到开花出售分5个生长阶段：瓶苗、小苗、中苗、大苗、开花阶段。栽培管理要点如下：

（1）前期管理。瓶苗生长阶段，最适生长温度白天为25～28度，夜间18～20度。小苗阶段生长适温23度。35度以上或10度以下，生长停止。刚出瓶的小苗温度应低于20度，空气相对湿度保持70%～80%。

小苗生长阶段的肥水管理，有举足轻重的作用。组培苗出瓶后3～5天内不宜灌肥、浇水，但需马上进行杀菌处理。可用多菌灵1000倍液叶面杀菌，隔天喷生根粉，喷3次。经3～5天过渡期后，第1次灌肥，用花多多10号（氮、磷、钾比例为30:10:10）1800倍液喷施，以水苔全湿为标准。隔1天再用花多多10号（30:10:10）2500倍液喷叶面肥。1周后，据小苗干湿情况第2次灌肥，此时以高氮、低磷、低钾为施肥原则。

经4个月培育后，小苗长成中苗，此时应换盆。水草松紧度以手自然握拳掌心下方肌肉的松紧度标准，松紧度可大可小，但必须统一标准。中苗时期管理基本和小苗阶段相似，但光照可提高到2万勒克斯。施肥以花多多8号和花多多1号（氮、磷、钾比例分别为20:10:20和20:20:20）交替使用。中苗时期要注意新叶的走向与长势，一般按东西走向放置，并定期对叶片进行反转。此时施肥原则为低氮、高磷、高钾。

中苗经4～6个月培育后进入大苗阶段。管理方法与中苗一样，但施肥采用花多多1号（氮、磷、钾比例为

20: 20: 20）。

（2）后期管理。开花期即生长后期的管理。蝴蝶兰的开花是低温促成的，所以除在管理上要精细外，还应控制好温度。首先保持温度在20度以上2个月，以后将夜间温度降至18度以下，45天后形成花芽。花芽形成后夜间温度保持在18～20度，白天保持25～28度。3～4个月后可开花，花期温度略为降低，但不低于15度，花芽伸出后必须竖立支柱，即在花茎伸展而尚未倒伏前竖立支柱，并将花茎绑在支柱上，留给花茎伸长增粗的空间。

开花期水肥管理尤为重要。浇水宜在上午10时实施，避免将水直接洒到花朵上。浇水后采用抽风机通风，保持棚内空气新鲜，使残留水分尽快散失。此时施肥以花多多2号（氮、磷、钾比例为10:30:20）1000倍液为佳，视蝴蝶兰自身状况而定。

4. 病虫防治

（1）叶斑病。主要发生在叶片上，发病初期叶片上出现小斑点，以后发展成近圆形的病斑，病斑边缘有水渍状黄色圈，界限明显。防治方法：加强通风，降低空气湿度，剪除病叶。发病期用75%的百菌清可湿性粉剂800倍液喷洒，每10天喷1次，连喷3次。

（2）灰霉病。发生在春季低温高湿时，一般在白花花瓣上出现褐色的小斑点，严重时发生软腐现象。防治方法：加强通风，降低湿度，立即剪除发病花朵。发病初期用75%甲基托布津可湿性粉剂1000倍液喷洒，每10天喷1次，连喷2次。

（3）褐斑病。发生在夏秋高温多湿天气，主要发生在叶片上，发病初期叶片出现圆形小斑点，以后逐渐扩大成大斑，病斑黑褐色，严重时叶片变黑枯萎。防治方法：注意通风、透光。发病初期用10%宝丽安（多抗霉素）

80 倍液每半月喷洒 1 次。

（4）介壳虫。蝴蝶兰最常见的虫害，多发生在秋冬季，室内通风不畅，干燥导致介壳虫危害。防治方法：注意通风，兰株摆放不宜过密，发现少量时可用软布擦洗介壳虫，反复几次可根除虫害。

三十三、康乃馨（图三十三）

康乃馨，又名狮头石竹、麝康乃馨、大花石竹、荷兰石竹。为石竹科石竹属植物，分布于欧洲温带以及我国的福建、湖北等地，原产于地中海地区，是目前世界上应用最普遍的花卉之一。康乃馨包括许多变种与杂交种，在温室里几乎可以连续不断开花。从 1907 年起，以粉红色康乃馨作为母亲节的象征，故今常被作为献给母亲的花。

1. 形态特征

康乃馨为常绿亚灌木，作多年生宿根花卉栽培。一般分为花坛康乃馨与花店康乃馨两类。茎丛生，质坚硬，灰绿色，节膨大，高度约 50 厘米。叶厚线形，对生。茎叶而较粗壮，被有白粉。花大，具芳香，单生、2 ~3 朵簇生或成聚伞花序。萼下有菱状卵形小苞片四枚，先端短尖，长约萼筒四分之一。萼筒绿色，五裂。花瓣不规则，边缘有齿，单瓣或重瓣，有红色（代表着热爱、亲情）、粉色、黄色、白色等。花期 4 ~9 月，保护地栽培可四季开花。

2. 生长特性

康乃馨喜阴凉干燥、阳光充足与通风良好的生态环境。耐寒性好，耐热性较差，最适生长温度 14 ~21 度，温度超过 27 度或低于 14 度时，植株生长缓慢。宜栽植于富含腐殖质，排水良好的石灰质土壤。喜肥。喜好强光是康乃馨的重要特性。无论室内、盆栽越夏还是温室促成栽培，都需要充足的光照，都应该放在直射光照射的向阳位置上。

3. 繁殖与栽培管理

康乃馨一般用播种、压条和扦插法繁殖，而以扦插法为主。

扦插除炎夏外，其他时间都可进行，尤以1月下旬至2月上旬扦插效果最好。插穗可选择枝条中部叶腋间生出的长7～10厘米的侧枝，采插穗时要用“掰芽法”，即手拿侧枝顺主枝向下掰取，使插穗基部带有节痕，这样更易成活。采后即扦插或在插前将插穗用水淋湿亦可。扦插土为一般园土掺入1/3砻糠灰或沙质土。插后经常浇水保持湿度和遮阴，室温10～15度，20天左右可生根，一个月后可以移栽定植。

压条在8～9月进行。选取长枝，在接触地面部分用刀割开皮部，将土压上。经5～6周后，可以生根成活。

栽培要点：

（1）土壤。要求排水良好、腐殖质丰富，保肥性能良好而微呈碱性之黏质土壤。

（2）浇水。康乃馨生长强健，较耐干旱。多雨过湿地区，土壤易板结，根系因通风不良而发育不正常，所以雨季要注意松土排水。除生长开花旺季要及时浇水外。平时可少浇水，以维持土壤湿润为宜。空气湿润度以保持在75%左右为宜，花前适当喷水调湿，可防止花苞提前开裂。

（3）施肥。康乃馨喜肥，在栽植前施以足量的烘肥及骨粉，生长期内还要不断追施液肥，一般每隔10天左右施1次腐熟的稀薄肥水，采花后追肥1次。

（4）其他。为促使康乃馨多枝多开花，需从幼苗期开始进行多次摘心：当幼苗长出 8～9 对叶片时，进行第一次摘芯，保留 4～6 对叶片；待侧枝长出 4 对以上叶时，第二次摘芯，每侧枝保留 3～4 对叶片，最后使整个植株有 12～15 个侧枝为好。孕蕾时每侧枝只留顶端一个花蕾，顶部以下叶腋萌发的小花蕾和侧枝要及时全部摘除。第一次开花后及时剪去花梗，每枝只留基部两个芽。经过这样反复摘心，能使株形优美，花繁色艳。

4. 病虫防治

康乃馨常见的病害有萼腐病、锈病、灰霉病、芽腐病、根腐病。可用代森锌防治萼腐病，五氧化锈灵防锈病。防治其他病害中用代森锌、多菌灵或克菌丹在栽插前进行土壤处理。遇红蜘蛛、蚜虫为害时，一般用 40% 乐果乳剂 1000 倍液杀除。

康乃馨极易感染叶斑病，影响其生长发育，降低切花产量和质量。康乃馨叶斑病病菌以菌丝和分子孢子在病株残体上越冬，在土壤中可存活 1 年左右。当温度升高、叶面长时间湿润时，病菌极易快速生长。菌丝生长的最适温度为 25～30 度（26 度最适），分子孢子在 18～27 度（24 度最适）时开始萌发，通过气流及水传播，从气孔、伤口或直接侵入，潜育期 10～60 天。所以温室栽培周年都可发病，露地栽培在 4～11 月发病。该病主要发生在叶和茎上，有时也发生在花上。发生在叶片上时，病斑初为淡绿色水溃状小圆斑，逐渐扩大为近圆形、椭圆形或长条形的大斑，变成紫褐色，病斑中央慢慢枯死，变成灰白色。整个叶片扭曲，枯死倒挂于茎上。浸染茎秆时，多发生在枝条叉处和摘芽产生的伤口处。病斑长条形、灰褐色，严重时病斑环割茎部，使上部枝叶枯死。浸染花时，常在花梗和苞片上造成危害，苞片上病斑多时，花不能开放或出现畸形。

防治措施：

（1）选取健壮无病的插穗，清除病残体。尽可能保持植株表面干燥，在通风透光、排水良好处实行两年以上轮作。温室保持良好的通风状况，黄昏前通风。

（2）叶斑病周年可发生，所以必须每周喷 1 次预防性杀菌剂，如代森锰、代森锌、扑海因、百菌清等，特别是在切花采收之后及时喷药，用 75% 百菌清、50% 克菌丹 500 倍液或 1% 波尔多液均可。

三十四、红掌（图三十四）

红掌又名安祖花、火鹤花等，属天南星科花烛属。原产于南美洲的热带雨林地区，现欧洲、亚洲、非洲皆有广泛栽培。常见的苞片颜色有红色、粉红、白色等，有极大的观赏价值。红掌的花语是大展宏图、热情、热血。

1. 形态特征

红掌株高一般为 50 ~ 80 厘米，因品种而异。具肉质根，无茎，叶从根茎抽出，具长柄，单生、心形，鲜绿色，叶脉凹陷。花腋生，火焰苞蜡质，正圆形至卵圆形，鲜红色、橙红肉色、白色，肉穗花序，圆柱状，直立。四季开花。叶子和枝茎外形奇特：其叶颜色深绿，心形，厚实坚韧，花蕊长而尖，有鲜红色、白色或者绿色，周围是红色、粉色佛焰苞，全都有毒。

2. 生长特性

红掌为多年生常绿草本花卉。性喜温热多湿而又排水良好的环境，怕干旱和强光曝晒。其适宜生长昼温为26 ~ 32 度，夜温为 21 ~ 32 度。所能忍受的最高温为 35 度，可忍受的低温为 14 度。空气相对湿度（RH）以 70% ~ 80% 为佳。

红掌原产于哥斯达黎加、哥伦比亚等热带雨林区，常附生在树上，有时附生在岩石上或直接生长在地上，性喜温暖、潮湿、半阴的环境，忌阳光直射。

3. 繁殖与栽培管理

红掌常用分株、扦插和播种繁殖。春季选择3片叶以上的子株，从母株上连茎带根切割下来，用水苔包扎移栽于盆内，经3~4周发根成活后重新栽植。对直立性有茎的红掌品种采用扦插繁殖。插于水苔中，待生根后定植盆内。

播种繁殖的红掌，出苗后，需经3~4年培育才能开花，若用分株繁殖，培养1年后即可产花。露地栽培，夏季产花，着花时间为2个月，控制环境条件，可实现周年开花。

养护要点：花朵由鲜猩红色的佛焰苞和橙红色的肉穗花序组成，花序螺旋状卷曲，光彩夺目，风姿楚楚，给人以明快、热烈的感受。盆栽宜选用腐叶土（或泥炭土）、苔藓加少量园土和木炭以及过磷酸钙的混合基质。生长期间约每月施1~2次氮、磷结合的薄肥或进行根外追肥。从10月至翌年3月要适当控制浇水，其他时间浇水要充足，否则影响开花，但需注意浇水要干湿相间，切忌盆内积水，否则易引起烂根。红掌怕寒冷，越冬期间室温以保持在16度以上为宜。冬季寒冷和潮湿均会引起根系腐烂。红掌喜半阴，怕强光，故春夏秋三季注意适当遮阴，夏季需遮去60%的阳光。炎热季节最好将花盆放在盛有湿沙土的沙盘上养护。冬季放室内南窗附近培养。不需遮光。为保持较高的湿度，每天要向叶面上喷水2~3次，同时向地面上洒水。一般每隔1~2年于早春3~4月换1次盆。繁殖红掌，以分株为主，多结合早春换盆进行。

红掌对温度较敏感，适宜生长温度14~35度，最适温度19~25度，昼夜温差3~6度，即最好白天21~25度，夜间19度左右，在这样的温度下，有利于红掌养分的吸收和积累，对生长开花极为有利。

红掌属于对盐分较敏感的花卉品种，因此，应尽量把PH值控制在5.2～6.1，最适宜红掌生长。如果PH值过小，花茎变短，就会降低观赏价值。自来水适宜栽植红掌，但价格贵；天然雨水是红掌栽培中最好的水源。盆栽红掌在不同生长发育阶段对水分要求不同。

根据荷兰栽培的经验，对红掌进行根部施肥比叶面追肥效果要好得多。因为红掌的叶片表面有一层蜡质，不能对肥料进行很好的吸收。液肥施用要依据定期定量的原则，秋季一般3～4天为一个周期，如气温高，可以视盆内基质干湿程度可2～3天浇肥水1次；夏季可2天浇肥水1次，气温高时可多浇1次水；秋季一般5～7天浇肥水1次。

红掌是按照“叶→花→叶→花”循环生长的。花序是在每片叶的腋中形成的。这就导致了花与叶的产量相同，产量的差别最重要的因素是光照。如果光照太少，在光合作用的影响下植株所产生的同化物也很少。当光照过强时，植株的部分叶片就会变暖，有可能造成叶片变色、灼伤或焦枯现象。因此，光照管理的成功与否，直接影响红掌产生同化物的多少和后期的产品质量。

红掌生长需要比较高的温度和相当高的湿度，所以，高温高湿有利于红掌生长。温度与湿度甚为相关，当气温在20度以下时，保持室内的自然环境即可；当气温达到28度以上时，必须使用喷淋系统或雾化系统来增加室内空气相对湿度，以营造红掌高温高湿的生长环境。但在冬季即使温室的气温较高也不宜过多降温保湿，因为夜间植株叶片过湿反而降低其御寒能力，使其容易冻伤，不利于安全越冬。

4. 病虫防治

（1）盆栽红掌有时会出现花早衰、畸形、粘连、裂隙及玻璃化和蓝斑等现象，这多为施肥、盆土和空气湿度管理不当或品种原因引起的生理性病害。防治方法是改善栽培管理，合理施肥，适当通风。

（2）盆栽红掌主要的病虫害有细菌性枯萎病、叶斑病、根腐病、柱孢属、柱枝双孢菌属、线虫、红蜘蛛、蚜虫、鳞翅目害虫、白粉虱、介壳虫、蜗牛等。防治药剂有：三氯杀螨醇、遍地克、氧化乐果和氟氯菊脂等。

（3）炭疽病是红掌常见病害之一。病原是盘长孢属或刺盘孢属真菌。前者症状是沿叶脉形成圆形棕色病斑，之后病斑连在一起，形成具有棕黄色边缘的大病斑，病部最后干枯。后者与前者相似，在分生孢子盘上长有黑色坏毛，且会引起花腐，在肉穗花序上形成黑色坏死斑点。高湿是发生该病的主要原因。防治方法为药剂防治和加强栽培管理，要经常通风透光，避免浇水或空调冷凝水溅在叶片上，及时摘除病叶。

三十五、含笑（图三十五）

含笑又名香蕉花、含笑花、含笑梅、笑梅等，为木兰科含笑属常绿灌木或小乔木植物。原产我国广东、福建及广西东南部。含笑喜暖热湿润、阳光充足、不耐寒、适半阴，长江以南背风向阳处能露地越冬。

1. 形态特征

含笑为常绿灌木，高 2～3 米；树皮灰褐色。分枝很密。芽、幼枝、花梗和叶柄均密生黄褐色绒毛。叶革质，狭椭圆形或倒卵形椭圆形，长 4～10 厘米，宽 1.8～4 厘米，前端渐尖或尾状渐尖，基部楔形，全缘，上面有光泽，针毛，下面中脉上有黄褐色毛。叶柄长 2～4 毫米。托叶痕长达叶柄顶端。花单生于叶腋，直径约 12 毫米，淡黄色而边缘有时红色或紫色，芳香。花片 6 枚，椭圆形，长 12～20 毫米。

2. 生长特性

含笑为暖地木本花灌木，性喜温湿，不甚耐寒，长江以南背风向阳处能露地越冬。夏季炎热时宜半阴环境，不耐烈日曝晒。其他时间最好置于阳光充足的地方。不耐干燥瘠薄，但也怕积水，要求排水良好，肥沃的微酸性壤土，中性土壤也能适应，因而环境不宜之地均行盆栽，秋末霜前移入温室，在 10 度左右温度下越冬。含笑的地径和苗高生长规律基本相同，即生长缓慢→生长中速→生长快速→生长停止。一般 4～6 月生长较慢，7 月生长中等，8～10 月期间生长最快，11～12 月生长较慢并停止生长。

3. 繁殖与栽培管理

（1）扦插于 6 月间花谢后进行，扦插可行于夏季，取二年生枝条剪成 10 厘米长，保留先端 2～3 片叶，插于经过消毒的偏酸性沙壤中，上盖玻璃置于阴处，经常喷水保持插箱内湿度，40～50 天可生根。取当年生新梢作插穗，长 8～10 厘米，保留 2～3 片叶。床土宜用排水良好的疏松沙质壤土或泥炭土。扦插后需将土墩实，并充分浇水。在苗床上需搭棚，以遮阳保湿。

（2）嫁接可用紫玉兰或黄兰作砧木。

（3）高压可选枝条的适当部位作环状剥皮，然后以塑料薄膜装入酸性沙土包于环剥处，经常浇水使膜内土壤湿润，约 3～4 个月生根。以上二法均等新根有相当条数时，分别起掘或剪取栽，3 月中旬至 4 月中旬带土移栽。盆栽需每年翻换土 1 次。

（4）栽培管理。4 月初，当平均气温在 15 度左右时，种子开始破土发芽。当 70%～80% 的幼苗出土后就可在阴天或晴天傍晚揭遮阳草，揭草后第 2 天用 70% 甲基硫菌灵 0.125% 溶液和 0.5% 等量式波尔多液交替喷雾 2～3

次，预防病害的发生。

含笑生长初期（4～6月中旬）高生长量占全年生长量的13.6%，苗木生长较慢，抗逆性差，应做好除草、松土、适量施肥等工作。在4月下旬至5月下旬每隔10～15天施浓度为3%～5%的稀薄人粪尿和2%腐熟饼肥。6月以后用0.2%的复合肥浇苗根周围，溶液尽量不要浇到叶片上。

夏季阳光强烈应置于荫棚下培养，注意浇水荫及地面洒水保持环境湿润。如水质偏碱应在水中加入0.3%硫酸亚铁（黑矾）以中和水的酸碱性。生长期间应每半月施用稀薄的腐熟液肥1次，促使枝叶旺盛。盆栽植株应2年翻盆1次更换新土。含笑花常有介壳虫及霉污病为害，发现介壳虫可立即刷除，霉污病可喷洗保洁自会消灭。

6月下旬至10月中旬是含笑的生长旺盛期，其高、径生长量分别占全年生长量的68.9%和60.0%。此时的气温高，天气灼热，应及时做好抗旱工作，在苗床上盖高1.20米以上的荫棚，用55%透光率的单层遮阳网覆盖苗床并灌跑马水，步道中灌足水，苗床湿透后立即放水。并用0.2%的复合肥和尿素交替沤浇苗根周围，溶液尽量不要浇到叶面。8月后结合松土，每次撒施复合肥5～8公斤，促使苗木生长。9月下旬苗木停止追肥。期间易发生凤蝶食苗木嫩叶，造成苗木生长不良时，用50%敌百虫和马拉松乳剂0.1%溶液喷治。

生长期中每月施1次稀薄腐熟人粪尿。含笑生长迅速，每年需在春季开花后新叶长出前换盆1次，以利生长发育。为使树冠内部透风透气，可于每年3月修剪1次，去掉过密枝、纤弱枝、枯枝。花后及时将幼果枝剪去，放在朝南向阳避风处。

肥培管理主要在速生生长期（7～9月）进行，从7月初起每隔7天增施0.1%～0.3%尿素1次，连施8次。

9 月初至 10 月中旬每 7 天喷施磷酸二氢钾 1 次。10 月中旬至 12 月中旬每隔 7 天喷施 0.1% ~0.3% 硼酸液 1 次，促使苗木健壮，增强抗寒性。

根据含笑当年生苗木部分幼嫩叶片易受轻度寒害的特点，可采取秋季增施磷钾肥，叶面喷施微量元素锌、镁，以提高植株光合作用，增加干物质积累；并于叶面喷施微肥硼，促进苗木粗壮，增强抗寒性。在零下 5 度低温来临前苗床覆盖薄膜保护措施，使苗木安全越冬。

4. 病虫防治

4 月下旬至 7 月上旬，苗木易染根腐病、茎腐病、炭疽病，应及时拔除病苗集中烧毁，用 1% ~3% 的硫酸亚铁溶液每隔 4 ~6 天喷 1 次，连续 2 ~4 次，并在苗床撒生石灰进行土壤消毒或 50% 多菌灵 0.1% ~0.125% 溶液喷雾防治。

4 月下旬至 5 月中旬易被蛴螬、地老虎等地下害虫啃咬幼苗根茎部，易造成苗木枯死，可结合雨季做好清沟排水工作，并用 90% 敌百虫和马拉松乳剂 0.1% 溶液，用竹签在苗床插洞后灌浇，效果较佳。

5 ~6 月易感染介壳虫，当树叶上介壳虫虫口密度过大时，用 50% 马拉松、40% 的乐果 0.1% 溶液或 25% 亚胺硫磷 0.125% 溶液喷雾防治。

含笑叶枯病多发生于叶缘，直径 10 ~20 毫米，灰白色，边缘暗褐色，其上密生许多黑色小粒点（病原菌的分生孢子盘）。病情严重时，叶片枯死下落。防治方法：加强栽培管理，合理施用肥、水，注意通风透光，使植株生长健壮；清除病叶，集中烧毁，杜绝浸染源；发现病株，及时喷施 50% 托布津可湿性粉剂 800 ~1000 倍液。

含笑黄叶症在枝梢顶端幼嫩叶片首先发生褪绿，叶肉变黄色或淡黄色，叶脉仍为绿色，随着病情发展，全叶均可变黄至黄白色，此时叶片边缘变灰褐色至褐色坏死；植株生长衰弱，日趋严重，最终死亡。防治方法：改良土壤，释放被固定的铁元素，是防治缺铁症的根本性措施；适当补充可溶性铁，可以治疗病症树。

考氏白盾蚧雌虫，蚧壳卵形或近梨形，长 2 ~2.5 毫米，雪白不透明，2 个壳点突出在头端，黄褐至红褐色。雌成虫一般近圆至梨形，浅黄色。臀板带红色。卵长圆形，浅黄色，长 0.24 毫米。若虫初龄长 0.4 毫米，卵圆形，黄绿色，分泌有白色蜡丝。防治方法：在幼虫孵化期，蚧虫分泌蜡质少，抗药力差，是防治的关键时期。可使用 40% 乐果或 40% 氧化乐果 1000 倍液，或 2.0% 菊杀乳油 2500 倍液喷洒，能取得良好的防治效果。在幼虫及成虫期，因其分泌蜡质增多，抗药性增强，一般的喷药作用不大，采用浇灌或根施内吸剂则效果明显。可在盆土干燥时，浇灌 40% 氧化乐果 1000 倍液，其用量与灌水量相同，经7 ~10 天后效果明显。另一方法是埋施颗粒剂，在盆内根际周围挖一圈 1 ~2 厘米深的小沟，均匀撒入呋喃丹或涕灭威颗粒剂，然后覆土灌足水，经 7 ~10 天后，可收到良好的效果。

第四节　家庭常见盆栽植物

一、银皇帝

别名：银王亮丝草、银王万年青、银王粗肋草。

科属：天南星科，粗肋草属。

形态特征：多年生常绿草本植物，茎极短，株高40 ~

50 厘米，叶片密簇，长 20～25 厘米，宽 5～7 厘米，披针形，叶暗绿色，叶面密生银灰色斑块，叶背灰绿色。叶柄具灰绿色斑点，叶柄基部鞘状抱茎而生。

培植价值：美化书房、客厅、卧室，可长期摆放。

生长习性：喜高温、高湿的环境条件，既耐湿又耐旱，喜散射光，较耐阴，对土壤要求不高，但喜富含腐殖质的肥沃土壤。

培植技术：盆栽用腐叶土和河沙等量混合配制成培养土。生长期每月施 1 次液肥。夏季应充分浇水，并向叶面喷水，秋末逐渐减少浇水量，冬季盆土不干不浇，冬季应入室越冬，室内温度不得低于 10 度。置于室内养护要注意通风。夏季不能放在烈日之下。

二、银皇后

别名：银后万年青、银后粗肋草、银后亮丝草。

科属：天南星科，粗肋草属。

形态特征：为多年生草本植物。株高 30～40 厘米，茎直立不分枝，节间明显。叶互生，叶柄长，基部扩大成鞘状，叶狭长，浅绿色，叶面有灰绿条斑，面积较大。

培植价值：银皇后以它独特的空气净化能力著称，可以去除尼古丁、甲醛等有毒物质。

生长习性：喜暖湿润的气候，不耐寒，喜散光，尤其怕夏季阳光直射。不耐寒，温度降到 10 度就得采取保温措施，受冻后，整株溃烂。

培植技术：盆栽用疏松的泥炭土、草炭土最佳，亦可用腐叶土、沙质壤土混合。在室内要存放在光强处，以使叶片色泽鲜艳。冬天不可低于 15 度。春秋生长旺季，浇水要充足，盆土应经常保持湿润，并经常用与室温相近的清水喷洒枝叶，以防干尖，但不能积水。

三、巴西铁

别名：巴西千年木、金边香龙血树、巴西木。

科属：百合科，龙血树属。

形态特征：百合科常绿乔木，盆栽高 50～150 厘米，有分枝。叶簇生于茎顶，长 40～90 厘米，宽 6～10 厘米，弯曲呈弓形，鲜绿色有光泽。花小不显著，芳香。

培植价值：巴西铁多作为家庭或办公室室内观赏植物，放置于沙发旁极有气派。

生长习性：喜高温，低于 13 度则植株休眠，停止生长。喜疏松、排水良好的土壤。用腐叶土或泥炭土盆栽。

培植技术：室内摆放巴西铁应在光线充足的地方。若光线太弱，叶片上的斑纹会变绿，基部叶片黄化，失去观赏价值。在培养期间要保持水质的清洁，每星期浇水 1～2 次，水不宜过多，以防树干腐烂。夏季高温时，可用喷雾法来提高空气湿度，并在叶片上喷水，保持湿润。

四、苏铁

别名：铁树、凤尾蕉、凤尾松、避火蕉。

科属：苏铁科，苏铁属。

形态特征：常绿棕榈状木本植物。茎干圆柱状，不分枝。茎部密被宿存的叶基和叶痕，并呈鳞片状。叶螺旋状排列，叶从茎顶部生出，叶有营养叶和鳞叶两种，营养叶羽状，大型，鳞叶短而小。小叶线形，初生时内卷，后向上斜展，微呈“V”字形，边缘显著向下反卷，厚革质，坚硬，有光泽。

培植价值：苏铁树形奇特，叶片苍翠，并颇具热带风光的韵味，宜用多株与山石配置成景点。

生长习性：喜光，稍耐半阴。喜温暖，不甚耐寒，喜肥沃湿润和微酸性的土壤，但也能耐干旱。生长缓慢，10年以上的植株可开花。

培植技术：春季半个月以上浇水1次，春末至夏生长旺季，使其充分接受光照。干燥即浇水，保持土壤湿润，早晚叶面喷水。可每10天施1次较稀的液肥。入秋后逐渐控制浇水次数和量。充分接受阳光直射。温度高时和适当喷水。冬天，控制浇水量和次数，约半月浇水1次。

五、黑美人

别名：弹簧草、披散爵床。

科属：爵床科。

形态特征：多年生草本植物，植株低矮，仅高5～10厘米。叶对生，心形或广卵形，微皱面卷曲，酷似黑人的头发，因此得名，成株丛生状，枝叶密集不易凌乱。

培植价值：黑美人也是室内空气净化器，可增加氧离子含量，也能吸收空气中一定量的甲醛、二氧化硫及硫化氢等有害气体。

生长习性：性喜高温多湿，生长适温22～30度。

培植技术：栽培以肥沃的沙质壤土最佳，排水，日照需良好，稍荫蔽亦无妨。施肥用油粕或氮、磷、钾，每月施用1次，氮肥多些可促进叶色美观。寒流侵袭低于15度以下，需注意预防冻害，避免叶片因滞水隔夜而冻伤。

六、袖珍椰子

别名：矮生椰子、袖珍棕、矮棕。

科属：棕榈科，袖珍椰子属。

形态特征：袖珍椰子盆栽时，株高不超过1米，其茎干细长直立，不分枝，深绿色，上有不规则环纹。叶片由茎顶部生出，羽状复叶，全裂，裂片宽披针形，羽状小叶

20～40 枚，镰刀状，深绿色，有光泽。

培植价值：能同时净化空气中的苯、三氯乙烯和甲醛，是植物中的“高效空气净化器”。

生长习性：喜温暖、湿润和半阴的环境，不耐寒，喜弱光，忌强阳光直射。较耐干旱，亦耐水湿，喜排水良好、肥沃、湿润的土壤。生长适温 20～30 度，13 度时进入休眠期，冬季越冬最低气温为 3 度。

培植技术：一般生长季每月施 1～2 次液肥，秋末及冬季稍施肥或不施肥。浇水以宁干勿湿为原则，盆土经常保持湿润即可。夏秋季空气干燥时，要经常向植株喷水，冬季适当减少浇水量，以利于越冬。

七、白掌

别名：白鹤芋、苞叶芋、和平芋。

科属：天南星科，苞叶芋属。

形态特征：多年生常绿草本观叶植物。株高 40～60 厘米，具短根茎，多为丛生状。叶长圆形或近披针形，两端渐尖，基部楔形。花为佛苞，微香，呈叶状，酷似手掌，故名白掌。

培植价值：白掌能抑制人体呼出的废气如氨气和丙酮，同时它也可以过滤空气中的苯、三氯乙烯和甲醛。

生长习性：性喜温暖湿润、半阴的环境，忌强烈阳光直射。不耐寒，生长适温为 20～28 度，越冬温度为 10 度以上。

培植技术：白鹤芋盆栽要求土壤疏松、排水和通气性好，不可用黏重土壤。生长季每 1～2 周须施 1 次液肥。同时供给充足的水分，经常保持盆土湿润，高温期还应向叶面喷水，以提高空气湿度。秋末及冬季应减少浇水量，保持盆土微湿润即可。冬季要注意防寒保温，同时保持盆土湿润。

八、绿萝

别名：魔鬼藤、石柑子、竹叶禾子。

科属：天南星科，绿萝属。

形态特征：绿萝藤长数米，热带地区常攀援生长在雨林的岩石和树干上，节间有气根，随生长年龄的增加，茎增粗，叶片亦越来越大，可长成巨大的藤本植物。少数叶片也会略带黄色或白色斑驳。

培植价值：绿萝除了具有很高的观赏价值，还能有效地吸附和去除室内空气中的甲醛、苯、三氯乙烯等污染物，是天然的“空气净化器”。

生长习性：喜温暖湿润及半阴环境，要求土壤疏松、肥沃、排水良好。对光线的反应敏感，忌阳光直射。可耐较干燥环境，空气湿度40%～50%时仍生长良好。

培植技术：盆土应疏松、肥沃、富含有机质。绿萝要求在温度较高、散射光较强的环境中生长。在适度浇水、保持盆土见干的同时，经常向叶面、叶背喷水。在夏、秋季每天早、中、晚向叶面喷水，以增加湿度。每10～15天施稀薄液肥1次，植株多分枝，应适当修剪。

九、绿宝石

别名：长心叶蔓绿绒、绿宝石喜林芋。

科属：天南星科，喜林芋属。

形态特征：绿宝石喜林芋为蔓性种，茎粗壮，节上有气根。叶长心形，长25～35厘米、宽12～18厘米，无端突尖，基部深心形，绿色，全缘，有光泽。嫩梢和叶鞘均为绿色。

培植价值：常以大中型种植培养，摆设于厅堂、会议室、办公室等处，极为壮观。

生长习性：性喜温暖湿润和半阴环境。生长适温为20～28度，越冬温度为5度。

培植技术：一般春夏季每天浇水1次，秋季可3～5天浇1次。冬季则应减少浇水量，但不能使盆土完全干燥。生长季要经常注意追肥，一般每月施肥1～2次。秋末及冬季生长缓慢或停止生长，应停止施肥。它喜明亮的光线，但忌强烈日光照射。

十、绿帝王

别名：绿帝王喜林芋、帝王。

科属：天南星科，喜林芋属。

形态特征：绿帝王的茎干节间短，间距1～2厘米，节间常生不定气根，茎粗可达2～4厘米，为浅褐色，直立性差。叶片大，呈莲座状簇生，由黄绿色渐变为绿色或深绿色，有光泽。

培植价值：具有环保功能，能吸收空气中的尘埃及大量的二氧化碳，释放氧气，使室内空气清新，可增加氧离子含量。

生长习性：性喜高湿、高温，宜栽植于偏酸性土壤中。

培植技术：绿帝王栽培时选用偏酸性泥炭土或腐殖质较高的土加少量沙土或珍珠岩。浇水要浇透，并根据季节、气温灵活掌握，原则上保持盆土潮湿状态。绿帝王适宜生长温度为20～30度，空气湿度不低于70%，秋季温度应保持在14度以上。

十一、富贵竹

别名：万寿竹、距花万寿竹、开运竹、富贵塔、竹塔、塔竹。

科属：龙舌兰科，香龙血树属。

形态特征：常绿亚灌木状植物。株高1米以上，植株细长，直立上部有分枝。根状茎横走，结节状。叶互生或近对生，纸质，叶长披针形，有明显3～7条主脉，具短柄，浓绿色。伞形花序，有花3～10朵生于叶腋，花冠钟状，紫色。浆果近球形，黑色。

培植价值：主要作盆栽观赏植物，观赏价值高。

生长习性：性喜阴湿高温，耐阴、耐涝，耐肥力强，抗寒力强。

培植技术：瓶插水养富贵竹，每3～4天换1次清水。生根后不宜换水，水分蒸发后只能及时加水。加水要先用器皿贮存1天，水要保持清洁、新鲜，不能用脏水、硬水或混有油质的水，否则容易烂根。不要将富贵竹摆放在电视机旁或空调机、电风扇常吹到的地方，以免叶尖及叶缘干枯。

十二、虎尾兰

别名：虎皮兰、锦兰，金边虎尾兰、银脉虎尾兰。

科属：龙舌兰科，虎尾兰属。

形态特征：地下茎无枝，叶簇生，下部筒形，中上部扁平，剑叶刚直立，株高50～70厘米，叶宽3～5厘米，叶全缘，表面乳白、淡黄、深绿相间，呈横带斑纹。

培植价值：在卫生间放盆虎尾兰，能吸湿、杀菌。

生长习性：耐旱、耐湿、耐阴，能适应各种恶劣的环境。

培植技术：浇水要适中，不可过湿。由春至秋生长旺盛，应充分浇水。冬季休眠期要控制浇水，保持土壤干燥，浇水要避免浇入叶簇内。要切忌积水，以免造成腐烂而使叶片以下折倒。施肥不应过量。生长盛期，每月可施1~2次肥，施肥量要少。

十三、太阳神

别名：密叶朱蕉、绿密龙血树、阿波罗千年木、密叶龙血树。

科属：龙舌兰科，龙血树属。

形态特征：常绿小乔木，矮生种。茎直立，无分枝，叶片密集轮生，叶片长椭圆披针形，长10~15厘米，宽2~4厘米，浓绿色。

培植价值：太阳神株形紧凑小巧，叶色翠绿优良，为室内绿化装饰的珍品。

生长习性：喜高温高湿与高湿与半阴环境，耐旱，耐阴性强，适宜生温度为22~28度。生长缓慢。喜排水良好、富含腐殖质的土壤。

培植技术：春秋季应将其放于明亮处，空气干燥时注意给其喷水，保证适合的生长的空气湿度，不可太阳直射。夏季高温期间，若空气过于干燥，会引起叶片焦尖，应经常向叶面喷洒水。冬季浇水要少，生长期最多每周1次。冬季休眠期，10~15天浇水1次。

十四、吊兰

别名：盆草、钩兰、桂兰、吊竹兰、折鹤兰。

科属：百合科，吊兰属。

形态特征：吊兰为宿根草本植物，具簇生的圆柱形肥大须根和根状茎。绿叶的边缘两侧或中间镶有黄白色的条纹。有花，白色，花期在春夏间，室内冬季也可开花。

培植价值：吊兰具有吸收有毒气体的功能，能起到净化空气的作用。

生长习性：其性喜温暖湿润、半阴的环境。它适应性强，较耐旱，不甚耐寒。亦耐弱光。

培植技术：盆土应经常保持潮湿，在生长旺盛时期应该每天向叶面喷水 1～2 次，以增加空气湿度。夏天每天早晚应各浇水 1 次，春秋季每天浇水 1 次，冬季禁忌湿润，可每隔 4～5 天浇水 1 次，浇水量也不宜过多。生长季节每两周施 1 次液体肥。吊兰喜半阴环境，可常年在明亮的室内栽培。

十五、雅丽皇后

别名：白雪粗肋草。

科属：天南星科，万年青属。

形态特征：植株直立，叶片披针形，革质，锐尖，叶深绿色。中肋两侧具银灰色大块条状斑块，叶缘与中脉处为暗绿色。生长势强，易生分枝。

培植价值：净化甲醛，清除挥发性有机物。

生长习性：生长适温为 18～30 度，喜湿怕干，耐阴、怕强光。

培植技术：土壤宜肥沃、疏松和保力水强的酸性壤土。喜湿怕干，茎叶生长期需充足水分，除正常浇水外，每天早晚喷水，夏季保持空气湿度 60%～70%，冬季在 40% 左右。但冬季室温较低时，浇水和喷水量要减少，否则盆土过湿，根部易腐烂，叶片变黄枯萎。

十六、金钱树

别名：金币树、雪铁芋、泽米叶天南星、龙凤木。

科属：天南星科，雪芋属。

形态特征：地上部无主茎，不定芽从块茎萌发形成大型复叶，小叶肉质具短小叶柄，坚挺浓绿。地下部分为肥大的块茎。根出叶，羽状复叶自块茎顶端抽生，叶轴面壮，小叶在叶轴上呈对生或近对生。叶柄基部膨大，木质化。每枚复叶有小叶 6～10 对，具 2～3 年以上寿命，被新叶不断更新。

培植价值：金钱树是颇为流行的室内大型盆景植物。

生长习性：性喜暖热略干、半阴及年均温度变化小的环境，比较耐干旱，但畏寒冷，忌强光曝晒，怕积水。

培植技术：盆土以微湿偏干为好，冬季要注意给叶面和四周环境喷水，使相对空气湿度通达到 50% 以上。中秋以后要减少浇水，或以喷水代浇水。在冬季应特别注意盆土不能过分潮湿，以偏干为好，否则在低温条件下，盆土过湿更容易导致植株根系腐烂，甚至全株死亡。

十七、金钻

别名：金钻蔓绿绒、春羽、喜树蕉。

科属：天南星科，喜林芋属。

形态特征：手掌形，肥厚，呈羽状深裂，有光泽。叶柄长而粗壮，气生根极发达粗壮，纷然披垂。叶片搭配均匀、张度适中，叶质厚而翠绿，叶面有刚质亮度，每片叶子的寿命长达 30 个月。

生长习性：喜温暖湿润半阴环境，畏严寒，忌强光，适宜在富含腐殖质排水良好的沙质壤土中生长。

培植技术：浇水需要在表土稍干燥时进行，不可过于湿积。盆土长期湿润，根系就会腐烂。生长期宜放置在半阴处，夏季要避免烈日直射。在室内盆养，宜放置在窗户附近。浇水要经常保持土壤湿润，干燥时，还应向植株喷水、降温，5～9 月为生长旺季，每月施肥水 1～2 次，不可过多。

十八、观音竹

别名：凤尾竹、米竹、筋斗竹、蓬莱竹。

科属：禾本科，簕竹属。

形态特征：秆密丛生，矮细但空心。秆高1～3米，茎0.5～1.0厘米，具叶小枝下垂，每小枝有叶9～13枚，叶片小型，线状披针形至披针形，长3.3～6.5厘米，宽0.4～0.7厘米。植株丛生，弯曲下垂。

培植价值：常用于盆栽观赏，点缀小庭院和居室，也常用于制作盆景或作为低矮绿篱材料。

生长习性：喜温暖湿润和半阴环境，耐寒性稍差，不耐强光曝晒，怕积水。

培植技术：耐寒力稍差，冬季应移入室内保暖。夏季则不宜曝晒，需放在荫棚下养护。生长旺盛时期应勤浇水，保持盆土湿润，但忌积水。夏天平均1～2天浇水1次，冬天少浇水，但要保证盆土湿润，以防“干冻”。每年生长时期还需追施2～3次肥料。同时应截短生长过长的枝干。

十九、散尾葵

别名：黄椰子、紫葵。

科属：棕榈科，散尾葵属。

形态特征：丛生常绿灌木或小乔木。茎干光滑，黄绿色，无毛刺，嫩时披蜡粉，上有明显叶痕，呈环纹状。叶面滑细长，羽状复叶，全裂，长40～150厘米，叶柄稍弯曲，先端柔软。裂片条状披针形，左右两侧不对称，中部裂片长约50厘米，顶部裂片仅10厘米，端长渐尖，常为2短裂，背面主脉隆起。

培植价值：盆栽散尾葵是布置客厅、餐厅、会议室、家庭居室、书房、卧室或阳台的高档盆栽观叶植物，也可入药，主治吐血、咯血、便血、崩漏。

生长习性：性喜温暖湿润、半阴且通风良好的环境，不耐寒，较耐阴，畏烈日。

培植技术：浇水应根据季节遵循“干透湿透”的原则，干燥炎热的季节适当多浇，低温阴雨则控制浇水。一年四季均可浇施液肥，夏季适当追施含氮有机肥，冬季可施芝麻酱渣等有机化肥。定期旋转花盆，经常修剪下部、内部枯叶，注意修整冠形。冬季必须保证室内温度在 10 度以上。

二十、孔雀竹芋

别名：蓝花蕉、五色葛郁金。

科属：竹芋科，肖竹芋属。

形态特征：多年生常绿草本植物。高 30～60 厘米，叶长 15～20 厘米，宽 5～10 厘米，卵状椭圆形，叶薄，革质，叶柄紫红色。绿色叶面上隐约呈现金属光泽，且明亮艳丽，沿中脉两侧分布着羽状、暗绿色、长椭圆形的绒状斑块，左右交互排列。叶背紫红色。

培植价值：可清除空气中的氨气污染（其在 10 平方米内可清除甲醛 0.86 毫克，氨气 2.19 毫克）。

生长习性：性喜半阴，不耐直射阳光，适应在温暖、湿润的环境中生长。

培植技术：孔雀竹芋盆栽宜用疏松、肥沃、排水良好、富含腐殖质的微酸性壤土，生长期要给予充足的水分，尤其夏秋季除经常保持盆土湿润外，还须经常向叶面喷水，以降温保湿。忌空气干燥、盆土发干，但不能积水。秋末后应控制水分，以利抗寒越冬。

二十一、常春藤

别名：土鼓藤、钻天风、三角风、爬墙虎、散骨风、枫荷梨藤。

科属：五加科，常春藤属。

形态特征：茎生气根以攀缘他物，嫩叶以及花序被有星形鳞片，叶有柄，厚质，匍枝叶为三角形，掌状。其果实、种子和叶子均有毒。

培植价值：可以净化室内空气、吸收苯、甲醛等有害气体，也能有效抵制尼古丁中的致癌物质。

生长习性：性喜温暖、荫蔽的环境，忌阳光直射，但喜光线充足，较耐寒，抗性强，对土壤和水分的要求不严，以中性和微酸性为最好。

培植技术：常春藤栽培管理简单粗放，但需栽植在土壤湿润、空气流通之处。盆栽可绑扎各种支架，牵引整形，夏季在荫棚下养护，冬季放入温室越冬，室内要保持空气的湿度，不可过于干燥，但盆土不宜过湿。

二十二、君子兰

别名：大花君子兰、大叶石蒜、剑叶石蒜、达木兰。

科属：石蒜科，君子兰属。

形态特征：君子兰属多年生草本植物，根肉质纤维状，叶基部形成假鳞茎，叶形似剑，长可达 45 厘米，互生排列，全缘。伞形花序顶生，每个花序有小花 7 ~ 30 朵，多的可达 40 朵以上。小花有柄，在花顶端呈伞形排列，花形漏斗状，直立，黄色或橘黄色。可全年开花，以春夏季为主。

培植价值：君子兰具有很高的观赏价值，还有净化空气的作用和药用价值。

生长习性：忌强光，为半阴性植物，喜凉爽，忌高温。喜肥厚、排水性良好的土壤和湿润，忌干燥环境。

培植技术：君子兰适宜用含腐殖质丰富的土壤。一般情况下，春天每天浇1次。夏季浇水，可用细喷水壶将叶面及周围地面一起浇，晴天1天浇2次。秋季隔天浇1次。冬季每星期浇1次或更少。

二十三、春羽

别名：春芋、羽裂喜林芋、喜树蕉、小天使蔓绿绒。

科属：天南星科，林芋属。

形态特征：多年生常绿草本观叶植物。茎极短，叶从茎的顶部向四面伸展，排列紧密、整齐，呈丛生状。叶片巨大，呈粗大的羽状深裂，浓绿而有光泽。茎为直立性，呈木质化，生有很多气生根。植株高大，可达1.5米以上。叶为簇生型，着生于茎端。叶为广心脏形，全叶羽状深裂似手掌状。

培植价值：羽裂喜林芋叶态奇特，十分耐阴，适合室内厅堂摆设，特别适宜装饰音乐茶座、宾馆休息室。

生长习性：春羽喜高温多湿环境，对光线的要求不严格，不耐寒，耐阴暗，在室内光线不过于微弱之处，均可盆养，喜肥沃、疏松、排水良好的微酸性土壤，冬季温度不低于5度。

培植技术：生长季节可适当施一些氮肥，但不宜过多。平时多向叶面喷水，冬季应适当控制浇水。夏季高温炎热忌强阳光直射。夏季每天浇两次透水，经常叶面喷水，清洗叶面，保持清新湿润。

二十四、滴水观音

别名：滴水莲、佛手莲。

科属：天南星科，海芋属。

形态特征：在温暖潮湿、土壤水分充足的条件下，便会从叶尖端或叶边缘向下滴水。而且开的花像观音，因此称为滴水观音。

培植价值：滴水观音茎内的白色汁液有毒，滴下的水也有毒，但能净化空气。

生长习性：多年生常绿草本植物，性喜温暖湿润及半阴的环境，不耐寒。

培植技术：生长季节保持盆土湿润，夏季将其放在半阴通风处，并经常向周围及叶面喷水，以加大空气湿度，降低叶片温度，保持叶片清洁。入冬停止施肥，控制浇水次数。

二十五、发财树

别名：瓜栗、中美木棉。

科属：木棉科，瓜栗属。

形态特征：常绿小乔木，叶呈掌状，小叶 7～11 片，长圆或倒卵圆形。株形优美，叶色亮绿，树干呈锤形。生命力相当旺盛。室外成年植株春、夏、秋三季开花结果。

培植价值：盆栽适于在家内布置和美化使用。

生长习性：喜高温高湿环境，耐寒性差，幼苗忌霜冻，喜肥沃疏松、透气保水的沙壤土，喜酸性土，忌碱性土或黏重土壤。较耐水湿，也稍耐旱。喜光，但耐阴性强。

培植技术：浇水要遵循“见干见湿”的原则，春秋季节按天气晴雨、干湿等情况掌握浇水次数，一般每天浇 1 次。当气温超过 35 度时，每天至少浇 2 次。生长期每月施两次肥，对长出的新叶，还要注意喷水，保持较高的环境湿度，以利其生长。冬季每 5～7 天浇水 1 次，并要保证给予较充足的光照。

二十六、红掌

别名：花烛、安祖花、火鹤花、红鹅掌。

科属：天南星科，花烛属。

形态特征：红掌为多年生常绿草本花卉。其株高一般为50～80厘米。具肉质根，无茎，叶从根茎抽出，具长柄，单生、心形，鲜绿色，叶脉凹陷。花腋生，佛焰苞蜡质，正圆形至卵圆形，鲜红色、橙红肉色、白色，肉穗花序，圆柱状，直立。四季开花。

培植价值：其花朵独特，为佛焰苞，色泽鲜艳华丽，色彩丰富，是世界名贵花卉。

生长习性：性喜温暖、荫蔽、湿润，忌炎热，怕阳光直射，根属气生根，故要求通气良好。

培植技术：红掌生长的最适温度为18～28度，春、秋两季一般每3天浇水一次，如气温高视盆内基质干湿程度可2～3天浇水1次。夏季可2天浇水1次，气温高时可加浇水1次。冬季一般每5～7天浇水1次。红掌生长需较高的空气湿度，一般不应低于50%。

二十七、芦荟

别名：卢会、讷会、象胆、奴会。

科属：独尾草科，芦荟属。

形态特征：常绿、多肉质的草本植物。叶簇生，呈座状或生于茎顶，叶常披针形或叶短宽，边缘有尖齿状刺。花序为伞形、总状、穗状、圆锥形等，色呈红、黄或具赤色斑点，花瓣六片、雌蕊六枚。花被基部多连合成筒状。

培植价值：观赏、药用及食用。

生长习性：喜温暖、干燥的半阴环境。不耐寒，畏高温多湿，忌强光曝晒。

培植技术：芦荟最适宜的生长温度为15~20摄氏度，最低温度不能低于2摄氏度。盆栽芦荟以盆土干爽为主，保持盆土见干见湿，切勿浇水过量。夏季，气温高，蒸发量大，一般需2~3天浇1次水，早晚可叶面喷水，春秋季，保持以干为主，少浇一些水。冬季一般1个月浇1次水。

二十八、马尾铁

科属：百合科，丝兰属。

形态特征：株高可达4米，有时分杈，茎干直立。叶宽线形，簇生，长30~40厘米，宽5~10厘米，长椭圆形或披针形，先端尖突，基部渐尖，叶色全绿。以观叶为主，属于观叶植物。

培植价值：适合庭院美化。

生长习性：耐阴耐旱，性喜高温多湿，冬季应温暖避风。

培植技术：以肥沃之壤土或腐植质土为佳，排水需良好。放于室内阳光较好处，避免夏季强光直射。过强或过暗的光线，会使叶片失去色彩，变为绿色，太阴暗的环境会使茎下部叶片脱落。浇水应遵循宁湿勿干的原则，冬季减少浇水，最好让其休眠。

二十九、南洋杉

科属：南洋杉科，南洋杉属。

形态特征：常绿高大乔木。可作大型盆栽，可高达2米左右。幼树树冠尖塔形。大枝平展或斜生，侧生小枝密集下垂，近羽状排列。幼树和侧枝上的叶为钻形、针形或三角形，微具四棱，长7~20厘米，排列较疏松、开展。

培植价值：幼苗盆栽适用于一般客厅、走廊、书房的点缀。也可用于布置各种形式的会场、展览厅。

生长习性：喜气候温暖，空气清新湿润，光照柔和充足，不耐寒，忌干旱。

培植技术：平时浇水要适度，生长季节勤浇水，每周浇2~3次，渗深10~15厘米为宜。随着苗木的生长，浇水次数减少，经常保持盆土及周围环境湿润，严防干旱和积涝。高温干旱时节，应常向叶面及周围环境喷水或喷雾，增加空气湿度，保持土壤湿润。

三十、鸟巢蕨

别名：巢蕨、山苏花、王冠蕨。

科属：铁角蕨科，巢蕨属。

形态特征：鸟巢蕨为中型附生蕨，株形呈漏斗状或鸟巢状，株高60~120厘米。根状茎短而直立，柄粗壮而密生大团海绵状须根。叶簇生，辐射状排列于根状茎顶部，中空如巢形结构。革质叶阔披针形，长1米左右，中部宽9~15厘米，两面滑润，叶脉两面稍隆起。

培植价值：鸟巢蕨为较大型的阴生观叶植物。

生长习性：喜高温湿润，不耐强光。

培植技术：盆栽鸟巢蕨土壤以泥炭土或腐叶土最好。生长适宜温度为22~27度，在室内则要放在光线明亮的地方，不能长期处于阴暗处。夏季高温、多湿条件下，新叶生长旺盛需多喷水，充分喷洒叶面。随着叶片的增大，叶片常盖满盆中培养土，浇水务必浇透盆，浇水时要注意盆中不可积水。

三十一、琴叶喜林芋

别名：琴叶蔓绿绒、琴叶树藤、裂叶蔓绿绒。

科属：天南星科，喜林芋属。

形态特征：为多年生草本植物。茎蔓性，呈木质状，上生有多数气生根，可附着于他物生长。叶片基部扩展，中部细窄，形似小提琴，革质，暗绿色，有光泽。

培植价值：适于室内、厅堂摆设。

生长习性：喜高温、高湿的环境，不耐旱，耐阴性强，喜肥沃、排水良好的微酸性沙壤土。不耐寒，忌烈日曝晒。

培植技术：多用于盆栽攀缘种植，盆中央立一直径5～8厘米的轻质耐腐蚀木棍，高约80～120厘米，用棕皮包裹严实。生长期宜经常向盆内及棕皮上浇水，并经常向叶面及周围喷水以增加空气湿度。每隔半月左右，施1次稀薄有机液肥。冬季控制水肥，防止寒意。

三十二、千年木

别名：红竹。

科属：龙舌兰科，朱蕉属。

形态特征：常绿灌木。茎干圆直，叶片细长，新叶向上伸长，老叶垂悬。叶片中间是绿色，边缘有紫红色条纹。

培植价值：叶片与根部能吸收二甲苯、甲苯、三氯乙烯、苯和甲醛，并将其分解为无毒物质。

生长习性：喜高温多湿，也耐旱、耐阴，对阳光要求不高，水养简便。

培植技术：一般空气相对湿度保持在80%左右为佳，尤其是夏、秋两季，可常向叶面喷些软水雾点。置于室内明亮或无阳光处皆可，如长期放于室内，每星期晒1次太阳为佳。

三十三、沙漠玫瑰

别名：天宝花。

科属：夹竹桃科，天宝花属。

形态特征：沙漠玫瑰花形似小喇叭，玫瑰红色，伞形花序三五成丛，灿烂似锦，四季开花不断。单叶互生，倒卵形，顶端急尖，长 8 ~ 10 厘米，宽 2 ~ 4 厘米，革质，有光泽，腹面深绿色，背面灰绿色。

生长习性：喜高温干燥和阳光充足环境。耐酷暑，不耐寒，耐干旱，忌水湿。

培植技术：盆栽需阳光充足和排水好。生长期宜干不宜湿，夏季高温每天浇 1 次水，平时每 2 ~ 3 天浇 1 次。全年施肥 2 ~ 3 次。冬季干旱休眠期正常落叶。放在室内培养，需要充足的光照。

三十四、花叶万年青

别名：黛粉叶。

科属：天南星科，花叶万年青属。

形态特征：常绿灌木状草本植物，茎干粗壮多肉质，株高可达 1.5 米。叶片大而光亮，着生于茎干上部，椭圆状卵圆形或宽披针形，先端渐尖，全缘，长 20 ~ 50 厘米、宽 5 ~ 15 厘米。宽大的叶片两面深绿色，其上镶嵌着密集、不规则的白色、乳白、淡黄色等色彩不一的斑点、斑纹或斑块。

培植价值：幼株小盆栽，可置于案头、窗台观赏。中型盆栽可放在客厅墙角、沙发边作为装饰。

生长习性：喜温暖、湿润和半阴环境。不耐寒、怕干旱，忌强光曝晒。

培植技术：花叶万年青喜湿怕干，盆土要保持湿润，在生长期应充分浇水，并向周围喷水，向植株喷雾。土壤湿度以干湿有序最宜，夏季应多浇水，冬季需控制浇水，否则盆土过湿，根部易腐烂。

三十五、黄金葛

科属：天南星科，藤芋属。

形态特征：多年生蔓性攀缘植物，有气生根，能攀附树干、墙壁等处生长。茎节间具有沟槽。叶革质，长圆形，基部心形，端部短尖，常呈羽状分裂。幼叶小，成熟叶片长20～60厘米，宽20～50厘米，越往上生长的茎叶越大，向下垂悬的茎叶则变小。叶正面有光泽，具浅黄色斑点及条纹，不开花。

培植价值：可以净化空气，去除甲醛、苯、一氧化碳、尼古丁。

生长习性：喜温暖湿润的气候，喜半阴光照及肥沃疏松的土壤。对光照反应敏感，怕强光直射，但如果光照较弱，斑斓条纹就会暗淡，以至逐渐消失。

培植技术：盆土应经常保持湿润，最好从柱顶缓慢滴灌。夏季忌干旱，水分宜充足，并常向叶面喷水。冬季防积涝，盆土不宜久湿。平时不断转换摆放方向，使绿叶均匀受光，保持株姿匀称丰满。

三十六、灰莉

别名：非洲茉莉、华灰莉。

科属：蔷薇科，灰莉属。

形态特征：常绿乔木或灌木，有时可呈攀缘状。叶对生，稍肉质，椭圆形或倒卵状椭圆形，长5～10厘米，侧脉不明显。花单生或为二岐聚伞花序。花冠白色，有芳香。浆果近球形，淡绿色。

培植价值：花期很长，冬、夏都开，以春、夏开得最为灿烂。清晨或黄昏，若有若无的淡淡幽香，沁人心脾。

生长习性：性喜阳光，耐阴、耐寒力强，在南亚热带地区终年青翠碧绿。对土壤要求不高，适应性强。

培植技术：春、秋两季浇水以保持盆土湿润为度。梅雨季节要谨防积水。夏季，在上下午各喷淋 1 次水，增湿降温。冬季以保持盆土微潮为宜，并在中午前后气温相对较高时，向叶面适量喷水。要求有较充足的散射光，或放在靠近窗边的位置，不宜过分阴暗，否则导致叶片失绿泛黄或脱落。

三十七、金边富贵竹

别名：镶边竹蕉。

科属：龙舌兰科，香龙血树属。

形态特征：多年生常绿草本，株高可达 1.5～2.5 米高以上，茎叶肥厚，其品种有绿叶、绿叶白边（称银边）、绿叶黄边（称金边）、绿叶银心（称银心）。

培植价值：适合家庭绿化装饰，布置于窗台、阳台和案头，也可于厅堂内成行点缀。

生长习性：喜高温多湿和阳光充足环境，不耐寒，耐修剪，夏季忌强光直射，土壤以疏松的沙壤土为好。

培植技术：生长期保持盆土湿润，喷水增加空气湿度，每半月施肥 1 次，每年 4～5 月换盆，并进行整株修剪，以便萌发新的枝条。夏季生长旺盛，要适当遮阴，并勤浇水，勿使盆土干燥。

三十八、金心也门铁

别名：金心巴西铁、巴西千年木。

科属：百合科，龙血树属。

形态特征：盆栽高50～150厘米，有分枝。叶簇生于茎顶，长40～90厘米，宽6～10厘米，弯曲呈弓形，鲜绿色有光泽。花小不显著，芳香。

培植价值：能够有效吸附室内的甲醛、苯等有害气体。

生长习性：性喜高温高湿通风良好环境，适宜生长温度为20～30度，较喜光也耐阴，怕烈日，忌干燥干旱，喜疏松排水良好的沙质土。

培植技术：栽培的盆土要有较好的排水通气性，平时浇水，要待盆土七成干时再浇，生长季还要经常喷水以提高周围的环境湿度，如单株置于室内观赏，除喷水外，还可将花盆放在沙盘上，以创造一个湿润的小气候。雨季要防止盆中积水。

三十九、冷水花

别名：透明草、花叶荨麻、白雪草、铝叶草。

科属：荨麻科，冷水花属。

形态特征：多年生草本植物，株高30～50厘米，地上茎肉质，节间膨大，单叶对生，椭圆状卵形，先端渐尖，叶缘上半部具疏齿，下半部全缘，在叶表的主脉两侧具白斑。

培植价值：陈设于书房、卧室，清雅怡人。另有药用价值。

生长习性：较耐寒，喜温暖湿润的气候，怕阳光曝晒，对土壤要求不高，能耐弱碱，较耐水湿，不耐旱。

培植技术：肥水管理掌握湿润管理原则，盆土保持干而不裂，润而不湿为好。夏天，经常向叶面喷雾水可保持叶面清洁且具光泽。冬季叶面少喷水。较耐阴，忌烈日，喜散射光。

四十、龙骨

别名：三角霸王鞭、彩云阁、龙骨柱。

科属：大戟科，大戟属。

形态特征：龙骨花生长健壮，高可达2～3米，植株呈灌木状，分枝多而密，嫩肉质，叶长2～4厘米。基部有短的主干，于主干周围轮生，3～4棱，棱缘锯齿形，有坚硬的短刺，向上垂直生长。

生长习性：耐干旱，耐晒，不耐寒，对土壤要求不高，一般的培养土就能良好地生长。

培植技术：浇水要适量，若盆土长期过湿会引起烂根。冬季休眠期1～2个月浇1次水也不会干死。需放在阳光充足处让其多见阳光，并隔一定的时间转盆。

四十一、丝兰

别名：软叶丝兰、毛边丝兰。

科属：龙舌兰科，丝兰属。

形态特征：常绿灌木，茎短，叶基部簇生，呈螺旋状排列，叶片坚厚，长50～80厘米，宽4～7厘米，顶端具硬尖刺，叶面有皱纹，浓绿色而被少量白粉，竖直斜伸，叶缘光滑，老叶具少数丝状物。

培植价值：丝兰对有害气体如二氧化硫、氟化氢、氯气、氨气等均有很强的抗性和吸收能力。丝兰还有较强地吸收氟化氢的能力，此外，丝兰对氨气、乙烯等都有一定的抗性。

生长习性：热带植物，性强健，容易成活，性喜阳光充足及通风良好的环境，又极耐寒冷，丝兰根系发达，生命力强。它的叶片有一层较厚的角质层和蜡被，能减少蒸发，所以抗旱能力特强。

培植技术：栽培土质以疏松肥沃的沙质壤土最佳，排水需良好。全日照或半日照均可春末至夏季生长期，每1～2个月施肥1次。成年植株随时剪除下部老化的叶片，能促进长高，萌发新叶。培养介质不可长期潮湿。

四十二、仙人掌

别名：仙巴掌、霸王树、火焰、火掌、玉芙蓉。

科属：仙人掌科，仙人掌属。

形态特征：多年生常绿草本植物，呈灌木状，高2～3米，茎圆柱状，茎节长椭圆形，扁平、肉质，顶端多分枝。刺座疏散，针刺短，黄褐色。花2～3朵着生茎节顶端的刺座上，花被短漏斗形，黄色。花期6～7月，浆果暗红色。

培植价值：观赏植物、食用、药用。

生长习性：喜光照充足和温暖、通风的环境，稍耐寒、耐旱、忌涝。对土壤要求不高，适应性强。

培植技术：盆土宜用等份的粗沙、园土、腐叶土配成。成活后给予直射光照，盆土干了再浇水，每两个月追肥1次。夏季能承受烈日直射，越冬温度零度以上。

四十三、仙人球

别名：草球、长盛球。

科属：仙人掌科，仙人球属。

形态特征：多年生肉质多浆草本植物。茎呈球形或椭圆形，高可达25厘米，绿色，球体有纵棱若干条，棱上密生针刺，黄绿色，长短不一，作辐射状。花着生于纵棱刺丛中，银白色或粉红色，长喇叭形，长可达20厘米，喇叭外鳞片，鳞腹有长毛。

培植价值：抗辐射、净化空气、食用、药用。

生长习性：喜干、耐旱，喜高温、不耐湿、不耐寒。

培植技术：要求阳光充足，但在夏季不能强光曝晒。浇水的时间夏天以清晨为好，冬天应在晴朗天气的午前进行，春秋则早晚均可。一般情况下不要从顶部淋水。夏季是仙人球生长期，气温高，需水量大，必须充分浇水。冬季休眠期间应节制浇水，以保持盆土不过分干燥为宜。

四十四、棕竹

别名：观音竹、筋斗竹、棕榈竹、矮棕竹。

科属：棕榈科，棕竹属。

形态特征：丛生灌木，茎干直立，高 1～3 米。茎纤细如手指，不分枝，有叶节。叶集生茎顶，掌状，深裂几达基部，有裂片 3～12 枚，长 20～25 厘米、宽 1～2 厘米。叶柄细长，约 8～20 厘米。肉穗花序腋生，花小，淡黄色，极多，单性，雌雄异株。

培植价值：观赏、可入药。

生长习性：喜温暖湿润及通风良好的半阴环境，不耐积水，极耐阴。畏烈日，稍耐寒。

培植技术：盆栽可用腐叶土、园土、河沙等量混合配制作为基质。盆土以湿润为宜，宁湿勿干，但不能积水。秋冬季节适当减少浇水量。生长季要遮阴，尤其夏季忌烈日曝晒。要求通风良好的环境。

四十五、文竹

别名：云片松、刺天冬、云竹。

科属：百合科，天门冬属。

形态特征：文竹根部稍肉质，茎柔软丛生，伸长的茎呈攀缘状。真正的叶退化成鳞片状，淡褐色，着生于叶状枝的基部。叶状枝纤细而丛生，呈三角形水平展开羽毛状。叶状枝每片有6~13小枝，小枝长3~6毫米，绿色。主茎上的鳞片多呈刺状，如同松针一般，精巧美丽。

培植价值：有名的室内观叶花卉、可入药。

生长习性：性喜温暖湿润和半阴环境，不耐严寒，不耐干旱，忌阳光直射。

培植技术：冬、春、秋三季，浇水要适当控制，一般是盆土表面见干再浇，也可以采取大、小水交替进行，即经3~5次小水后，浇1次透水，使盆土上下保持湿润而含水不多。夏季早晚都应浇水。盆土宜见干才浇水。在生长期间要充分灌水，但不可浇水过多，否则容易烂根，应掌握以水分很快渗入土中而土面不积水为度。秋末后应减少浇水。

四十六、水横枝

别名：木丹、鲜支、卮子、越桃、支子花、山栀花、黄荑子、栀子花、黄栀子、山黄栀、玉荷花、白蟾花、禅客花。

科属：茜草科，栀子属。

形态特征：常绿灌木或小乔木，高100~200厘米，植株大多比较矮。干灰色，小枝绿色，叶对生或主枝轮生，倒卵状长椭圆形，长5~14厘米，疑而有光泽，全线，花单生枝顶或叶腋，白色，浓香。花冠高脚碟状，6裂，肉质。

培植价值：水横枝对二氧化硫有抗性，并可吸硫净化大气。可入药、可食用。

生长习性：性喜温暖，湿润，好阳光，喜空气温度高而又通风良好，不耐寒，耐半阴，怕积水。

培植技术：苗期要注意浇水，保持盆土湿润，勤施腐熟薄肥。盆栽水横枝，8月开花后只浇清水，控制浇水量。10 月寒露前移入室内，置向阳处。冬季严控浇水，但可用清水常喷叶面。每年 5 ~7 月在生长旺盛期将停止时，对植株进行修剪去掉顶梢，促进分枝萌生。

四十七、朱蕉

别名：红铁（红色）、青铁（青色）。

科属：龙舌兰科，朱蕉属。

形态特征：灌木状，直立，高 1 ~3 米。茎粗 1 ~3 厘米，有时稍分枝。叶聚生于茎或枝的上端，矩圆形至矩圆状披针形，长 25 ~50 厘米，宽 5 ~10 厘米，绿色或带紫红色，叶柄有槽，长 10 ~30 厘米。

培植价值：观赏价值、可入药。

生长习性：朱蕉喜光及半阴环境，适宜暖湿润气候，不耐寒，忌盐碱土地，种植以肥沃、湿润排水良好的沙壤土为宜。

培植技术：生长期盆土必须保持湿润。缺水易引起落叶，但水分太多或盆内积水，同样引起落叶或叶尖黄化现象。茎叶生长期经常喷水，以空气湿度 50% ~60% 较为适宜。

四十八、白蝴蝶

别名：绿精灵、白斑叶、合果芋、箭叶芋。

科属：天南星科，合果芋属。

形态特征：草本观叶植物，叶有长柄、新叶呈箭头形，老叶则是三裂或五裂的掌状复叶，绿色白斑，茎较短，叶常呈丛生，有时茎生长成藤状。节部常有气生根。

培植价值：室内观叶植物。

生长习性：生性强健，喜湿润，耐阴性较强。喜高温、多湿、半阴环境，畏烈日，怕干旱，忌低温，不耐寒，畏烈日，怕干旱。

培植技术：生长季节每 1 ~2 周施肥 1 次。喜温暖、潮湿和半阴的环境。越冬温度应在 13 度以上。适合室内中亮度至室外半日照的环境。喜欢温暖潮湿。此植物对水分要求较高，全年水培都要掌握瓶内水位宁高勿低的原则，并且要经常喷水，保持周围环境湿润。

第二章　为花草选择合适的生长场所

花香调意趣，室雅味益品。有专家指出："很多时候，花的香气、花的美丽让人以为凡是花都能起到赏心悦目、健康身心的作用。其实不然，养花摆花也要讲究因地制宜。"所以，家中的卧室、书房、客厅应该选择不同的花来摆放，这都是有道理可循的。

因为花香有其药用的作用所在，而且自然界的植物也与物质一样，拥有物理特性和化学特性。一些花香，能治病能保健；也有些花香，则能致病伤身。更重要的是，如果空气中的花香味过于浓郁，氧含量相对减少，反而会刺激人们过度换气，使血液中氧含量降低，进而出现头痛、头晕、恶心等症状。还有一部分是过敏体质的人，当受到某些花粉刺激时，会出现过敏性哮喘症状，犯过敏性鼻炎等。例如兰花的花香，就能帮助解热缓咳，也会起催生作用，但兰花香闻得过多，则会使人过于兴奋而产生眩晕感。百合花的花香，容易使人情绪兴奋，但时间过长，也会感到头晕，还可能让人失眠。

花草淡香，室雅人和，这才是相得益彰的效果；才能把花香与空间的和谐，自然与人的和谐情调，调试到最佳状态，提升到极致效果。所以在买花选花时，也应该注意花香与健康要和谐的问题。在赏心悦目的同时，不忘保护我们自己和家人的身心健康。

第一节 根据居室功能选择花草

在室内摆放一些适宜的花草，对我们生活的空间有很大的好处，而我们应该依据居室的功能来挑选植物花卉，应该怎么来挑选呢？

1. 客厅

客厅是居室里接人待客的空间，有宽敞、明亮的特点，因此选择摆放的植物首先颜色要能起到装饰空间的效果，给人们带来心明眼亮的舒适感。落地的植物最好是一些株型比较高大的，而摆放在窗台案上的则最好能是颜色鲜艳的，如发财树、巴西木、文竹和中国兰等。

相对卧室而言，客厅装修的程度会比较大，就有可能残留一些家居装修带来的苯、甲醛等有害气体。因此，最好选择一些对这些有害气体吸附能力比较强的花草摆放在刚装修好的客厅，如常春藤、芦荟等。有时家里来了抽烟的客人，可以摆放一两株对尼古丁吸附效果比较好的植物，如君子兰等。此外，水果是最好的除味剂，如金橘、柠檬等。将下面这些植物放在客厅，不仅有自然的香味，还有益于健康。

在为客厅摆设花卉的时候应依从以下几条原则：

（1）通常客厅的面积比较大，选择植物时应当以大型盆栽花卉为主，然后再适当搭配中小型盆栽花卉，才可以起到装点房间、净化空气的双重效果。

（2）客厅是家庭环境的重要场所，应当随着季节的变迁相应地更换摆设的植物，为居室营造一个清新、温馨、舒心的环境。

（3）客厅是人们经常聚集的地方，会有很多的悬浮颗粒物及微生物，因此应当选择那些可以吸滞粉尘及分泌杀菌素的盆栽花草，比如兰花、铃兰、常春藤、紫罗兰及花叶芋等。

（4）客厅是家电设备摆放最集中的场所，所以在电器旁边摆设一些有抗辐射功能的植物较为适宜，比如仙人掌、景天、宝石花等多肉植物。特别是金琥，在全部仙人掌科植物里，它具有最强的抗电磁辐射的能力。

（5）如果客厅有阳台，可在阳台多放置一些喜阳的植物，通过植物的光合作用来减少二氧化碳、增加室内氧气的含量，从而使室内的空气更加新鲜。

推荐在客厅中摆放下列花草：

蜀葵：对二氧化硫、三氧化硫、氯化氢及硫化氢有较强的抗耐性。叶片宽大，能吸收有害气体。

君子兰：净化空气能力很强。其厚叶片对硫化氢、氧化碳、二氧化碳有很强的吸附能力。还能吸收烟雾，使空气变清新。

铁树：据测试，能极有效地去除香烟、人造纤维中大部分的苯，能吸收空气中的氧化硫、过氧化氮、乙烯以及汞、氟、铅等有害物质。

鹅掌柴：吸收尼古丁和其他有害物质，并转化成无害物质。吸收甲醛能力强。

千年木：吸收有害气体能力极强，其中叶片和根部能吸收二甲苯、甲苯、三氯乙烯、苯和甲醛等，并将其转化为无毒物质。

常春藤：对苯、甲醛有较强的吸附能力，可以吸尘除菌，吸附微粒灰尘，抵制尼古丁。

吊兰：能吸收甲醛、一氧化碳、苯、尼古丁等。

2. 餐厅

餐厅是一家人每日聚在一起吃饭的重要地方，所以应当选用一些能够令人心情愉悦、有利于增强食欲、不危害身体健康的绿化植物来装点。餐厅植物一般应当依从下列几条原则来选择和摆放：

（1）对花卉的颜色变化和对比应适当给予关注，以增强食欲、增加欢乐的气氛，春兰、秋菊、秋海棠及一品红等都是比较适宜的花卉。

（2）由于餐厅受面积、光照、通风条件等各方面条件的限制，因此摆放植物时，首先，要考虑哪些植物能够在餐厅环境里找到适合它的空间。其次，人们还要考虑自己能为植物付出的劳动强度有多大，如果家中其他地方已经放置了很多植物，那么餐厅摆放一盆植物即可。

（3）现在，很多房间的布局是客厅和餐厅连在一起，因此可以摆放一些植物将其分隔开，比如悬挂绿萝、吊兰及常春藤。

（4）根据季节变化，餐厅的中央部分可以相应摆设春兰、夏洋（洋紫苏）、秋菊、冬红（一品红）等植物。

（5）餐厅植物最好以耐阴植物为主。因为餐厅一般是封闭的，通风性也不好，适宜摆放文竹、万年青、虎尾兰等植物。

（6）色泽比较明亮的绿色盆栽植物，以摆设在餐厅周围为宜。

（7）餐桌是餐厅摆放植物的重点地方，餐桌上的花草固然应以视觉美感为考虑，但更要注意一些问题，如尽量不摆放易落叶的花草，如羊齿类，尽量不摆放花粉多的植物，如百合。

（8）餐厅跟厨房一样，需要保持清洁，因此在这里摆放的植物最好也用无菌的培养土来种植，有毒的花草或能散发出有毒气体的花草则不要摆放，如郁金香、含羞草，以免伤害身体。

推荐：春兰、一品红。

《植物名实图考》里记载："春兰叶如瓯兰，直劲不欹，一枝数花，有淡红、淡绿者，皆有红缕，瓣薄而肥，异于他处，亦具香味。"春兰形姿优美、芳香淡雅，令人赏之闻之都神清气爽。而颜色鲜艳的一品红则会令人心情愉快，食欲增加。这两者是餐厅摆放花卉的首选，可共同摆放。

3. 厨房

植物出现在厨房的比率应仅次于客厅，这是因为人们每天都会做饭、吃饭，会有一大部分时间花在厨房里。同时，厨房里的环境湿度也非常适合大部分植物的生长。在厨房摆放花草时应当讲求功用，以便于进行炊事，比如可以在壁面上悬挂花盆等。厨房一般是在窗户比较少的房间，摆设几盆植物能除去寒冷感。通常来讲，在厨房摆放的植物应当依从下列几条原则：

（1）厨房摆放花草的总体原则就是"无花不行，花太多也不行"。因为厨房一般面积较小，同时又设有炊具、橱柜、餐桌等，因此摆设布置宜简不宜繁，宜小不宜大。

（2）主要摆设小型的盆栽植物，最简单的方法就是栽种一盆葱、蒜等食用植物作装点，也可以选择悬挂盆栽，比如吊兰。同时，吊兰还是很好的净化空气的植物，它可以在24小时内将厨房里的一氧化碳、二氧化碳、二氧化硫、氮氧化物等有害气体吸收干净，此外，它还具有滋阴清热、消肿解毒的作用。

（3）在窗台上可以摆放蝴蝶花、龙舌兰之类的小型花草，也可将短时间内不食用的菜蔬放进造型新颖独特的花篮里作悬垂装饰。另外，在临近窗台的台面上也可以摆放一瓶花，以减少油烟味。如果厨房的窗户较大，还可以在窗前养植吊盆花卉。

（4）厨房里面的温度、湿度会有比较大的变化，宜选用一些有较强适应性的小型盆栽花卉，如三色堇。

（5）花色以白色、冷色、淡色为宜，以给人清凉、洁净、宽敞之感。

（6）虽然天然气、油烟和电磁波还不至于伤到植物，但生性娇弱的植物最好还是不要摆放在厨房里。

（7）值得注意的是，为了保证厨房的清洁，在这里摆放的植物最好用无菌的培养土来种植，一些有毒的花草或能散发出有毒气体的花草则不要摆放，以免危害身体健康。

推荐：绿萝、白鹤芋。

在房间内朝阳的地方，绿萝一年四季都能摆放，而在光线比较昏暗的房间内，每半个月就应当将其搬到光线较强的地方恢复一段时日。家庭使用的清洁剂、洗涤剂及油烟的气味对人们的身体健康危害很大，绿萝能将其中70%的有害气体有效地消除，在厨房里摆放或吊挂一盆绿萝，就能很好地将空气里的有害化学物质吸收掉。白鹤芋能强效抑制人体排出的废气，比如氨气、丙酮，还能对空气里的苯、三氯乙烯及甲醛进行过滤，令厨房内的空气保持新鲜、洁净。

4. 卧室

人们每天处在卧室里的时间最久，它是家人夜间休息和放松的地方，是惬意的港湾，应当给人以恬淡、宁静、舒服的感觉。与此同时，卧室也应当是我们最注重空气质量的场所。所以在卧室里摆设的植物，不仅要考虑到植物的装点功能，还要兼顾到其对人体健康的影响。通常应依从下列几条原则：

（1）卧室的空间通常略小，摆设的植物不应太多。同时，绿色植物夜间会进行呼吸作用并释放二氧化碳，所以如果卧室里摆放的绿色植物太多，而人们在夜间又关上门窗睡觉，则会导致卧室空气流通不畅、二氧化碳浓度过高，从而影响人的睡眠。因此，在卧室中应当主要摆放中小型盆栽植物。在茶几、案头可以摆放小型的盆栽植物，比如茉莉、含笑等色香都较淡的花卉；在光线较好的窗台可以摆放海棠、天竺葵等植物；在较低的橱柜上可以摆设蝴蝶花、鸭趾草等；在较高的橱柜上则可以摆放义竹等小型的观叶植物。

（2）为了营造宁静、舒服、温馨的卧室环境，可以选用某些观叶植物，比如多肉多浆类植物、水苔类植物或色泽较淡的小型盆景。当然，这些植物的花盆最好也要具有一定的观赏性，一般以陶瓷盆为好。

（3）依照卧室主人的年龄及爱好的不同来摆设适宜的花卉。卧室里如果住的是年轻人，可以摆设一些色彩对比较强的鲜切花或盆栽花；卧室里如果住的是老年人，那么就不应该在窗台上摆设大型盆花，否则会影响室内采光。而花色过艳、香气过浓的花卉易令人兴奋，难以入眠，也不适宜摆设在卧室里。

（4）卧室里摆设的花型通常应比较小，植株的培养基最好以水苔来替代土壤，以保持居室洁净；摆放植物的器皿造型不要过于怪异，以免破坏卧室内宁静、祥和的氛围。此外，也不适宜悬垂花篮或花盆，以免往下滴水。

推荐：芦荟、虎尾兰。芦荟和虎尾兰与大多数植物不同，它们在夜间也能吸收二氧化碳，并释放出氧气，特别适宜摆设在卧室里。然而卧室里最好不要摆设太多植物，否则会占去室内较大面积的空间。因而可以在芦荟与虎尾兰中任意选用一个；如果两者皆要摆放，则无需再放置其他植物。当然，如果卧室非常宽敞，则可多放几盆植物。

5. 书房

书房是人们看书、写字、制图、绘画的场所，因此在绿化安排上应当努力追求“静”的效果，以益于学习、钻研、制作及创造。可以选择如梅、兰、竹、菊等古人较为推崇的名花贵草，也可以栽植或摆放一些清新淡雅的植物，有益于调节神经系统，减轻工作和学习带来的压力。在书房养花草，通常应当依从下列几条原则：

（1）从整体来说，书房的绿化宗旨是宜少宜小，不宜过多过大。所以，书房中摆放的花草不宜超过3盆。

（2）在面积较大的书房内可以安放博古架，书册、小摆件及盆栽君子兰、山水盆景等摆放在其上，能使房间内充满温馨的读书氛围。在面积较小的书房内可以摆放大小适宜的盆栽花卉或小山石盆景，注意花的颜色、树的形状应该充满朝气，米兰、茉莉、水仙等雅致的花卉皆是较好的选择。

（3）适宜摆设观叶植物或色淡的盆栽花卉。例如，在书桌上面可以摆一盆文竹或万年青，也可摆设五针松、凤尾竹等，在书架上方靠近墙的地方可摆设悬垂花卉，如吊兰等。

（4）可以摆设一些插花，注意插花的颜色不要太艳，最好采用简洁明快的东方式插花，也可以摆设一两盆盆景。

（5）书房的窗台和书架是最为重要的地方，一定要摆放一两盆植物。可以在窗台上摆放稍大一点儿的虎尾兰、君子兰等花卉，显得质朴典雅；还可以在窗台上点缀几小盆外形奇特、比较耐旱的仙人掌类植物，以调节和活跃书房的气氛；在书架上，可放置两盆精致玲珑的松树盆景或枝条柔软下垂的观叶植物，如常春藤、吊兰、吊竹梅，这样可以使环境看起来更有动感和活力。

（6）从植物的功用上看，书房里所栽种或摆放的花草应具有“旺气”、“吸纳”、“观赏”三大功效。“旺气”类的植物常年都是绿色的，叶茂茎粗，生命力强，看上去总能给人以生机勃勃的感觉，它们可以起到调节气氛、增强气场的作用，如大叶万年青、棕竹等；“吸纳”类的植物与“旺气”类的植物有相似之处，它们也是绿色的，但最大功用是可以吸收空气中对人体有害的物质，如山茶花、紫薇花、石榴、小叶黄杨等；“观赏”类的植物则不仅能使室内富有生机，还可起到赏心悦目的作用，如蝴蝶兰、姜茶花等。

推荐：文竹、吊兰。

这一组合会令书房显得清新、雅静，充满文化气息，不仅益于房间主人聚精会神、减轻疲乏，还能彰显出主人恬静、淡泊、雅致的气质；同时吊兰又是极好的空气净化剂，可以使书房里的空气清新怡然。

6. 卫生间

卫生间同样是我们不应该忽略的场所。在我国，大部分卫生间的面积都不大，光照情况不好，所以，应当选用那些对光照要求不甚严格的植物，如冷水花、猪笼草、小羊齿类等花草，或有较强抵抗力同时又耐阴的蕨类植物，或占用空间较小的细长形绿色植物。在摆放植物的时候应当注意下列几个方面：

（1）摆放的植物不要太多，而且最好主要摆放小型的盆栽植物。同时要注意的是，植物摆放的位置要避免被肥皂泡沫飞溅，导致植株腐烂。因此，卫生间采用吊盆式较为理想，悬吊的高度以淋浴时不会被水冲到或溅到为好。

（2）不可摆放香气过浓或有异味的花草，以生机盎然、淡雅清新的观叶植物为宜。

（3）卫生间内有窗台的，在其上面摆放一盆藤蔓植物也十分美观。

（4）卫生间湿气较重，又比较阴暗，因此要选择一些喜阴的植物，如虎尾兰。虎尾兰的叶子可以吸收空气中的水蒸气为自身保湿所用，是厕所和浴室植物的最佳选择之一。另外，蕨类和椒草类植物也都很喜欢潮湿，同样可以摆放在这里，如肾蕨、铁线蕨等。

（5）卫生间是细菌较多的地方，所以放置在卫生间的植物最好具有一定的杀菌功能。常春藤可以净化空气杀灭细菌，同时又是耐阴植物，放置在卫生间非常合适。

（6）卫生间里的异味是最令人烦恼的，而一些绿色植物又恰恰是最好的除味剂，如薄荷。将它放在马桶水箱上，既环保美观，又香气怡人。

卫生间是氯气最容易产生的地方，因为自来水里都含有氯。人们如果长期吸入氯气则容易出现咳嗽、咳痰、气短、胸闷或胸痛等症状，易患上支气管炎，严重时可发生窒息或猝死。因此放置一盆能消除氯气的植物是非常有必要的，如米兰、木槿、石榴。

推荐：绿萝、白鹤芋。

绿萝被誉为“异味吸收器”，可以消除70%的有害气体，然而在光线比较昏暗的卫生间里，应当每半个月把它搬到光线较明亮的环境中恢复一段时日。卫生间里面的温度和湿度经常比较大，还比较适合白鹤芋的生长。白鹤芋可以抑制人体呼出的废气，比如氨气、丙酮，与此同时，它还可以对空气里的甲醛、苯及三氯乙烯进行过滤，使卫生间内的空气保持自然、清新。

7. 阳台

喜光耐旱多肉植物适合摆放在阳台。阳台多位于楼房的向阳面，具有阳光充足、通风好的优点，为居民养花创造了良好的条件。阳台一般是水泥结构，蒸发量大，十分干燥。选用喜光耐旱的多肉植物，如仙人掌类、月季、茉莉花、石榴、葡萄、夜来香、六月雪、茑萝、美女樱等。喜阴的有龟背竹、紫露草、文竹、铁线蕨、万年青等。悬吊栽培的花卉有吊兰、虎头兰、莎草兰、矮牵牛、宝石花、紫鸭趾草等。在阳台的窗户上还可以摆上两盆花卉（如月季花、秋水仙等），既增加了整体美观，又充满绿色气氛。

城镇居民大部分居住楼房，养花阳台自然是最佳位置，因此，阳台养花和选择品种是一个关键。阳台气候条件与地面、花房、庭院区别很大，楼房阳台多向阳，东西南阳台较热，有温度高、湿度小、干热风大的特点；北面东面，光照少、凉爽，故阳台花卉选择应留意，配置正确与养殖生长很重要。

东北阳台宜选品种（见光少、凉爽）：如栀子、倒挂金钟、散尾葵、棕榈、龟背竹、海芋、花叶芋、白鹤芋、马蹄莲、南天竺和昙花等。

西南阳台宜选品种（见光足、干热）：如山影、仙人掌、芦荟、燕子掌、长春花、茉莉、龟背竹、麒麟掌、山影球、牡丹球、绿萝、常春藤、吊兰、龙舌兰、君子兰、巴西木、三角梅、火棘、榕树、橡皮球、一串球等。

高温时宜通风、水湿拖地，增加湿度，或用水盆放置地面达到蒸发增湿降温的作用。不要在高温季节紧闭门窗，以防热蒸，不利于花卉生长。另外，在阳台摆放花卉，厚叶、块茎、肉质品种宜放在阳台最前面。肉质叶类如燕子掌、昙花类、令箭荷花、豆瓣绿、长寿花类次之，吊兰、一串珠、君子兰类再次之。一般平面摆放，还可垂直立体摆放：如吊兰、一串珠、常春藤、绿萝等，可垂吊，亦可攀岩。垂挂，形似门帘，既增加美化效果，又可降低空气干燥和卧室强光等。

室内绿化的盆花插花，要适当注意花卉色彩的变化与对比，以有助于增加食欲、活跃气氛。不同功能的房间室内绿化，创造不同的空间色彩，才能使人更加轻松愉快。但若衰败、破旧甚至死亡的花木得不到及时的更换，那不仅起不到绿化美化室内环境的作用，而且还破坏了原有的意境，缺乏应有的情趣。所以室内摆放的花卉应随季节的变动及时更换，盆景应随时得到专业的呵护，这样才能时刻体现主人的性格人品，时刻起到绿化美化的作用。

第二节　根据居室环境选择花草

搞好家庭绿化，首先应考虑下述几个条件：

（1）种植的花卉，应适应本地的水土和气候；

（2）培育易活、常青、易于开花的品种；

（3）选择能调节夜间室内空气的品种；

（4）选择占地面积小，但又能收到较好美化效果的品种。

在考虑上述的情况后，还要依据居室的位置、方向与光照等情况，选择花卉的品种：

（1）东西向居室由于光照的时间短，可选择较耐阴的花卉，如山茶、杜鹃、扶桑、含笑、文竹、吊兰、君子兰、万年青、天门冬等耐半阴的植物。

（2）向南的居室具有日照时间长、光照强烈的特点，适宜月季、石榴、茉莉、米兰、一串红、凤仙花、鸡冠花、叶子花、金鱼草、五色椒、康乃馨、石腊红、仙人球（掌）等喜光类花卉的生长。

（3）住房在烈日西晒的威胁下，会使养花受到限制，但只要作巧妙的种植安排，就不仅可绿化环境，还有助于降低西向居室的温度。具体做法是：先在阳台四个转角处，竖立四根支柱，或者在阳台前侧的两个转角处安装两个支柱。上下固定，而在柱与柱之间，用铅丝或尼龙绳编织成网，并在网下种上 2 ~4 盆攀援植物如葡萄、凌霄、茑萝、牵牛花、金银花等，不久它们便借助支柱与绳网而迅速向上攀援，等到夏日炎炎的时候，则一幅既能以绿荫遮挡西晒又能观赏花果的“帷幕”便形成了。

在这绿色屏障保护下的西晒阳台上，实际上大多数草木以及喜阳的木本花卉，几乎都能安然无恙地茁壮成长，如午时花、凤仙花、美人蕉、大丽花、石腊红、晚香玉、茉莉、代代、扶桑、石榴、迎春、翠柏、龙柏以及鹊梅、枸杞、银杏、三角枫等树桩盆景。

（4）北向居室光照多，但温度较低，应选择茶花、杜鹃、含笑、扶桑、南天竹、龟背竹、吉祥鸟、万年青、马蹄莲、玉簪花、天门冬、四季海棠等。

（5）没有阳台、晒台或天井的住房，只要室内有空，都可盆栽一些观叶为主的花卉，如在橱窗放置一盆悬崖式的常春藤、地柏、爬山虎等或在写字台、茶几上放上一盆文竹或水竹、万年青等，它们四季常青，能使室内显现出宁静幽雅、生机蓬勃的景象，或者培育一盆适宜于室内莳养的君子兰，所有这些花卉，平时的养护并不太难，不过到了冬季，需将它们置放于室内；立秋的夜间，放在窗口通风的地方，能生长良好。

（6）对光照不到或很少照到的室内、走廊等处，选择什么样的花卉，便要特别地考虑了。这些场所，一般是难以养好花卉的。若用盆花作为临时性的摆设，还是可以的。但是不能太久，通常以1周左右为宜。

建在街道两侧的房子，污染更为严重。很多城市的大街小巷到处可以见到行人随手丢弃的垃圾，但事实上更为严重的污染源还不止这些。建在街道两侧的住宅，其房间内的污染物主要来源于汽车尾气（主要污染物为一氧化碳、碳氢化合物、氮氧化物、含铅化合物、甲醛、苯丙芘及固体颗粒物等），大气里的二氧化碳、二氧化硫，路旁的粉尘，另外还有噪声污染等。所以，应当栽植或摆放可以吸收汽车尾气、一氧化碳、二氧化硫，吸滞粉尘及降低噪声的植物。

（1）能较强吸收汽车尾气（一氧化碳、碳氢化合物、氮氧化物、含铅化合物、甲醛、苯丙芘及固体颗粒物等）的植物：吊兰、万年青、常春藤、菊花、石榴、半支莲、月季花、山茶花、米兰、雏菊、腊梅、万寿菊、黄金葛等。

（2）能较强吸收二氧化碳的植物：仙人掌、吊兰、虎尾兰、龟背竹、芦荟、景天、花叶万年青、观音莲、冷水花、大岩桐、山苏花、鹿角蕨等。另外，植物接受的光照越强烈，其光合作用所需要的二氧化碳也越多，房间内的空气质量就越高。所以，在植物能够承受的光线条件下，应当使房间里的光线越明亮越好。

（3）能较强吸收二氧化硫的植物：常春藤、吊兰、苏铁、鸭趾草、金橘、菊花、石榴、半支莲、万寿菊、米兰、腊梅、雏菊、美人蕉等。

（4）能强效吸滞粉尘的植物：大岩桐、单药花、盆菊、金叶女贞、波士顿蕨、冷水花、观音莲、桂花等。

（5）能较好降低噪声的植物：龟背竹、绿萝、常春藤、雪松、龙柏、水杉、悬铃木、梧桐、垂柳、云杉、香樟、海桐、桂花、女贞、文竹、紫藤、吊兰、菊花、秋海棠等。

刚装修好的房子在选择花草时也很有讲究。

如果房间内的污染特点不一样，那么相应地所选用的花卉也会不一样。在新装潢完的房间内，甲醛、苯、氨及放射性物质等是主要的污染物；对于建在马路旁边的房子来说，其主要污染有汽车尾气污染、粉尘污染及噪声污染等；而在门窗长期紧闭的房间内，甲醛、苯及氡等有害气体则是重要的污染物。

知道了房间不一样的污染特点，人们便能针对房间各自的特点去选择那些可以减轻或消除相应污染物的花卉来栽植或摆放，以达到优化室内空气的目的。只要对房子进行装修，那么就必定会有污染产生。甲醛、苯、氨及放射性物质是主要的污染物。在上述污染物中，甲醛主要来自人造板材、胶黏剂及墙纸等材料中，是公认的潜在致癌物质，它会导致胎儿畸形；苯主要来自胶、漆、涂料及黏合剂中，也是一种较强的致癌物质；氨则来源于北方建筑施工过程中使用的混凝土防冻剂，若氨超出标准，就会降低人体对疾病的抵御能力；放射性元素氡来源于质量较差的混凝土、水泥及花岗岩等建筑材料。

根据装修房子的不同污染状况，最适合摆放下面几类植物：

（1）能强效吸收甲醛的植物：吊兰、仙人掌、龙舌兰、常春藤、非洲菊、菊花、绿萝、秋海棠、鸭趾草、一叶兰、绿巨人、绿帝王、散尾葵、吊竹梅、接骨树、印度橡皮树、紫露草、发财树等。

（2）能强效吸收苯的植物：虎尾兰、常春藤、苏铁、菊花、米兰、吊兰、芦荟、龙舌兰、天南星、花叶万年青、冷水花、香龙血树等。

（3）能强效吸收氨的植物：女贞、无花果、绿萝、紫薇、腊梅等。

（4）能强效吸收氡的植物：冰岛罂粟等。

另外，居室保健花草的选择要注意以下几点：

（1）选有净化作用的花草。工业发展带来了一定的环境污染，很多植物能吸收这些有毒气体，净化生活环境。有些植物具有较强的选择性，可以释放一些物质清除某些污染物。如菊花或棕竹、花叶万年青能控制地毯、家具、衣物、家用清洁剂等散发出来的甲醛污染；杜鹃或常春藤能消除塑料、香烟烟尘、橡胶等产生的苯污染；雏菊、百合花则能化解油漆等造成的三氯乙稀污染。夏日，在窗台上放一盆夜来香，还能起到驱蚊的作用。

（2）选有清新空气作用的花草。植物通过叶绿素的光合作用可以吸收二氧化碳，放出氧气，清新空气。景天科和仙人掌类植物由于其独特的生理构造，在夜间吸收二氧化碳，放出氧气，对居室环境有良好的改善，因此在居室内放一两盆景天科植物大有好处。目前对人体有害的气体有 100 多种，许多花卉如夹竹桃、大叶黄杨、紫藤、桂花、广玉兰、月季等都能吸收二氧化硫；棕榈、紫薇、丁香、天竺葵、紫茉莉能吸收氟化氢。苏铁、翠菊、合欢、火芙蓉能吸收氯气。绿色植物构成的绿色屏障可以有效地阻隔尘土和噪声。有些观赏植物能够分泌出“植物灭菌素”，消灭空气中的有害病菌，起到保健作用。

（3）选有观赏价值的花草。观赏花草，有益身心，能陶冶情操，达到心理保健的作用。购买盆栽植物时要对其察颜观色，应选择株型紧凑、叶色油绿的植物。叶片的色斑须青嫩明朗，枝叶节间不要太长，叶柄坚挺，生长健壮。藤蔓植物，其下垂的枝条依然很韧劲，表明它长势良好。如果选择观花和观果植物，不要选择已进入盛花期和硕果累累的盆栽，而要选择那些含苞待放的花蕾期的植物。这样观赏时间会更长些。

（4）选花草要因室制宜。盆栽植物从体积上看有大型、中型、小型和微型之分。大型盆栽高度在1米以上。一般在室内只能放置1株，置于房屋角落或沙发边，能增添居室的豪华气派。如向阳的居室不妨养一盆枝繁叶茂的橡皮树，可带来浓郁的热带风情。而阳光较少的居室可以养一些耐阴的植物如棕榈、龟背竹等，其宽大常绿的叶片能使居室充满勃勃生机。中型盆栽的高度在50～80厘米，通常视房间的大小布置1～3盆。一般直立的中型盆栽可放置在地面上或较低矮的几架上，如苏铁、菊花、仙人掌、金橘等。一些平行舒展型盆栽如常春藤、绿萝等，则宜摆放在较高的几架上，任其枝叶下垂、纷披洒脱。小型盆栽的高度在50厘米以下，由于其体积较小，在房间内可以多布置几盆，但不要超过7盆。通常不直接放在地面上，而是放在茶几、书桌、窗台等台面上，如文竹、花叶芋、冷水花等。一些蕨类植物如铁线蕨、狼尾蕨如两三盆合放在一起，会令空间产生一种山野自然的气息。悬垂性的植物如吊兰、常春藤等，则应放在较高的位置上，如柜橱顶，或作壁挂和悬吊，由上而下如绿瀑倾斜，令居室更加活泼和富有动感。

第三节　根据主人年龄和身体状况选择花草

1. 老人室内不宜摆放的花草

众所周知，种养花草不仅能使环境变得更加优美、空气变得更加新鲜，还能让人们的心情变得轻松愉快，性情得到培养。但我们必须注意到，不同年龄段的人，对花草的适应能力不同。尤其是对于老年人来说，在房间里栽植或摆放一些适宜的花草，除了能够调养身体和心性之外，有些甚至还能预防疾病，在保持精神愉悦及身心健康方面皆有很好的功用。

（1）夜来香。它夜间会散发出很多微粒，刺激嗅觉，长期生活在这样的环境中会使老人头昏眼花、身体不适，情况严重时还会加重患有高血压和心脏病者的病情。

（2）玉丁香、月季花。这两种花卉所散发出来的气味易使老人感到胸闷气喘、心情不快。

（3）滴水观音。这是一种有毒的植物，也叫做法国滴水莲、海芋。其汁液接触到人的皮肤会使人产生瘙痒或强烈的刺激感，若不慎进入眼睛则会造成严重的结膜炎甚至导致失明。若不小心误食其茎叶，会造成人的咽部、口腔不适，同时胃里会产生灼痛感，并出现恶心、疼痛等症状，严重时会窒息，甚至因心脏麻痹而死亡。所以，老人不宜栽植这种植物。

（4）百合花、兰花。这类花具有浓烈的香味，也不适宜老人栽植。

（5）郁金香、水仙花、石蒜、一品红、夹竹桃、黄杜鹃、光棍树、万年青、虎刺梅、五色梅、含羞草及仙人掌类。对于这些有毒的植物，老人也不宜栽植。

（6）茉莉花、米兰。这类花香味浓烈，可用来熏制香茶，所以对芳香过敏的老人应当慎重选择。

2. 老人室内适宜摆放的花草

（1）文竹、棕竹、蒲葵等赏叶植物。这类花恬淡、雅致，比较适合老人栽种。

（2）人参。气虚体弱、有慢性病的老人可以栽种人参。人参在春、夏、秋三个季节都可观赏。春天，人参会生出柔嫩的新芽；夏天，它会开满白绿色的美丽花朵；秋天，它绿色的叶子衬托着一颗颗红果，让人见了更加神清气爽、心情愉快。此外，人参的根、叶、花和种子都能入药，具有强身健体、调养机能的奇特功效。

（3）五色椒。它色彩亮丽，观赏性强。其根、果及茎皆有药性，适合有风湿病或脾胃虚寒的老人栽种。

（4）金银花、小菊花。有高血压或小便不畅的老人可以栽种金银花和小菊花。用这两种花卉的花朵填塞香枕或冲泡饮用，能起到消热化毒、降压清脑、平肝明目的作用。

（5）康乃馨。康乃馨所散发出来的香味能唤醒老年人对孩童时代纯朴的、快乐的记忆，具有“返老还童”的功效。

3. 孕妇室内不宜摆放的花草

在选用花卉的时候，我们还应顾及到住在房间里的人群的不同之处，依照各类人群的生理特点及身体状况来选用与之相适宜的不同的花卉品种。

假如房间内住着孕妇，那么在选用花卉的时候就不仅要顾及孕妇的身体健康，还应顾及胎儿的健康；假如家里有幼儿，由于幼儿的免疫力较低，神经系统及内分泌系统容易遭受有毒气体的伤害，且他们的皮肤皆十分柔嫩，在选用花卉时也应当多加留心；老年人及病人的身体都较为虚弱，所以在选用花卉时更需要多加留意，避免给其身体带来损伤或危害。

妇女在怀孕之后，不仅应该保证自己的身体健康，还应当关注胎儿的健康，这就需要孕妇对许多事情皆应多加留心。家里栽植或摆放一些花卉，尽管可以美化环境、陶冶情操，但某些花卉也会威胁人体的健康，特别是孕妇在接触某些植物后所产生的生理反应会比一般人更突出、更强烈。所以，孕妇在选用房间内摆设的花卉时必须格外留意，以避免因选错了花草而影响自己和胎儿的身体健康。

（1）松柏类花木（含玉丁香、接骨木等）。这类花木所散发出的香气会刺激人体的肠胃，影响人的食欲，同时也会令孕妇心情烦乱、恶心、呕吐、头昏、眼花。

（2）洋绣球花、天竺葵等。这类花的微粒接触到孕妇的皮肤会造成皮肤过敏，进而诱发瘙痒症。

（3）夜来香。它在夜间停止光合作用，排出大量废气，而孕妇新陈代谢旺盛，需要有充分的氧气供应。同时，夜来香还会在夜间散发出很多刺激嗅觉的微粒，孕妇过多吸入这种颗粒会产生心情烦闷、头昏眼花的症状。

（4）玉丁香、月季花。这类花散发出来的气味会使人气喘烦闷。如果孕妇闻到这种气味会导致情绪低落，会影响胎儿的性格发育。

（5）紫荆花。它散发出来的花粉会引发哮喘症，也会诱发或者加重咳嗽的症状。孕妇应尽量避免接触这类花草。

（6）兰花、百合花。这两种花的香味过于浓烈，会令人异常兴奋，从而使人难以入眠。如果孕妇的睡眠质量难以得到保障，其情绪会波动起伏，从而使身体内环境紊乱、各种激素分泌失衡，不利于胎儿的生长发育。

（7）黄杜鹃。它的植株及花朵里都含有毒素，万一不慎误食，轻的会造成中毒，重的则会导致休克，会严重危及孕妇的健康。

（8）郁金香、含羞草。这一类植物内含有一种毒碱，如果长期接触，会导致人体毛发脱落、眉毛稀疏。在孕妇室内摆放这种花草，不但会危及孕妇自身的健康，还会对胎儿的发育造成不良影响。

（9）夹竹桃。这种植物会分泌出一种乳白色的有毒汁液，若孕妇长期接触会导致中毒，表现为昏昏沉沉、嗜睡、智力降低等。

（10）五色梅。其花和叶均有毒，不适宜摆放在体质较敏感的孕妇室内，若不慎误食则会出现腹泻、发烧等症状。

（11）水仙。接触到其叶片及花的汁液会令皮肤红肿，若孕妇不小心误食其鳞茎，则会导致肠炎、呕吐。

（12）石蒜。它的鳞茎内含有石蒜碱等有毒物质，孕妇不慎接触到石蒜碱后会出现皮肤红肿、瘙痒等症状。孕妇长期吸入含有被石蒜碱污染的空气，会导致鼻腔出血；若孕妇不慎误食石蒜的鳞茎，则会出现呕吐、腹泻、手脚冰凉、休克等症状，严重时甚至会由于中枢神经麻痹而死亡。

（13）万年青。其花、叶皆含有草酸及有毒的酶类，若孕妇不慎误食，则会使口腔、咽喉、食道、肠胃发生肿痛，严重时还会损伤声带，使人的声音变得嘶哑。

（14）仙人掌类植物。这类植物的刺里含有毒汁，如果孕妇被其刺到，则容易出现一些过敏症状，如皮肤红肿、疼痛、瘙痒等。

4. 孕妇室内适宜摆放的花草

（1）吊兰。它形姿似兰，终年常绿，使人观之心情愉悦。同时，吊兰还有很强的吸污能力，它可以通过叶片将房间里家用电器、塑料制品及涂料等所释放出来的一氧化碳、过氧化氮等有害气体吸收进去并输送至根部，然后再利用土壤中的微生物将其分解为无害物质，最后把它们作为养料吸收进植物体内。吊兰在新陈代谢过程中，还可以把空气中的致癌物甲醛转化成糖及氨基酸等物质，同时还能将某些电器所排出的苯分解掉，并能吸收香烟中的尼古丁等。在孕妇室内摆放一盆吊兰，既可以美化环境，又可以净化空气，可谓一举两得。

（2）绿萝。它能消除房间内70%的有害气体，还可以吸收装潢后残留的气味，适合摆放在孕妇室内。

（3）常春藤。凭借其叶片上微小的气孔，常春藤可以吸收空气中的有害物质，同时将其转化成没有危害的糖分和氨基酸。另外，它还可以强效抑制香烟的致癌物质，为孕妇提供清新的空气。

（4）白鹤芋。它可以有效除去房间里的氨气、丙酮、甲醛、苯及三氯乙烯。其较高的蒸腾速度使室内空气保持一定的湿度，可避免孕妇鼻黏膜干燥，在很大程度上降低了孕妇生病的概率。

（5）菊花、雏菊、万寿菊及金橘等。这类植物能有效地吸收居室内的家电、塑料制品等释放出来的有害气体，适合摆放在孕妇室内。

（6）虎尾兰、龟背竹、一叶兰等。这些植物吸收室内甲醛的功能都非常强，能为孕妇提供较安全的呼吸环境。

5. 幼儿室内不宜摆放的花草

除了家里有孕妇之外，家里有幼儿的，在栽植或摆放花卉的时候也应当格外留心。

幼儿的免疫系统比较脆弱，呼吸系统的肺泡也比成年人大很多。在生长发育期内，幼儿的呼吸量根据体重来计算，几乎要比成年人高出一倍。此外，幼儿的神经系统及内分泌系统也非常易遭受有毒气体的侵害。倘若房间里的有害气体连续保持较高的浓度，那么很可能会对幼儿的神经系统和免疫系统等造成终生的伤害。与此同时，由于幼儿的皮肤十分柔嫩，有些花茎上长着刺，可能会将幼儿刺伤。一些幼儿生来便是过敏性体质，而花粉会引发过敏，严重的还会导致哮喘；还有一些花卉含有毒素，其发出的气味会危害幼儿的身体健康。

（1）郁金香、丁香及夹竹桃等。这类花木含有毒素，如果长时间将其置于幼儿的房间里，其所发出的气味会使幼儿产生头晕、气喘等中毒症状。

（2）夜来香、百合花等。这类有着过浓香味的花草也不适宜长时间置于幼儿室内，否则会影响幼儿的神经系统，使之出现注意力分散等症状。

（3）水仙花、杜鹃花、五色梅、一品红及马蹄莲等植物。其花或叶内的汁液含有毒素，倘若幼儿不慎触碰或误食皆会造成中毒。

（4）松柏类花木。这类植物的香气会刺激人体的肠胃，使幼儿的食欲受到影响，对幼儿的健康发育不利。

（5）仙人掌科植物。这类植物的刺里含有毒液，幼儿不小心被刺后易出现一些过敏性症状，如皮肤红肿、疼痛、瘙痒等。

（6）洋绣球花与天竺葵等。如果幼儿触及其微粒，皮肤就会过敏，产生瘙痒症。

6. 幼儿室内适宜摆放的花草

（1）绿色植物。绿色植物可以让幼儿产生很好的视觉体验，使其对大自然产生浓厚的兴趣。与此同时，许多绿色植物还具有减轻或消除污染、净化空气的作用，如吊兰被公认为室内空气净化器，如果在幼儿室内摆设一盆吊兰，可及时将房间里的一氧化碳、二氧化碳、甲醛等有害气体吸收掉。

（2）盆栽的赏叶植物。无花的植物不会因传播花粉和香气而损伤幼儿的呼吸道，无刺的植物不会刺伤幼儿的皮肤，它们都比较适合摆放在幼儿室内，比如绿萝、彩叶草、常春藤。

7. 病人室内不宜摆放的花草

此外，病人是格外需要关注的一个群体，我们应当尽力给他们营造出一个温暖、舒心、宁静、优美的生活环境。除了要使房间里的空气保持流通并有充足的光照外，还可适当摆放一些花卉，以陶冶病人的性情、提高治病的疗效，对病人的身心健康都十分有益。然而，尽管许多花卉能净化空气、益于健康，可是一些花卉如果栽种在病人的居室内，却会成为导致疾病的源头，或造成病人旧病复发甚至加重。

（1）夜来香、兰花、百合花、丁香、五色梅、天竺葵、接骨木等。这些气味浓烈或特别的花卉最好不要长期摆放在病人房间里，否则其气味易危害到病人的健康。

（2）水仙花、米兰、兰花、月季、金橘等。这类花卉气味芬芳，会向空气中传播细小的粉质，不适宜送给呼吸科、五官科、皮肤科、烧伤科、妇产科及进行器官移植的病人。

（3）郁金香、一品红、黄杜鹃、夹竹桃、马蹄莲、万年青、含羞草、紫荆花、虞美人、仙人掌等。这类花草自身含有毒性汁液，不适合摆放在免疫力低的病人房间。

（4）盆栽花。病人室内不适宜摆放盆栽花，因为花盆里的泥土中易产生真菌孢子。真菌孢子扩散到空气中后，易造成人体表面或内部的感染，还有可能进入到人的皮肤、呼吸道、外耳道、脑膜和大脑等部位，这会给原来有病、体质欠佳的患者带来非常大的伤害，尤其是对白血病患者及器官移植者来说，其伤害性更加严重。

8. 病人室内适宜摆放的花草

（1）不开花的常绿植物。过敏体质的病人和体质较差的病人以种养一些不开花的常绿植物为宜。这样可以避免因花粉传播导致的病人过敏反应。

（2）文竹、龟背竹、菊花、秋海棠、蒲葵、鱼尾葵等。这类花草不含毒性，不会散发浓烈的香气，比较适宜在病人的房间里栽植或摆放。

（3）有些花草不仅美观，而且还是很好的中草药，因此病人可以针对不同病症来选择栽植或摆放。比如，白菊花具有平肝明目的作用；黄菊花具有散风清热的作用，适用于感冒、风热、头痛、目赤等症；丁香花对牙痛具有镇静止痛的作用；薄荷、紫苏等花散发出来的香味能有效抑制病毒性感冒的复发，还能减轻头昏头痛、鼻塞流涕等症状。

值得注意的是，由于绿色植物除进行光合作用之外，还会进行呼吸作用，因此若室内植物太多也会造成二氧化碳超标。所以，病人或体质虚弱的人的房间里的植物最好不要多于3盆。

第四节　如何正确摆放花草

利用花草来装饰居室是非常简单易行的，方法大体分为三个部分：

（1）点状分布。也就是独立设置的盆栽，主要有乔木或灌木，它们往往是室内的景观点，具有很好的观赏价值和装饰效果。安排点状植物绿化则要求突出重点，要从形、色、质等方面精心选择，不要在它们周围堆砌与它们高低、形态、色彩类似的物品，以使点状绿化更加醒目。

（2）线状分布。指的是吊兰之类的花草，可以是悬吊在空中或是放置在组合柜顶端角处，与地面植物产生呼应关系。这种植物形成了线的节奏韵律，与隔板、橱柜以及组合柜的直线相对比，而产生出一种自然美和动态美。

（3）面的分布。如果家具陈设比较精巧细致，可利用大的观叶植物形成块状面进行对比来弥补家具由于精巧而带来的单薄。同时还可以增强室内陈设的厚重感。

在选择花草的过程中还应注意房间的采光条件，要选择那些形态优美、装饰性强、季节性不明显和容易在室内成活的花草。另外还要考虑到花草的形态、质感、色彩和品格是否与房间的用途性质相协调、贴切。例如面积较小的卧房应配置轻盈秀丽、娇小玲珑的植物，如金橘、月季、海棠等，小型客厅、书房可选择小型松柏、龟背竹、文竹等，使其气氛更加幽静、典雅。

植物可以减少室内装修造成的空气污染，因此购买的人非常多，不过植物摆放也不是那么简单的，居室内植物的摆放不能以各人兴趣随意摆放，不同的植物有不同的摆放方式和位置。

（1）找到最适当的布置点。花卉的色彩与花形千变万化，可以灵活运用及变化绝佳的特质，是最好的家居布置饰品。而且，无论任何角落，都可以体现它的芳香。最常见的就是桌面与柜上，若大型的花饰则可摆放在地面，壁花可以利用垂吊式的花器盛栽花材，甚至是天花板也可以拿来当做干花展示花色的空间。但是花卉的布置并不是以量取胜，而是以表现出质感为主要要求，所以千万别在同一空间摆放超过 3 个以上的布置，以免焦点分散，反而使空间变得繁乱无章。

（2）取得最佳的观赏角度。花卉布置最大的目的在于制造视觉的焦点，当然也要让每个人都看得见你精心布置的成果。所以如果以花卉来装点客厅，茶几或餐桌，那么花形最好是四面花的结构，也就是从任何角度看皆能呈现美丽的面貌。过道或是窗台上的花朵，最适合以线性排列的方式陈列，缩短过道的狭长且丰富视觉享受。另外，若是以花束形式表现，墙的那一面花材其实可稍作省略，如此不但节省空间也免得花费太多金钱。

（3）避免妨碍生活空间。虽然花卉深受每个空间的欢迎，但仍以不妨碍生活的空间为宜，以免空有美化的意义却增添生活上的不便，比如玄关柜与过道角落的花饰，必须尽量以拉长线条感的花形为宜，才不至于影响来往行走的空间。餐厅或是客厅茶几上的花卉，则不妨以低矮甚至是平卧花艺为表现形式，使得与宾客之间的交谈视线可以顺畅无阻，另外，橱柜的空间原本就显狭小，若摆放花饰应当留意花朵伸展的空间是否足够，以及拿取物品、书籍的空间是否无碍。

（4）花束的大小尺寸要适宜。“花束大是美”固然没错，但花束的尺寸大小，要依空间而定，否则会给人以压迫不舒服的感觉或造成喧宾夺主的困扰。比如，小书桌摆上一大束的香水百合，就会让人感觉书桌变小了，同样，要是较大的餐桌，插上单枝玫瑰花，也会让人觉得空洞。所以短小的花束虽是现代潮流，但是华贵富丽却也人见人爱，还是要依空间大小选择花朵尺寸的大小。

摆放鲜花的艺术还需考虑三大基本元素：颜色、形状和场合。颜色方面或鲜明或柔和，除了摆放在一起的花要配合之外，插花容器的颜色也很重要。若是摆在窗台或有充足光线照进来的地方，你可以选择透明玻璃器皿然后再在里面加些单色或五彩的玻璃珠子，看一眼，心情也会是一天的阳光灿烂。

不同的颜色可以提升或缓和不同的情绪。如果要把整个家居都布置成一种颜色，效果往往非常奇怪，一个人的情绪可能会起伏不定，如果要不停转换整屋的颜色来调节情绪，是不太可能的。但我们可以运用惹人注目的鲜花。

例如懒惰、贫血、手脚冰冷的人可以在家中插些火鹤、朱顶红等大红的花朵，有助于加强冲劲和温暖的感觉。容易忧郁的朋友可以选择鲜黄的向日葵或非洲菊。将心里和家里的阴云一扫而空。烦躁失眠的话可以在睡房插一大束白色的满天星，细碎的花朵如繁星点点，带你远离烦恼，进入梦乡。

在形状方面最能体现出功夫，杂乱随便地插一束花当然也可插出自然美，但天天都是这样，难免会有些乏味。有些方便方法会教你不用像日本花道般把花叶重新雕塑，也能插出独特的形象。比方说你有一个阔口的瓶子，想把一些重瓣、艳丽盛放的花朵（如牡丹、玫瑰等）插出几何半球形，可以用胶纸在瓶口相间出密密的小方格，再把花儿插到方格中。这种做法能令花朵平均分布开来，只要调好花茎的长度，便可作出半球状的效果。

家中摆放鲜花还要因应不同的场合，是与好友共聚还是与情人相会？是正式的宴会还是随意聊聊？

要营造浪漫，可以挑一只别致的盘子，在上面放几朵茎部完全去掉的盛开鲜花，再浮两三枚点燃着的蜡烛，让水影映照着火光。用餐时以花果点缀也很有情趣，你不用花很多钱在桌子上堆满一大把。请同学到家里喝下午茶，就预先准备了以钻石玫瑰、雏菊、三色堇等小花蕾做成的冰块。把这些冰块放到客人的果汁中，赏心悦目，冰溶后花儿还会荡在杯中。

在家里养花的好处很多，但真正要发挥花草减少环境污染的作用，还涉及花草摆放的位置。摆放位置正确了，花草的防污功能才能显现。要根据每种植物的习性和净化空气的作用来决定种植什么样的植物、摆放在哪个位置，如在电视机附近可以放上一盆金琥，因为金琥是仙人掌中减少电磁辐射能力最强的；夜来香是一种可供观赏的香花，其浓烈的香气可以驱蚊，但它夜间散发的刺激嗅觉的微粒会使高血压和心脏病患者感到头晕、郁闷甚至病情加重，一般应摆放在庭院和阳台上；又如月季花虽能吸收大量的有害气体，但其散发的浓郁香味，又会使人产生郁闷不适、憋气，重者甚至呼吸困难，所以最好不要摆放在卧室。

第三章　花草养育常识

第一节　花卉的分类

1. 按形态特征分类

（1）草本花卉。花卉的茎，木质部不发达，支持力较弱，称草质茎。具有草质茎的花卉，叫做草本花卉。草本花卉中，按其生育期长短不同，又可分为一年生、二年生和多年生几种。

一年生草本花卉。生活期在一年以内，当年播种，当年开花、结果，当年死亡。如一串红、刺茄、半支莲（细叶马齿苋）等。

二年生草本花卉。生活期跨越两个年份，一般是在秋季播种，到第二年春夏开花、结果直至死亡。如金鱼草、金盏花、三色堇等。

多年生草本花卉。生活期在二年以上，它们的共同特征是都有永久性的地下部分（地下根、地下茎），常年不死。但它们的地上部分（茎、叶）却存在着两种类型：有的地上部分能保持终年常绿，如文竹、四季海棠、虎皮掌等；有的地上部分，是每年春季从地下根际萌生新芽，长成植株，到冬季枯死。如美人蕉、大丽花、鸢尾、玉簪、晚香玉等。多年生草本花卉，由于它们的地下部分始终保持着生活能力，所以又概称为宿根类花卉。

（2）木本花卉。花卉的茎，木质部发达，称木质茎。具有木质的花卉，叫做木本花卉。木本花卉主要包括乔木、灌木、藤本三种类型。

乔木花卉。主干和侧枝有明显的区别，植株高大，多数不适于盆栽。其中少数花卉如桂花、白兰、柑橘等亦可作盆栽。

灌木花卉。主干和侧枝没有明显的区别，呈丛生状态，植株低矮、树冠较小，其中多数适于盆栽。如月季花、贴梗海棠、栀子花、茉莉花等。

藤本花卉。枝条一般生长细弱，不能直立，通常为蔓生，叫做藤本花卉，如迎春花、金银花等。在栽培管理过程中，通常设置一定形式的支架，让藤条附着生长。

（3）肉质类花卉。肉质类花卉的茎或叶生长肥大，含水分较多，呈肉质，叫做肉质类花卉。

仙人掌类。这类花卉由于原产于沙漠地带，长期适应干燥环境，茎和叶多有变态，茎变得肉质粗大，能储存大量水分和养料，叶变成刺状，能减少体内水分的蒸腾，如仙人掌、三棱箭、令箭荷花等。

景天类。景天科植物中，有不少种类可以作为花卉，它们的茎或叶脆嫩肥大，含水分较多，如景天、石莲、燕子掌、落地生根等。

2. 按生物学特性分类

不同的花卉，其生物特性各不相同。它们对光照、温度、水分等环境条件的要求也不同，习惯上常根据这些不同把花卉分为以下四种类型：

（1）喜阳性和耐阴性花卉。喜阳性花卉。像月季、茉莉、石榴等大多数花卉，它们需要充足的阳光照射，这种花卉叫做喜阳花卉。如果光照不足，就会生长发育不良，开花晚或不能开花，且花色不鲜，香气不浓。

耐阴性花卉。像玉簪花、绣球花、杜鹃花等，只需要软弱的散射光即能良好地生长，叫做耐阴性花卉。如果把它们放在阳光下经常曝晒，反而不能正常生长发育。

（2）耐寒性和喜温性花卉。

耐寒性花卉。像月季花、金盏花、石竹花、石榴等花卉，一般能耐零下3～5度的短时间低温影响，冬季它们能在室外越冬。

喜温性花卉。像大丽花、美人蕉、茉莉花、秋海棠等花卉，一般要在15～30度的温度条件下，才能正常生长发育，它们不耐低温，冬季需要在温度较高的室内越冬。

（3）长日照、短日照和中性花卉。

长日照花卉。像八仙花、瓜叶菊等，每天需要日照时间在12个小时以上，叫做长日照花卉。如果不能满足这一特定条件的要求，就不会现蕾开花。

短日照花卉。如菊花、一串红等，每天需要12个小时以内的日照，经过一段时间后，就能现蕾开花。如果日照时间过长，就不会现蕾开花。

中性花卉。像天竺葵、石竹花、四季海棠、月季花等，对每天日照的时间长短并不敏感，不论是长日照或短日照情况下，都会正常现蕾开发，叫做中性花卉。

（4）水生、旱生和润土花卉。

水生花卉。像睡莲，一定要生活在水中，才能正常生长发育，叫做水生花卉。

旱生花卉。如仙人掌类、景天类等，只需要很少的水分就能正常生长发育，叫做旱生花卉。

润土花卉。如月季花、栀子花、桂花、大丽花、石竹花等大多数花卉，要求生长在湿度较高、排水良好的土壤里，叫做润土花卉。润土花卉在生长季节里，每天消耗水分较多，必须注意及时向土壤里补充水分，保持湿润状态。

对于花卉的分类，还有其他的一些方法。例如还可以按照不同的花卉对土壤酸碱度、肥料等的不同要求，把花卉分成其他的一些类型。

现今我们看到的丰富多彩的花卉世界，是在漫长的进化过程中，以生物所特有的遗传和变异为基础，通过复杂的自然选择和人工选择，适应不同的环境条件而逐步形成的。值得注意的是，由于现代生物学的飞速发展，人们已经能够使用物理或化学的手段来促使花卉产生更多的变异。通过人工选择和定向培育，加速花卉新品种的选育过程。可望今后将有更多更好的适合人们不同需要的花卉新品种培育出来。

在分类的基础上，我们能够了解到花卉的一般形态和生活习性，这不但有利于对花卉进行栽培管理，还有利于对它们进行改造和利用。例如，我们掌握了花卉的阳性和阴性，就会自觉地做到把花盆旋转在适合它们生长的位置上。如果不论什么花卉，一概放在阳光充足的地方曝晒，或者一概放在室内光线不足的地方，就会使花卉因得不到必需的环境条件而造成发育不良，不仅不会开出绚丽多彩的花朵，甚至可能导致其死亡。

另外，我们可以利用花卉的其他特性，如对光照的要求不同，人为地控制花期，使花卉按照人们的需要，在特定的时间（如节日前后）开放。例如，延长八仙花每天的日照时间，使之不少于 12 个小时（可以利用白炽灯泡的光照射），能促使其提前一个半月至两个月开花。如果人为采用遮光处理，缩短每天的日照时间（不超过 12 个小时），能促使菊花、一串红提前开花。反之，增加每天的日照时间，还可使菊花延迟开花。

又如，还可以根据不同的花卉对温度的不同要求，采取有效的保温措施，让喜温性花卉安全越冬，达到一年育成，多年有花。否则，一到冬季，喜温性花卉全被冻死，来年还得重育新苗。

第二节 正确选择花盆与花土

1. 花盆

花盆是人工培养花卉、容纳植物根部的容器。花盆既要适合植物生长，又要便于移置摆放，更是室内绿化装饰不可或缺的重要饰件。目前市面上销售的花盆无论从用材还是造型上都很丰富，为人们根据花卉习性与居室装饰要求进行选择提供了很大的方便。

花盆的种类很多，按其材料有素烧盆、紫砂盆、釉盆、瓷盆、石盆、木(桶)盆、水泥盆、塑料盆、玻璃盆、竹编盆等之分。按其形状有圆形、方形、梅花形、六角形、八角形、签筒形之异。按其高矮有高脚、低脚、浅盆之别。加上体积大小、色泽深浅，可谓形形色色，种类繁多。那么，什么样的花盆好呢？一般来讲，透气、渗水、轻便是选择花盆最基本的要求。

（1）素烧盆。又称泥盆、瓦盆，是花卉栽培中常用的一种盆。这种盆价格低廉，通气透水较好，用其养花不但耐旱耐涝，能缓和肥效，而且吸热快、散热也快，有利于土壤中养分的分解，使花卉发根多，生长旺盛。它的缺点是质地粗糙，外形不够美观，因此进行居室装饰，素烧盆常常用其他各种类型的盆套遮掩起来以扮美。

（2）紫砂盆。素雅大方，式样多种，色调匀和，具有古玩美感，讨人喜欢。它的排水通气情况较素烧盆差，较瓷盆为好，价格也较贵，多用来养植室内名贵花卉或栽植树桩盆景。

（3）陶盆。陶盆分两种。一种是素陶盆，即瓷盆，外形美观，花色多样，有一定通气性。另一种是在素陶盆上施釉，因而质地坚固，色彩鲜艳，但排水、通气性较差，常用作耐湿花卉如马蹄莲、龟背竹、旱伞草、鸭舌草、虎耳草、蕨类等的栽培。

（4）木盆。由木头雕琢而成的木器具，有方形、圆形等，规格可根据所栽培植物大小、高矮确定。制作精细工深，选料又较高档，为古典装饰中的点睛之物。

（5）塑料盆。这类花盆轻巧耐久，色彩丰富，大小齐备，制作精美，有极强的装饰性。其缺点是不透水，不渗水，难以适应花卉长期生长，一般不宜直接用来栽培花卉。

（6）藤编竹编盆。其形状有方有圆，有动物形体，也有几何形体，可随意编造，自然朴素，是常用的装饰用盆。

（7）吊盆。将花卉垂吊在空中让其自然生长，可丰富居室的立体空间，给人以春意盎然的直觉。悬吊的花盆既有专门制作的吊盆，如玻璃容器、贝壳类容器、仿塑容器等，也可用普通花盆代替，在盆底加套铝质或塑料的浅盆套，设置挂钩，便于悬吊和集纳花盆底部的渗水。吊盆的安装首先应考虑牢固及安全性能，其次须重视装饰功能，力求达到室内整体装饰效果的和谐统一。

（8）兰盆。兰花专用盆，专用于气生兰及附生蕨类植物的栽培，其盆壁有各种形状的孔洞，便于空气流通。兰花多有气生根，伸出盆外吸收空气中的氧，兰盆深，也有用木条、柳制成各种各样的兰筐代替兰盆。

（9）盆景盆。深浅不一，形式多样，属于高档盆。

常为陶盆或瓷盆、紫砂盆、汉白玉盆、大理石盆。山水盆景为特制的浅盆，以石盆为上品。

（10）套盆。套盆不是直接栽种植物，而是将盆栽花卉套在里面。防止盆花浇水时多余的水弄湿地面或家具。也可以把普通的素烧盆遮挡起来，使盆栽花卉更美观，由于上述功能决定了套盆必须是盆底无底无孔洞、不漏水，美观大方。

（11）树脂花盆。采用高级陶瓷和树脂材料精细制作而成，它不怕摔，不易坏。它结合自然、动物、景色、卡通人物等有意义的组合设计，给人以回归大自然的感觉。

（12）环保花盆。所谓环保花盆，就是可降解的植物纤维花盆。它采用植物纤维做主要原料，其透气性非常好，有利于花卉的生长。植物纤维花盆在白天吸收太阳红外线的能力非常强，这是其他种类花盆所不能的，吸收红外线的能力强，花盆的温度会升高，在寒冷的冬天，使用这种花盆更有利于植物生长，并且可以保护植物安全过冬。

很多人喜欢养盆花，而有一些人由于不会选择花盆，达不到预期的美化效果。俗话说得好，好花妙器才相宜。绮丽芳菲的花草配上造型别致、精美典雅的花盆，才能珠联璧合，相得益彰。

我国是陶瓷的故乡。花盆生产遍于全国，其中宜兴花盆最为著称。宜兴花盆有千余品种，有圆形、方形、斗形、船形、菊形、鼓形、梅花形、椭圆形、六角形、八角形等。大的能有数尺，小的仅盈寸。这些花盆以色泽丰富的陶土为原料，经能工巧匠的精心设计制作而成，具有良好的透气性和缓慢的排水性，用于栽花不易烂根，容易成活和生发，所以受到盆栽爱好者的喜爱。

花盆有大有小，有高有矮。人们可以根据各自的爱好和审美观，选用不同的花盆栽花植木。现在向大家介绍一些常见花卉的适用花盆。

一般高型的筒类花盆，口小盆深，宜种紫藤、吊兰、蟹爪兰、常春藤等悬垂式花木，触目横斜，气壮意畅，富有诗情画意。杜鹃、米兰、海棠、石榴、瓜叶菊等丛生状花木的盆栽，用大口而高矮适中的花盆最为适宜，枝叶交错、绿红相济，显得丰满动人，脱俗得趣。特大型花盆，又称花缸，则是铁树、棕榈、金橘、玉兰以及荷花、睡莲等栽种的佳器。浅型的盆景盆适宜黄杨、鹊梅、榆桩、五针松、鸟不宿、枫树的栽培，能突出曲折苍劲的盘根、枯荣相济的枝干、生机盎然的细叶，古雅飘逸，耐人寻味。微型的掌上花盆，小妙纤美，栽上文竹、仙人球之类花草，分外清丽别致，娟秀娇柔。还有各式水底盘，那是用以制作水石盆景，将秀山丽水缩影于小小盘中，咫尺之间万千气象，作为几上雅陈，生动自然，美不胜收。愿您在窗明几净的居室之中，选用上好的花盆养植几盆花木。鲜花绿叶，与清净的环境相映成趣，洋溢着美的韵律，装饰着美的生活，将使您陶醉在美的享受之中。

花盆规格的选择：

（1）浅盆：高度不超过 10 厘米，适合播种、育苗和培植水仙花等。

（2）普通盆：口径应大于高度 1/2，适应面较广。

（3）筒子盆：口径与高度大致相等，适宜种植根系发达的花卉。

花盆大小的选择：

（1）1 片叶小苗，每 4 ~6 株栽在一个 10 厘米盆中，也就是 3 寸盆，规格：直径 ×高 ×底径为 10 厘米 ×11 厘米 ×8.5 厘米。

（2）2 ~3 片叶小苗，每 2 ~3 株栽在一个 10 厘米盆中，也就是3寸盆，规格：直径×高×底径为10厘米×11厘米×8.5厘米。

（3）3~5片叶大苗，每1株栽在一个10厘米盆中，也就是3寸盆，规格：直径×高×底径为10厘米×11厘米×8.5厘米。

（4）5~8片叶大苗，每1株栽在一个13厘米盆中，也就是4寸盆，规格：直径×高×底径为13厘米×13厘米×11厘米。

（5）8~10片叶大苗，每1株栽在一个16~20厘米盆中，也就是5~6寸盆，规格：直径×高×底径为16.5厘米×15厘米×12~20厘米×16厘米×13厘米。

（6）10~15片叶成龄株，每1株栽在一个20~23厘米盆中，也就是6~7寸盆，规格：直径×高×底径为20厘米×16厘米×13厘米~23厘米×20厘米×15厘米。

（7）15~20片叶成龄株，每1株栽在一个26厘米盆中，也就是8寸盆，规格：直径×高×底径为26厘米×22厘米×18厘米。

（8）20~25片叶成龄株，每1株栽在一个33~40厘米盆中，也就是10~12寸盆，规格：直径×高×底径为33厘米×26厘米×20厘米~40厘米×28厘米×22厘米。

2. 花土

花草品种繁多，按植物属性分有草本、木本等，按植物生理要求分有喜酸、喜碱等。同时，因花卉的栽培技术和利用要求不同，对土壤的要求也千差万别。那么，花草种植如何合理选择土壤呢?

（1）根据花草生理属性选择土壤。花卉植物有喜酸、喜碱、耐盐、中性之分。喜酸植物有杜鹃、松类、茶花等。喜碱植物有柏类、南天竹等；耐盐植物有木麻黄、麦冬等。中性植物有桂花、樟树等。

（2）根据栽培要求选择土壤。大型花木、难移栽花木移栽时应带土球。草皮植物的土质必须细腻有黏度。根系稀少花卉必须选择有一定黏度的土壤。小苗、扦插育苗、侧根发达花卉和易成活花卉可选择沙质化土壤。

（3）根据花草对肥、水、光等的要求选择土壤。一般观叶、观形和木本花木需肥相对较少，观花、观果的花木需肥要求较高。追求生长速率的需肥量大，追求造型美观的用肥量少。扦插、种子育苗肥力要求高，成龄、成品花卉肥力可适当减少。耐阴、耐涝花卉选择在阴坡低地，喜阳耐旱花卉选择在阳坡高地。

从园艺店购买的盆栽，盆器和土量多半已是适合该植物的尺寸了，除非想换个更美观的花盆，不然可暂时不换土换盆。室内耐阴植物通常生长较为缓慢，平均每 1 ~2 年换盆 1 次即可，每次盆器增大 3 ~7 厘米。若发现盆栽“头重脚轻”，植株高大茂密而盆器明显太小且站不稳，或是盆栽植物的根部露出土壤或盆底的排水孔，也是需要换盆的时候了。

每次换盆时，土壤中的有机物几乎已消耗殆尽，所以也要一并更换新的培养土。在众多的植物中，有喜水性较强的，也有抗旱能力强而不适应过湿环境的，还有喜欢多肥环境的，习性各不相同。应根据不同的特点，使用不同特性的培土。

（1）一般的配制比例：黄土 6 份、腐叶土 2 份、河沙 2 份。

（2）增强透水性的配制比例：黄土 4 份、河沙 4 份、腐叶土 2 份。

（3）增强保水性的配制比例：黄土 6 份、腐叶土 4 份单用。

加工培养土的原料有以下几种：

（1）园土。菜园土或肥沃农田土具有较好的团粒结构，肥力较高，北方 PH 值 7.0～7.5，南方 PH 值 5.5～6.5。园土一般为菜园、果园、竹园等的表层沙壤土，土质比较肥沃，呈中性或偏酸或偏碱。园土变干后容易板结，透水性不良。一般不单独使用。

（2）河沙。一般不含养分，主要起通气排水作用，PH 值 6.5～7.0。河沙不含有机质，洁净，酸碱度为中性，适于扦插育苗、播种育苗以及直接栽培仙人掌及多浆植物。一般黏重土壤可掺入河沙，改善土壤的结构。

（3）腐叶土。由秋季残叶堆腐而成，疏松多孔、富含腐殖质，宜植各种喜酸花卉，PH 值 5.5～6.0。腐叶土一般由树叶、菜叶等腐烂而成，含有大量的有机质，疏松肥沃，透气性和排水性良好。呈弱酸性，可单独用来栽培君子兰、兰花和仙客来等。一般腐叶土配合园土、山泥使用。一般于秋冬季节收集阔叶树的落叶（以杨、柳、榆、槐等容易腐烂的落叶为好），与园土混合堆放 1～2 年，待落叶充分腐烂即可过筛使用。

（4）河泥及塘泥。河塘沉积腐烂物，富含有机质较多，且养分全面，呈酸性。缺点是含有毒物质，挖出后要晾干，使有毒物质分解后再使用。一般在秋冬季节捞取池塘或湖泊中的淤泥，晒干粉碎后使用与粗沙、谷壳灰或其他轻质疏松的土壤混合使用。

（5）松针土。由松柏类植物落叶长期堆积腐熟而成。PH 值 3.5～4.0，腐殖质含量高，在山区森林里松树的落叶经多年的腐烂形成的腐殖质，即松针土。松针土呈灰褐色，较肥沃，透气性和排水性良好，呈强酸性反应，适于杜鹃花、栀子花、茶花等喜强酸性的花卉。

（6）蛭石。是一种在 1000 度高温下膨胀而成的云母状镁硅酸盐，具有质轻、疏松、能吸收大量水肥等优点。

（7）泥炭。是古代低湿地区生长的植物残体，在淹水少气的条件下形成松软堆积物。分解较差的泥炭多为棕黄色或浅褐色，分解好的泥炭呈黑色或深褐色，风干后易粉碎，泥炭质地松软，透水透气及保水性能良好。含腐质酸，对促进插条生根很有利，PH 值 4.5 ~6.5，是配制培养土的重要原料之一。

（8）草炭土。草炭土又称泥炭土，是由芦苇等水生植物经泥炭藓的作用炭化而成。北方多用褐色草炭配制营养土。草炭土柔软疏松，排水性和透气性良好，呈弱酸性反应，为良好的扦插基质。用草炭土栽培原产于南方的兰花、山茶、桂花、白兰等喜酸性花卉较为适宜。

草皮土：在天然牧场或草地，挖取表层 10 厘米的草皮，层层堆积，经一年或更长时间的腐熟，过筛清除石块、草根等而成。草皮土的养分充足，呈弱酸性反应，可栽培植物有月季、石竹、大丽花等。

（9）砻糠灰。是谷壳燃烧后形成的灰，呈中性或弱酸性反应，含有较高的钾素营养，掺入土中可使土壤疏松、透气。

（10）骨粉。动物骨磨碎发酵而成，含大量磷元素。加入量不超过 1% 。

（11）木屑。木屑经发酵后，掺入培养土中，也能改变土壤的松散度和吸水性。木屑质轻疏松，空隙度大，是改良黏质土的良好材料。使用前在木屑中放入一些饼肥或鸡鸭粪，在缸中加水发酵腐熟，以后挖出晾至半干。然后在土中掺入 1/3 的木屑，并均匀进行混合，这样可增加土壤的通透性。经 1 ~2 个月，木屑又会被土壤中的好气性细菌分解为腐殖质，从而也可提高土壤的肥力。同时木屑还能不同程度地中和土壤的酸碱度，有利于花木的生长。

第三节 了解花草植物生长的要素

花草植物生长六要素如下：

1．温度

温度包括气温、水温及土温，但通常所指的温度是气温。温度是影响花草植物生长发育最重要的环境因素。从种子发芽，幼苗生长，到开花、结果，产生新种子的整个过程均与温度有密切的关系。各种花卉的生长发育，都有它的最适温度、最高温度和最低温度。最适温度是指维持生命最适宜及对生长发育最有利的温度，如瓜叶菊的生长适温为7～18度，香豌豆的生长适温为9～15度。最高温度和最低温度是指维持生命的极限温度，不足或超过这个界限就会使其生长发育受到严重影响，甚至导致死亡。根据一年生和二年生花草植物对温度的要求，可以将它们大致分为不耐寒性花草植物、半耐寒性花草植物和耐寒性花草植物三大类型。

（1）耐寒性花草植物是指原产于寒带或温带，一般能耐零度以下的低温，适合在我国北方露地栽培的花草植物。有部分二年生花草植物，或多年生的但作为一二年生栽培的花草植物，如矢车菊、雏菊、矮牵牛、三色堇等，它们大多数不耐高温，在炎夏到来之前就完成了结实阶段，在冬季严寒时地上部分枯死，到翌年春季再重新发芽、开花结实，一般当作宿根花草植物栽培的也归此类。

（2）半耐寒性花草植物是指原产于温带较温暖地区，耐寒性较强，冬季适当防寒即可越冬的花草植物。二年生露地栽培的花草植物，如金盏菊、紫罗兰等，它们在秋播或秋植后，进入冬季呈半休眠状态越冬，可采取覆土、覆草或移于冷床等措施帮助其度过寒冷的冬季。

（3）不耐寒性花草植物多原产于热带或亚热带地区，它们的生长发育需要较高的温度，不能忍受0度以下的气温或5度以下的土壤。温室一二年生花草植物及露地栽培的一年生花草植物均属此类。一年生露地栽培的花草植物，春播后在较高的气温下生长发育，于霜降前开花结实，以种子状态越冬。根据温室一二年生花卉对温度要求的不同又可以分为两类。

低温温室植物：生长期要求气温在7～16度，最适温度为14度，如瓜叶菊、蒲包花、小樱草等。

中温温室植物：生长期要求气温在12～20度，最适温度为18度，如报春花、旱金莲、彩叶草等。

草本观叶植物在生长发育的不同阶段所要求温度是不一样的。一年生草本花草植物在种子发芽阶段，要求温度较高，幼苗期间要求温度较低。二年生草木花草植物在种子萌发过程中要求温度较低，幼苗期间要求温度更低，这样才能顺利通过春化阶段，促使花芽形成。春化阶段是某些花卉在形成花芽之前必须经过的一个感温阶段。在这个阶段中，一年生花卉要求温度5～12度；二年生花草植物要求温度为0～1度；也有一些花草植物对温度要求不严。在栽培实践中，常常用升温或降温处理来控制开花期。

不同种类植物开花所需的温度也不相同。原产于热带、亚热带地区的一年生花草植物，如鸡冠花、茑萝、半枝莲、牵牛花、凤仙花等开花的适温为25～30度；而原产温带地区的二年生花草植物，开花期的适温在5～15度，一般花草植物开花期的适宜温度为15～25度。温度对花朵的色彩也有一定影响；开花期需高温的种类，温度高时色彩艳丽；而喜低温或中温的种类，温度高时，花色反而较淡，如矮牵牛的蓝白复色品种，在30～35度高温条件下，花瓣完全呈蓝色，而低于15度时，花瓣呈白色。

2. 光照

光照是花草植物进行光合作用、制造有机物质的能量来源。同其他植物一样，没有光照，花草植物是不可能生存的。一般说来，光照对花草植物生长发育的影响主要反映在光度、光质和光期三个方面。

（1）光照强度（简称光度）花草植物的影响不同，对光度的要求也不同。根据它们对光度要求的不同，可以分为下列四类：

阳性花草植物：在生长期中喜欢强光，不耐遮阴。

中性花草植物：在生长期不喜欢强光，稍耐阴，在阳光充足或稍阴的环境下生长良好。

阴性花草植物：适于光照不足或散射光条件下生长，要求遮阴度保持在50%。

强阴性花草植物：要求其生长环境的遮阴度达80%左右。

在一二年生露地栽培的花草植物中，大多数为阳性花草植物，它们只有在光照充足的条件下，光合作用才会充分，营养物质的产生与积累才会丰富，从而生长健壮，开花茂盛；反之，则生长、开花不良。

（2）光照时间的影响。花草植物的生命周期在经过春化阶段之后即进入光照阶段。光照阶段对于花草植物的阶段发育关系密切，直接影响着孕蕾开花。不同种类的花草植物所需光照时间的长短是不同的，根据它们所需光照时间的长短，可以分为三类：

长日照花草植物：需要每天有12小时以上的光照才能开花。如果在其生长发育过程中始终得不到这一条件，即使枝叶长得再好，也不会开花。它们一般原产于温带地区，多半在夏季开花，如凤仙花、含羞草、瓜叶菊、金盏菊、雏菊、报春花、香豌豆、桂竹香等。

短日照花草植物：每日所需日照时间在12小时以下。若超过12小时，则会抑制其发育，延迟开花。在春季开花或秋季开花的花草植物中有许多种属于这类，如一串红、波斯菊等。它们中的多数原产于热带或亚热带地区。

中日照花草植物：每日所需光照时间在10~16小时之内，如石竹类、矮牵牛、万寿菊等。

（3）光质的影响。所谓光质，是指光谱中各种成分的相对数。太阳光主要由红、橙、黄、绿、青、蓝、紫等七种光谱成分组成，其次是红外线和紫外线。不同光谱成分对花草植物的生理活动有不同作用。花草植物的光合作用主要吸收红色光和橙色光，其次是蓝光色和紫色光。紫色光和紫外线主要为花草植物色素的形成提供能量。红外线有促进花草植物枝条伸长的作用，而紫外线则能抑制花草植物枝条的伸长生长。

3. 水分

水分占花草植物体重的70%~90%，它不仅是植物体的重要组成部分，而且是植物进行光合作用、呼吸作用以及对土壤中养分的吸收等生理活动所不可缺少的。此外，花草植物体能否挺立，也与其细胞内水分含量的多少有关。这里讲的水分，主要指与花草植物生长有关的土壤含水量及空气湿度。水分对花卉植物生长发育的影响，不仅随花草植物种类而异，而且与花草植物生长发育阶段有关。

（1）不同种类的花草植物对水分的要求可以分为以下四类：

旱生花草植物：原产在水分稀少的干旱地区，能忍受较长时间的干旱，水分过多反而易引起根部腐烂。如多浆、多肉花卉等。

湿生花草植物：需要生长在很潮湿的地方，在干旱的环境中生长发育不良，如蕨类花卉等。

中生花草植物：介于旱生花草植物与湿生花草植物之间，生长期需要适度的供水量和空气湿度。露地栽培的花草植物绝大多数属于此类。在各类中生花草植物中，抗旱抗涝能力也有差异：花草植物着根较浅，且枝叶柔嫩，其抗旱能力相对较弱。

水生花卉：生长在水环境中，它的根或地下茎可以在氧气供应少的条件下正常生长。

（2）花草植物在不同生长时期对水分的要求不同。种子萌发期需要的水分较多，其吸收的水量占种子重量的50%～100%。幼苗期的根系较浅，抗旱能力较弱，需要不间断供水，保持土壤湿度，但不可过多，否则会造成徒长。在幼苗移栽时，由于它的根系不同程度地受到伤害，吸收水分的能力减弱，要用小水勤浇，合理控制供水量。在开花结果阶段，花草植物对水分的需求量逐渐减少，要求空气干燥，以保证授粉结果。种子成熟期，要保持环境通风良好，减少空气湿度。

（3）合理控制水量是花草植物正常生长和发育的重要保证。如果供水量不足以补偿花草植物因蒸腾作用和代谢活动消耗的水量时，嫩枝和叶片就会出现萎蔫现象，影响其正常的生长和发育。反之，如果水分供应过多，不仅会引起植株徒长，不利于开花，还会导致叶片发黄，或落花、落果等生理性干旱现象。因此，在花草植物栽培中，必须要求均衡供水，保持土壤湿润和疏松。

（4）花草植物对水质的要求。灌溉水的水质会对土壤产生影响，从而间接影响花卉的生长。水质一般分为硬水和软水两类。硬水溶解性盐类（Ca、Mg 等）含量较高，而软水的含量较低。未经处理的灌溉水多为硬水，尤其是在北方水质较硬的地区，长期灌溉使用，溶解性盐类会在土壤中沉积，导致土壤盐碱化程度加重，对花草植物生长产生不利影响。

花草植物对灌溉水的水质要求较高，一般以微酸至中性（PH值6～7）较为理想。对于水质硬度较高、PH值较大的灌溉水，可以适当加入醋酸（食用醋）、硫酸亚铁等进行酸化处理，降低PH值，使其符合水质要求，或用储存晾晒的方法，促使水中有害物质挥发和沉淀后使用。

4. 空气

由于空气中含有花草植物光合作用所需的一氧化碳和花草植物呼吸作用所需的氧，因此，空气对花草植物的生长和发育具有重要作用。花草植物在生长发育过程中，不仅地上部分要进行呼吸作用，地下部分的根系也要进行呼吸作用。如果着根的土壤板结或较长时间积水，通气不良，根系呼吸作用所需的氧不能得到满足，那么，根系的生长和发育就会受到损害，老根不能正常生长，新根不能萌发，进而使根系对水分和营养盐的吸收不能正常进行，最后导致植株死亡。因此，在花草植物栽培中，既要保持环境空气流通，同时也要改良土质，合理浇水，确保土壤具有良好的通透性，以满足花草植物生长对空气的需要。

空气中的二氧化碳是光合作用的碳素来源，在花草植物栽培中，适当增加空气中二氧化碳含量，就能有效增加光合产物，有利于花草植物生长。如果空气受到污染，其中的有害气体也会对花草植物造成危害。

5. 土壤

土壤是花草植物赖以生存的物质基础，它不仅是花草植物生长的载体，而且提供其生长所必需的矿物质营养，因此，它的理化性状直接影响着花草植物的生长发育。

（1）土质与花草植物栽培的关系：根据土壤中矿物质颗粒的大小，以及它们占有的不同比例，通常将土质划分为沙土类、黏土类和壤土类三种。

沙土类：含沙粒多，土质疏松，通透性强，有机物质含量少，持水保肥力弱，一般不考虑单独使用，仅适合用作扦插苗床的基质，或用作调制培养土的材料。

黏土类：含粘粒多，土质黏重，通透性差，有机物质含量比较丰富，保水保肥力强，对根群发育生长不利，仅适合种植极少数花草植物种类。

壤土类：土粒大小适中，理化性状介于沙土类与黏土类之间，既通气透水，又保水保肥，并且有机质含量丰富，是种植多数花草植物较为理想的栽培用土。

不同种类的花草植物，对土壤类型的要求有一定差异。一二年生花草植物在露地栽培时，对土壤要求不严，除沙土和极黏重的土壤不宜种植外，其他土壤均可。但以排水性和通气性良好，又能保水保肥的沙质壤土最为理想。在盆钵栽培时，由于盆钵容量有限，花草植物根系的伸展受到限制，因此，对盆土质量的要求更高。好的盆土不仅要具有良好的团粒结构，而且要富含各种营养物质，单独使用某一种类型的土壤，不能满足上述要求，所以盆土必须根据花草植物的生长需求进行人工复合配制，这种优化配制的土壤又称培养土。培养土最主要的特点是腐殖质含量丰富，一般以腐叶土、园土、河沙为主要原料，按一定的比例进行配制。不同种类花草植物的生长特点各异，那么用于种植的培养土各成分的含量比例也应不同。

（2）土壤酸碱度对花草植物栽培的影响：土壤酸碱度与土壤的理化性状、微生物活动及矿质元素的分解利用等紧密相关，直接影响植物根系的生理活动及对矿质营养物的吸收。营养元素磷在 PH 值 5.5～7 的土壤中有效性最高。在 PH 值大于 7.5 或小于 4.5 的土壤中，与钙、铁、铝发生结合，其活性会大大降低。依据土壤酸碱反应的 PH 值大小，将土壤划分为酸性土壤（PH 值小于 6.5）、中性土壤（PH 值 6.5 ~ 7.5）、碱性土壤（PH 值大于 7.5）三种基本类型。全国各地区土壤酸碱反应类型不一，在花草植物生产中必须因地制宜地选择适合花卉生长的土壤酸碱反应类型，或根据花草植物生长要求进行土壤改良。

土壤酸碱度的检测：取少量待测土壤，加入蒸馏水，刚好浸溶土壤即可，稍稍搅拌，待澄清后，取 PH 值试纸蘸着土壤溶液，然后与比色板上的标准色谱进行对照，找出近颜色的色板数值，即是所测土壤的 PH 值。

不同种类花卉，对其着生土壤酸碱度的要求亦有不同。多数露地栽培的花草植物，要求酸碱度接近中性（PH 值为 7 左右），而温室花草植物则喜略偏酸性的土壤。也有少数花草植物既可生长于偏碱性的土壤，又可生长于偏酸性的土壤。花卉植物土壤的酸碱度不适宜，就会导致其生长不良，甚至死亡。对于酸碱度不符合要求的土壤，可以添加适量的酸碱物质进行中和调节。若遇碱性过强的土壤，施用硫酸亚铁、硫酸铝、硫磺及酸性肥料等，以中和土壤的碱性。遇酸性过强的土壤时，则可用白云石、碳酸钙、石灰石及碱性肥料等进行中和调节。

总之，理想的花草植物栽培土壤，不仅土质要好，而且酸碱度还要适宜。

6. 肥料

花卉需要的养分，除吸收土壤中的，还需要通过人为的施肥获取。花卉生长发育需要的氮、磷、钾、钙、硫、镁、氢、氧等。主要是氮、磷、钾元素，另外还有铁、硼、锰、铜、锌、钼等微量元素。各种元素既有独特作用，也需要互相协调配合，才能使花卉正常生长发育，开出理想的花、结出丰硕之果。

第四节 为花草浇水施肥的原则

花草是大自然的精华，斑斓的色彩，沁人的芳香，越来越受到人们的青睐。因此，家庭养花已成为现代文明生活的一种象征。但是，要养好花并不是一件简单的事情，许多本来可以多年生长的花卉，由于人们不懂得管理而很快出现黄叶、枯萎而死亡。因此，必须根据家庭环境，科学地进行栽培管理，从而减少不必要的损失。

1. 合理浇水

养了花，浇水就成了日常养护中最频繁的工作。浇水浇多少？怎么浇？都令许多养花者困惑。专家说，浇水是最简单也最难学的，学3年也不一定会。总的来说，所有植物都遵循“见干见湿”的浇水原则。即土壤干了就要浇水，要浇足、浇透，让土壤全部变湿。反之，土壤没有干就不要浇水。具体操作中要注重“五看”。

（1）看水质。花木所需水分以无污染的天然降水为好。雨水、雪水是首选浇花用水。日常所用的自来水，在净化过程中都加入了净化剂，不宜直接浇花，最好储存一两天，使水中的氯气挥发后再用。煮鸡蛋的水、茶叶水、发酵的淘米水、换下来的养鱼水以及啤酒、糖水等，都是很好的浇花用水。

（2）看水温。花谚说得好：“水温适度花枝茂，水温过冷花感冒”。可见水温与土温之间的差异大时，不能浇花，以免冷水损伤根系。最适用的办法是，在靠近盆花的地方，用浇盆或浅水缸存放一些备用水，这样有利于自然调节水温的差异。一般情况下，水温与土温的温差应保持在5～9度，就不会发生根系损伤的现象。

（3）看时间。一年四季气温不同，浇花时的用水量也要视季节而定。春寒乍暖，天气变化无常，这时盆花开始萌芽、生根，需水量大，要保持盆土湿润；夏季干燥，蒸发快，浇水要加倍；秋季应适当少浇水，以免花枝疯长，影响第二年开花。冬季多数花木处于休眠状态，只要保持盆土稍湿即可。至于每天的浇水时间，春、夏、秋、冬也各不相同。在春、秋、冬季的上午10点左右和下午4点以后是浇花的适宜时间，而在夏季切勿中午浇花。

（4）看花盆。盆花浇水的原则，还应根据花盆的大小、深浅以及花盆的质地而定。小盆浅，浇水要少要勤。泥盆渗水性好，盆土容易干燥，要勤浇。石盆、釉盆不易渗水，长期积水花卉就会烂根。

（5）看花木。不同的花卉，需水量也不同，因此浇水要因花而异。常见的仙人掌类及芦荟、景天、龙舌兰等干性花卉，根系不发达，应少浇水。温性花卉应多浇水，水分不足叶子就会呈现枯萎状态。有的花木，叶片上生有一层密密的绒毛，如秋海棠、大岩桐、蒲包花等，不宜在叶面上喷水，否则水分难以蒸发，易霉烂生病。此外，花木在生长旺季和孕蕾期要多浇水，开花期少浇水。刚修剪的花卉要少浇水，否则枝叶徒长会影响造型。

2. 科学施肥

施肥必须把握好以下三点：

（1）必须了解各类肥料的理化特性。肥料分为生理酸性肥、生理碱性肥和中性肥。凡是含有易被植物吸收利用的阳离子和利用较少的酸根的肥料，被称为生理酸性肥。当植物吸收阳离子后，大量的酸根滞留在土壤溶液中，使土壤溶液酸度加大。这类肥料有硫酸钾、硫酸铁、氯化钾等；生理碱性肥则是肥料中的酸根和较少的金属阳离子被植物吸收利用，大多数金属阳离子留在土壤溶液中，使土壤溶液碱性增加，如硝酸钠、磷酸钙等；生理中性肥则基本不会改变土壤的酸碱度，如氮肥中的尿素。此外，还要注意肥料的肥力，即要区别速效肥料和迟效肥料，如过磷酸钙就是速效性肥料，钙美磷肥则为半速效碱性肥。不同的肥料在土壤中的分解速度以及对土壤性质的影响都不一样，必须全面了解其性能。

（2）必须选择好施肥的方式。家庭养花施肥常有深埋、浇灌、叶面喷施（根外追肥）等方式。深埋施肥宜在栽种前或换盆时使用，主要作基肥。它能持续不断地供给盆花养分，又能通过土壤胶体减少某种化肥的铁化作用所产生的有害物质对花卉的不利影响。施肥深度以5～10厘米为好，应远离新根、嫩芽。适合深施的肥料有腐熟农家肥、各种复合肥、生物菌肥、尿素、迟效性肥（如钙美磷肥）。浇灌施肥则是对土壤基质肥力不足的补充，多以一定浓度的速效性肥根施，可用于整个生长期。此法施肥植物吸收利用快，见效显著且安全，不足之处是使用不当易造成肥分流失、挥发及产生有害物质。

几乎所有的可溶解性化肥均无浇施。根外追肥是为了达到短期的目的或者不便浇施时采用的一种方式，可喷于花卉的叶、茎、花部位，养分通过表皮细胞渗入和气孔吸入，施用简易，效果明显。追施氮、磷、钾三要素时应首选尿素和磷酸二氢钾，因为尿素的分子量小，可直接以分子态被植物吸收利用，况且又是生理中性肥。磷酸二氢钾中的磷酸二氢根是所有磷肥中最易吸收的磷酸根，钾离子也能很好地被植物吸收利用；微量元素肥料的施用尤其适合根外追肥的方式。

（3）必须弄清各种花卉对肥料的适应性。喜酸性土壤的花卉在碱性土壤中是不能正常生长的，故应施入生理酸性肥，如兰花、茉莉花等。对于性喜碱性土壤的花卉应施用生理碱性肥料。但长期大量施用酸性或碱性肥料，会导致盆土过度酸性化或碱性化，可配合施用中性肥料或者略施一两次酸碱相反的肥料予以纠正。对于以观叶为主的绿叶花卉应偏施氮肥，对有多彩叶艺的花卉应少施氮肥、镁肥，以防叶绿素隐蔽叶艺，如有叶艺的兰花和君子兰等。另外要针对不同生长期施肥。营养生长期可以氮肥为主。中后期以磷钾肥为主，辅以少量氮肥；生殖生长期以磷肥为主，辅以少量微量元素肥，如硼肥。花期、休眠期则不宜施肥。此外，盆土基质的酸碱性也直接影响施肥的量和种类的选择，如在酸性较强的土壤里种植喜酸性花卉，可以施用生理中性肥为主，辅以少量酸性肥以补充基质流失的酸性，反过来在有一定碱性的土壤中施肥也如此。当然，还可以进行混合施肥，只在基肥中混合少量的硼肥，因硼肥有后效性，无需再施。为降低氯化钾的生理酸性，可配合碱性氮、磷肥混合施用，这样还可防止游离的铁离子、铝离子增加产生的危害。硫酸钾可与难溶性的磷矿粉或农家肥混合基施，能提高磷的利用率或降低土壤碱性。

第五节　花草的防暑与越冬

在高温闷热的天气里，人要防暑祛火，而一向娇嫩的花草更需要消暑降温。

烈日和高温会加速水分蒸发，除了给花朵和叶片喷水，还应在阳台的地表洒一些水。这一招“水冷空调”既能降温，又能保湿，两全其美。为了照顾好花草这个“贵客”，在花盆下面铺上一层湿沙，此举就像给花草制作了一块天然隔热板。

有些朋友怕夏天花草枯死，拼命浇水。其实这样不仅不利于花草呼吸，还很容易造成烂根。有经验的养花者都知道夏天的水量要根据花草的品种适时适量，比春季稍稍增加就可以了。越是夏天浇水，越要遵循“见干见湿、不干不浇、浇则浇透”的原则，每次浇过水后，要等到表层土壤干了，而内层土壤尚未干时，才浇第二次水。另外湿生花草要多浇水，旱生花草要少浇。草本花草要多浇，木本花草要少浇。生长旺盛期要多浇，休眠期要少浇。

有些花草在夏季处于休眠或半休眠状态，比如君子兰、仙客来等。对于它们来说更要控制水量，土壤湿润即可。

夏季阳光强烈，极易造成花、叶和根尖的灼伤，影响其长势。所以每到 5 月，要准备一块农田用的遮光布，为花草搭起凉棚。遮光布是镂空的，可以起到 50% 的遮光效果，而且透气。但要注意，并不是所有花草都要躲到凉棚里。遮阳多少也要根据花木品种的特性有所区别。比如桂花、金橘等是喜欢光照的，最多在正午太热的时候遮一下阳光即可。杜鹃、栀子花等喜欢阴凉的环境，夏天的时候可以一直待在凉棚里。发财树、吊兰、文竹等是经不起阳光直射的，不仅要放在室内，还不能太靠近有阳光直射的窗子。

与遮阳同等重要的是通风。比如非洲茉莉花期缩短了，是因为那盆花被摆在了阳台的角落，吹不到风，花期就会缩短。因此，要根据不同类型的花分别处理才能安全度夏。强烈的光照会把花儿灼伤，主人们要么把它们移到阴凉的地方，要么就得搭建凉棚。不仅要遮阳，还要注意通风，否则闷热会让花草生长缓慢、花期缩短。

为了给花草降温，细心的主人还想到了各种办法，把球状根露出来晾一晾，给大叶花草喷喷水，或者干脆把花盆泡在水里，让花儿们享受一下“水冷空调”。特别强调几点：

（1）中午不宜用冷水浇花。盛夏中午，气温很高，花草叶面的温度常常高达40度左右，根系需要不断吸收水分来补充叶面蒸腾的损失。如果此时浇冷水，虽然盆土中增加了水分，但由于土壤温度突然降低，根毛受到低温的刺激，就会立即阻碍水分的正常吸收。而且，由于这时花草体内没有任何准备，叶面气孔没有关闭，水分失去了供求的平衡，会使植株产生“生理干旱”，造成叶片焦枯，严重时会引起全株死亡。这种现象在草本花草中尤为明显，如天竺葵、翠菊等最忌炎热天气中午浇冷水。

（2）光照与遮阴。7～8月正是盛暑烈日之际，需按照各种花草的生活习性区别对待。性喜光照的花草，如一品红、石榴、扶桑、无花果、米兰、白兰等，应放在阳光充足处养护。中午时需对米兰、白兰、菊花等略加遮阴。茶花、杜鹃、倒挂金钟、栀子、君子兰、南天竹等，入夏后应放在通风良好的阴凉处养护。南天星科花草需放在弱光或散光下养护，同时要采取遮阴、喷水及盖盆等办法降温防暑。

（3）水肥控制应得当。各类花草习性不同，对水的要求也不同。性喜湿润的花草，如米兰、茉莉、夹竹桃等绝大多数花草，在通常情况下，以上午浇水1次，下午或傍晚浇1次透水为宜。浇水量的多少，主要看花木大小、天气情况和盆土充实干湿程度。暑期花草生长快，要及时供给充足的肥料。对于一般盆栽花木，可每周施1次腐熟的稀薄液肥；对于性喜酸性土壤的花草，可每两周施一次矾肥水。施肥后次日要注意浇水。

及时修剪有利生长：盆栽花木夏季修剪的作业，包括摘心、抹芽、摘叶、疏花、疏果。对家庭春播草本花，长到一定高度时要及时摘心，促使其多分枝、多开花。对金橘等木本花，当年生枝条长到15～20厘米时也要摘心，使养分集中，有利于开花、结果。对于一些观花类花草，如石榴、茶花、月季等，应摘除部分过多花蕾，促使花大色艳。对于观果类花草，如金橘、佛手，也需及时摘掉一部分幼果，一般短的结果枝只留一个果，则果大色佳。

休眠花草的护理：有些花草，如仙客来、倒挂金钟、大岩桐、马蹄莲、天竺葵、令箭荷花等，高温季节处于休眠或半休眠状态，这时新陈代谢缓慢，生长停滞。应针对这些花草的生性特点，采取相应的措施，精心护理，使其顺利度过休眠期。

（1）将休眠的植株放在阴凉、通风地方，避免强光照射和雨水淋浇，否则易造成烂根，甚至导致整株枯死。

（2）要严格控制浇水。此时浇水过多，盆土太湿，极易烂根；浇水过少，又易使根部萎缩。以保持盆土稍湿润为宜。

（3）停止施肥。休眠期间由于生理活动极微弱，不需要肥料，所以不要施肥。不然容易引起烂根等，乃至整株死亡。

温室的夏季管理：很多喜阴湿、怕雨淋的小型盆栽花草，一般可常年在温室内栽培。主要管理工作是：

（1）降温。夏季温室内栽培盆栽花草，降温是重要工作。如不采取降温措施，日照过强、温度过高，盆栽花草会因日灼病而引起烧焦枝叶甚至致死。根据多年的实践，采取加强通风、遮盖帘子、屋顶喷水三结合的方法，降温效果很好，可使温室内的温度较室外的气温略低或相平。如果能安装制冷机械，使温室内温度降到30度以下，对不耐高温和原产于高山地区的花草，安全越夏更为有利。

（2）蔽阴。夏季中午前后，温室外部玻璃面上盖帘子遮荫，以减弱温室内光的照度。

（3）加强通风。夏季温室内受建筑结构的阻挡，往往空气对流较慢，应加强通风，使温室内空气流畅。

（4）病虫害防治。夏季温室内空气不够流通，温度较高，湿度较大，常出现闷热现象，很多病虫害极易发生，应采用通风、降温措施预防，一旦发现应及时防除，以防蔓延。

上面说了花草如何避暑，下面我们来谈谈花草如何越冬。

（1）防冻保暖。原产地在热带、亚热带、暖温带的花草，均应进行防冻保暖，其中观花类中有米兰、白兰、茉莉等。观叶花草有铁树、棕竹、文竹等。多肉质花草有蟹爪兰、令箭荷花、昙花等。御寒能力较强的有茶花、杜鹃、含笑、月季、梅花等花草，置于室外朝南向阳的避风处也能越冬，但在连日低温期间，也需搬入室内保暖。

有温室或暖房设备的，在霜降前将门窗打开换气数天，并消毒。然后根据花草对温度的不同要求分批移入室内，并注意调剂室内空气湿度及温度。

没有温室或暖房条件，可在庭院、阳台搭建简易塑料暖棚。在连阴天或气温骤降时，应在暖棚顶及四周加盖保暖材料。

如畏寒花草不多，可把盆花移到居室内，室内温度保持5度以上，一般花草均能安全越冬。当温度很低时，可用报纸、塑料袋直接把花草罩起来，并用绳子将口扎紧，这样既可保暖又可防尘。

（2）冬季肥水管理。冬季温度低，蒸发量少，花草新陈代谢弱或处在休眠状态。因此，盆土应稍干一些为好。有温室、暖房且温度能保持在20～25度，花草生长良好，浇水应按2～3天1次进行，其他条件下应控制浇水，一般来说5～7天或更长一点时间进行1次，浇水时间均应在中午前后，水温不能太低，切忌用太冷的水。最好将浇花用水预先在室内放一段时间，待水温与盆土温度基本一致再浇。在冷水中加点热水提高水温的办法也是可取的，但水温不能过高。无论在温室、暖房（棚），还是居室中均应注意保持空气湿度在60%～80%，这样有利于花草处于正常状态。冬季大部分花草处在休眠状态，一般应停止施肥，但冬前必须施好越冬肥，长江以北大部分地区应在秋分前后进行。对观花类的花草，以施钾肥为主；对观果类的花草，以施磷肥为主。一般不宜施氮肥，以免发生徒长，不利花草越冬。

（3）温室的冬季管理。产于热带、亚热带以及暖温带的花草或为花草促成栽培所要求的温度是各不相同的，只有满足它们所需要的温度，花草才能生长良好并安全越冬。对于盆栽花草除了气温外，还包括土温和灌溉水的温度。

（4）土壤温度。土壤温度的高低，直接影响着花草的正常生长发育，若土壤温度过低，会使花草的生育期拖长。因此，盆栽花草于冬季应放在盆土能接受太阳光照射的地方。

（5）采光。喜光花草可直接放在温室内光照条件下栽培。对喜阴暗的花卉应采取遮掩光。为了不因在温室外部覆盖帘子而影响白天玻璃吸收太阳辐射热借以提高室内温度，可在温室内靠墙边栽植热带、亚热带地区原产的蔓生花草，使枝蔓爬满屋架，造成下面阴暗的环境。

（6）空气湿度。原产于热带、亚热带地区的各种花草除多浆花草外，大多不耐北方冬季的干燥气候，为了栽培好这类盆栽花草，创造一个比较湿润的环境是极为重要的。保持温室内的空气湿润，可以经常在地面上淋水和多修贮水池，最好装设人工喷雾。另外，根据水温高于气温即产生大蒸发的自然现象，利用太阳能或暖气回水管通过水池，使水温升高产生大量雾气，对盆栽花草保持湿润更为有利。

（7）通风换气。温室里必须经常保持空气流通新鲜，以利花草生长。因此，在冬季中午气温较高时，应敞开门窗进行适当的通风换气。

（8）浇水。冬季盆栽花草在温室内越冬，多处于休眠或生长缓慢状态，不需要大量水分，应控制浇水。严格掌握“干透浇透”的原则。

（9）其他。盆栽花草冬季在温室里越冬，由于停止或缓慢生长，不需要很多的养分，故一般多不进行追肥。中耕除草、清除枯枝落叶等一般管理工作，也比夏季为少。

具体防寒要领：

（1）蓬莱松、天门冬、一叶兰、八角金盘、撒金桃叶、珊瑚、蒲葵、肾蕨、棕竹、南天竹、含笑、富贵竹、火棘、茶花、春兰、蕙兰、凤尾竹、菲白竹、苏铁等，放在温度不低于0度的简易塑料大棚内，即可防止冻害。

（2）对越冬温度要求不低于5度的观赏植物种类，如南洋杉、鹅掌柴、橡皮树、茉莉、白兰、珠兰、袖珍椰子、马蹄莲、春羽、龟背竹、建兰、墨兰、比利时杜鹃、三角花、仙客来、报春花、五色梅、金橘、代代、柠檬、散尾葵、天竺葵、扶桑、佛肚竹等，可在双层塑料大棚中越冬。

（3）对要求越冬温度不低于10度的花木种类，如变叶木、花叶芋、椒草、竹芋、富贵竹、鱼尾葵、巴西铁、发财树、网纹草、凤梨、粉黛叶、一品红、大花蕙兰、龙吐珠、金苞花、米兰、蝴蝶兰、卡特兰、莼兰、南美铁树、红（绿）宝石、文心兰、虎头兰等，在密封性能较好的双层大棚内，还要适当予以加温，在特别寒冷的时间段，于下午4点至次日早9点，在大棚顶上加盖草帘，待到气温转暖后再揭去。

（4）对比较耐寒的盆栽、盆景植物种类，如腊梅、梅花、海棠、映山红、石榴、榔榆、鹊梅、柞木、紫薇、紫藤、黄杨、罗汉松、三角枫、翠柏、圆柏、红柏、水杨梅、枸骨、对节白腊等，在不低于零下10度时，一般不会受冻，遇到特别寒冷的天气，再加盖地膜或软草防寒。

（5）对盆栽花草中那些春节前后开花的植物种类，如山茶、茶梅、比利时杜鹃、梅花、腊梅、瓜叶菊、报春花、长寿花、风信子、欧洲水仙等，观果类如代代、柠檬、佛手、四季橘、金豆、冬珊瑚、富贵竹、南天竹等，不仅要保持盆土湿润，而且必须给叶面喷水，以利于花芽的膨大，也可增加花朵、果实的鲜艳程度。

（6）对于搁放室内的大部分观叶植物，既要保持盆土湿润，又要给叶面喷水，始终保持植株叶面清洁；对不甚耐寒的观叶植物种类，如粉黛叶、合果芋、竹芋、变叶木、银皇后等，当室温已接近其能耐受的最低温度限度时，应特别注意控制浇水量，方可保证其安全越冬。

花草入室前后养护要则：

（1）肥水管理。盆栽木本花草，春夏开花的花草，如茉莉、扶桑、石榴、栀子等，从初秋10月初开始就要逐渐控制浇水量，停止施肥，以免水多烂根，肥多造成枝叶徒长，影响越冬。春节前后开花的花草，如仙客来、君子兰、蟹爪兰、杜鹃等，已度过了休眠期，开始进入生长旺季，故从秋季到春节开花应加强肥水管理，可适当增施磷肥、钾肥，或腐熟的豆饼水，以利于花芽形成。搬入室后，一般花草冬季生长缓慢，所需水分和养分相对减少。因此，浇水也要适当减少，一般盆土掌握在三分干、七分湿即可。落叶的花木 15 天左右浇 1 次水，保持盆土微润偏干；常绿花草 10 天左右浇 1 次，盆土稍润不干即可；冬季和早春开花的花草 7 天左右浇 1 次，盆土可稍微湿润些，但不能渍水。

（2）光照管理。越冬盆花应放置在室内背风向阳处，避免冷风袭击。盆花入室后放置的位置应根据花木的特性考虑，冬春季开花的花木如一品红、山茶、蟹爪兰、瓜叶菊等，秋播的草花如香石竹、金鱼草，以及性喜阳光高温的白兰花、米兰、茉莉花、扶桑等花木，应放在窗台或靠近窗台的阳光充足处；性喜阳光但耐低温或处于休眠状态的令箭荷花、仙人掌类、文竹等，可放在有散射光的地方；其他耐低温且已落叶的木本花草和以宿根、球根越冬的草本花草，以及对光照的要求不严格的花木，可放在距离窗户稍远处。如果花木受凉，绝不可马上对盆花加温，要先放在稍微温暖的地方，逐步加温，使其恢复生机。

（3）合理修剪。大部分花草如茉莉、扶桑、石榴、栀子等，可在秋季入室前修剪整形，这样可使植株在冬季减少养料消耗，促使盆花翌年开花增多。如月季、米兰、海棠、石榴、茉莉等品种可对其老植株进行修剪、整形，减少养分消耗，有利于盆花安全越冬。对誉梅、三角梅、赤梅、榕树等以观赏为目的的桩头，可将其密生枝、病虫枝、徒长枝、瘦弱枝等全部删去，其他枝头作适当缩剪，使枝头保持层次分明，枝叶清爽，对春季开花的，只宜适当疏去无花芽的秋梢，对当年生枝条开花的，应加强修剪，促发新梢，为来年着花作准备。对入室的盆花，入室前一定要根除病虫害，将病虫枝剪下后集中销毁。对发生白粉病、烟煤病的可喷洒0.1%的多菌灵，发生蚜虫和红蜘蛛的，可喷施0.2%的氧化乐果或敌敌畏。

（4）分批入室。低温、霜冻天气，对多数盆栽花木造成严重威胁，为使花木安全越冬，应遵守“冬不入，春不出”的原则。“冬不入”即指天气寒冷，没有霜冻时，对大多数花草来说，不要急于搬入室内；“春不出”即指天气转暖时，不要急于搬出室外。盆花入室的时间可根据花草的不同习性而确定。发财树、榕树、龙血树、扶桑、一品红、秋海棠、仙客来、彩叶草、龟背竹、仙人掌类的仙人球、蟹爪兰、山影等喜暖花木，在气温降到10度左右时应移入室内。如杜鹃花、兰花、吊兰、文竹、一叶兰、鹅掌柴、橡皮树、茉莉、栀子等，在气温降至5度时也要移入室内。绝大多数盆栽花草以在霜降前入室为好。

不论是放在大棚里还是温室内或者是摆在居室中的盆景、盆花和观叶、观果植物，除必须保持与之相适应的室内温度外，还应注意通风透气，可于一天中温度最高的正午前后开门窗给予通风换气，以防止落叶、落花、落果的发生。在通风换气时，还必须注意不要让冷风直接吹袭植株，以免发生不良反应。

第六节　购买花草注意事项

购买前要想好装饰家中的什么地方，再结合厅堂、居室等具体地点的实际情况和要求而定，如居室的大小、光线、温度、想要装饰的效果等，来选购相适宜的花卉。缺乏养花经验的初学养花者，最好不要买花卉小苗和落叶苗木。因为一不易养活，二容易上当，鉴于种花、管理花经验不足的朋友来说，最好还是选择比较容易养育的植物。

1. 观花类

（1）注意花的成熟度。购买观花类的花卉主要目的就是为了在节日期间能观赏到开满鲜花的花卉。在选购时，应掐算好离你想要它开花日子间的时间，然后根据这个时间的长短来选择不同成熟度的花卉。如春节前一周购买，就应选已开了3～4朵而其他均为含苞待放花蕾的年宵花卉。否则，不掐算好时间的话，买回家后到春节还没开或到春节就已谢了，岂不是很扫兴。

（2）注意植株的新鲜度。看中自己喜欢的一款盆花后，要仔细观察植株是否比较完美、丰满且无黄叶、花朵凋谢及叶片萎蔫等现象。如果有黄叶或叶片萎蔫的现象应谨慎购买。因为我们不得不考虑它是否刚上盆不久、根部是否已经开始失去基本的吸收、运输功能以及是否发生冻害等情况。绝不可贪便宜，否则会让你损失更多。

（3）注意盆土的情况。①看看盆土的颜色，如果是新土或是能闻到新鲜泥土的味，最好不要选购。②通过盆底的排水孔看是否能看到根，如果有并且能看到嫩白色的新根，那么此盆花的“掺假性”不会很大。③轻提植株，看植株茎基部与盆土交接处的情况，如果提起盆土就有很多凸出来的话，最好不要购买。因为如果植株在盆土中生长时间较长的话，提起时盆和植株应该是能一起提起来的。

（4）认清植物品种。现在很多花卉市场上所卖的均为商品名，商家为了满足消费者图吉利等心愿，将一些常见的花卉名叫得格外响亮，并且当作高档花卉出售。

（5）考虑家庭环境及花卉价格。当你对照上述四种情况后，确认你要选购的花卉，别忘了再考虑一下你家里的环境。因为很多新奇的花卉都是进口的，在国外它们都是生长在温室里，到你家后你能提供这种环境吗？其实，购买在当地生长好且漂亮的花卉，它们花期长、花色美、易管理的特点会更令你欣喜若狂。在价格方面，你可以多走几家花店，探探行情。然后根据自己的喜好及经济承受能力再作定夺。

2. 观叶类

在采用上述几条后，购买观叶植物还需注意的是：

（1）很多花商为了促销，在一些劣质的观叶植物上大做文章，如刻上“吉祥”、“幸福”等字或为植株扎上一些漂亮的丝带花等，消费者不要一时激动，不假思索地用重金买下。

（2）对于一些彩叶植物，如花叶芋、变叶木、美叶光萼荷、西瓜皮椒草、冷水花、金边富贵竹、花叶竹芋等。购买时要选择株型丰满、枝叶分布均匀、无病虫害、彩叶亮丽的植株。对于彩叶色泽暗淡、不明显、叶尖干枯等不良情况不要购买。

（3）选购好观叶植物后，带回家的过程中要用密闭性好的塑料袋包好，防止受冻。因为很多观叶植物不耐寒，如竹芋、变叶木、袖珍椰子、马拉巴栗等。

（4）叶形奇特的观叶植物如龟背竹、鹿角蕨、金毛狗、南洋杉、鸟巢蕨等。在选购时要注意植株的大小，以满足你能在案头或客厅中布置。另外选购时也要尽量选择已生长2年左右的植株，因为很多植物的养护都是比较难的。鉴于种花、管理花经验不足的朋友来说，最好还是选择比较容易养护的植物，待你积累丰富的经验后再购买也不迟。

购买花草注意事项：

1. 要从信誉度高的地方（经销商）购苗

私人小规模贩苗，难以保证品种纯度和苗木质量，一般不可信赖。相对而言，国家正规科研单位或是信誉比较好的苗圃或公司，质量多有保障。一旦苗木出现质量问题，也可以找到卖方解决。

2. 要买自己熟悉的品种

市场苗木品种繁多，很多是同物异名，容易鱼目混珠，使人眼花缭乱，摸不清真相，上当受骗。因此，购买自己熟悉的品种，或直接到有母本园的育苗单位现场购苗，才能有把握，购到真品种。

3. 购苗要三看

（1）看苗木新鲜度。所谓新鲜苗木，出圃周期短，叶片、根系新鲜有光泽，没有变色、皱缩、枯蔫、干枯、腐烂现象。如果叶片失绿出现皱缩卷筒，枝条产生皱皮，根系失水干枯，多为苗木出土时间长，植株失水多，根系已死亡，栽后很难恢复生长。

（2）看苗木质量。选优质苗除品种纯正外，还要枝干粗壮，多分枝，枝叶无病虫操作，根系发达，主、侧根完整，损伤少，须根多。只有断头根、脱皮根，没有须根，多为扯出来的苗木，栽后吸收水分困难，容易死亡。

（3）看芽的发育情况。不同温度带地区的苗木，发芽早晚不同，要根据种植时间选购苗木。一般深休眠的苗木，栽后成活率较高。已萌芽长叶的苗木，栽后根系恢复生长慢，水分营养代谢失调，一般成活率较低。如平均气温在5度以下，种植裸根常绿树苗难成活，已发芽的黑松、马尾松、五针松裸根移栽很难成活。移栽不能晚于惊蛰，牡丹移栽要在秋分。所以，购苗要选择时间，已发芽抽梢的苗木不要购买，尤其是纯单芽和陷芽少的观花、观果苗，很难成活。

选购盆栽花卉，以购上盆时间较长的盆花为好。上盆不久的花卉，根系因受到损伤，容易受到细菌的侵入，如果养护不当，会影响花卉的生长和成活。

在市场上出售的花卉，常有以次充好、以假乱真的现象，因此购买时要特别注意。有的卖花人把断枝和无根苗木当做盆花出售。有的人把南方的常绿树苗当做名花出售。有的人把野生兰草当做兰花出售。

为了运输方便，花商从外地买进的花木，多不带土球或土球很小。若买带土球的花卉，要注意土球是否过小，是不是泥土包的假土球。一般随花带的土球土壤不太板结，土内的根系发达，有幼嫩根，这样的花卉才能买。若发现土球松散，花卉根部发黑，须根少，这样的花苗栽下很难成活，千万不要买。在买常绿花木如橡皮树、白兰、含笑、米兰、五针松等时，一定要带土球，否则，买回去也很难栽活。凡不带土球的花木，一般都是落叶花卉。买时挑选裸根根系好、须根多、颜色呈浅黄色的为宜，最好不要发叶或带花蕾的，因为已发叶或形成花的植株栽种后并不容易成活。

第七节　室内观叶植物管理月历

1 月：气温寒冷、干燥。

白天将喜半阴及喜光植物置南向窗台，接受充分光照。夜间置远离窗台 1 米处，也可加罩保温。喜高温植物白天需加罩塑料膜或置入玻璃制成的保温箱。有条件的可用人工光源补光，以增加光照量。室温偏低的房间，应采取加温措施，防止冻害。耐阴植物置光亮处，休眠植物置暗处。约 4 天以上浇水 1 次，待土壤干燥发白、发硬时进行：不施肥或施少量钾肥。叶面用湿布擦拭除尘保湿。及时剪去枯枝黄叶。

2 月：气候寒冷干燥，时有温暖天气。

保持光照和温度，同 1 月。即便偶尔有温暖天气出现，亦不可突然移至室外晒太阳，或者解除保温设施，否则极易导致冻害。控水控肥亦同 1 月。耐寒植物开始上盆、倒盆和换盆。如部分竹类、南天竹等，须在下旬选择温暖天气进行。扦插南天竹、八角金盘等耐寒植物。整形修剪同 1 月。

3 月：气温开始回升，光照强度逐渐增大，但仍有寒流侵袭。

除喜高温和部分中温植物继续采取防冻措施外，其余植物可逐步解除保温设施，以适应室温，并适当通风透气，但仍不可马上移至室外，可以轮流晒太阳。保持湿度，少量施肥，浇水次数适当增加，为植物萌芽制造条件，但土壤仍不可过湿，保持一定的空气湿度。温暖天气中午适当往叶面洒水。少量施用全素肥料或偏重氮磷肥料。继续扦插八角金盘、扶芳藤、红背桂、络石等耐寒植物。分株繁殖红背桂。大部分可开始换盆，并结合换盆进行修根、整姿、施基肥、分株繁殖等。

4 月：气温继续回升，阳光充足，雨水开始增多，大多数植物开始萌动。

喜高温植物的一部分仍需保温管理。绝大部分植物可充分接受阳光照射，并适当通风。喜光以及耐寒类植物可逐步锻炼，放置室外轮换见光，以保持良好的姿色。除刚上盆、倒盆或换盆者外，其余均可追施肥料。播种苗、扦插苗已开始正常生长，亦可施稀薄肥水。浇水次数增加，见干见湿，经常对叶面喷雾，增加空气湿度。继续扦插红背桂、扶芳藤之类耐寒植物。马蹄莲、八角金盘在本月下旬开始播种。

继续抓紧上盆、倒盆和换盆工作。随着植物萌芽、展叶，及时打顶摘心。橡皮树、紫背爵床等重剪更新。蔓性植物扎绑支架。

5 月：气温渐高，阳光充足，雨水增多，植物生长开始加快。

先做好耐阴、部分半阴植物的蔽日遮阴工作，防止日晒枯焦，并适当通风透气。其余的植物可充分接受阳光，促进枝叶茂盛。追肥可在浇水前进行，适当增加次数和用量，但要防止沾污茎叶。追肥后，及时浇水和叶面喷水。浇水基本上为每日 1 次，早晚均可，叶面喷水次数增加。洒金东瀛珊瑚、变叶木、鹅掌柴、蔓绿绒、八角金盘等雨季硬枝扦插可在本月下旬开始。十大功劳、八角金盘、马蹄莲等继续采种播种。红桑、鹅掌柴等倒盆、换盆。阴雨天对播种苗进行间苗、定苗。

6 月：气温升高，湿度大，太阳烈，植物生长迅速。畏寒植物也进入生长期。

做好耐阴、半阴植物的遮阴防晒，并注意室内通风透气。提供充足水分，晴热天气须注意保持空气湿度。追肥次数和用量均应增加。加紧变叶木、橡皮树、八角金盘、鹅掌柴、蔓绿绒等的硬枝扦插。做好龟背竹切茎分株繁殖。抓紧鹅掌柴等少数植物的换盆。

本月要注意防止病虫害。因为高温多湿的天气，特别容易诱发真菌性病害，每7～10天喷洒波尔多液1次。发现病虫害应及时隔离治疗。

7月：气候炎热，常出现高温天气，降水量虽大，但多由地表径流，空气湿度偏低，对植物生长有不利影响。

本月主要抓紧遮阴、喷水、通风降温、增湿等措施。对耐阴、半阴、耐光类植物采取不同程度的遮阴避晒措施，炎热干燥天气时部分喜光植物中午也须有一定遮阴。扦插苗、播种小苗尤要注意。加强通风、透气措施。浇水须充足及时，干燥天可每日早晚各1次，忌中午浇水，并置水盆和增加叶面、地面喷水次数，起降温保湿作用。追肥宜薄肥，以氮肥为主，浇水前施用。夏眠植物控制水肥。翠云草及蕨类植物孢子成熟，随时收集撒播繁殖。红桑、鹅掌柴等可继续扦插繁殖。积极防治病虫害。同6月份。

8月：气候炎热干燥，仍有极高温天气出现，下旬昼夜温差大，有利于植物的生长。光照和温度管理同7月。水分和追肥管理同7月。

9月：气温逐渐下降，昼夜温差大，早晚凉爽，大多数植物开始出现第二次生长高峰。

部分半阴植物开始逐渐接受阳光直射。喜光植物全日可充分光照，仍需要通风透气。浇水量仍然保持充分，并保持空气湿度。追肥量和次数依旧，逐渐增加钾肥的比重，减少氮肥。吉祥草、马蹄莲等分株繁殖。适当整形修剪。

10月：气候逐渐凉爽，植物生长速度开始减慢。

除耐阴植物外，其余植物逐渐接受全光照。不耐寒植物陆续移入室内。生长逐渐减弱的植物，本月上旬施1次肥料后，开始控水控肥。正常生长的植物，浇水量也不宜过多，以防徒长，导致耐寒性减弱，施肥以钾肥为主。玉簪花等分根繁殖。麦冬等可采种撒播繁殖。

11月：气温明显下降，初次寒潮开始出现。

大部分植物生长变慢，少数植物逐渐进入休眠期。除耐寒植物外，其余植物均应入室。对门窗缝隙采取堵塞措施，以防随时到来的冷空气侵袭。除耐阴类植物外，其余均可充分接受阳光照射。喜高温植物视情况采取适当的保温措施，必要时采取加温措施。绝大多数植物需要控水断肥，保持土壤适当干燥。棕榈种子采集和播种繁殖。随时修剪，保持良好姿态。修剪下的枝条如妥善储藏，可供来年扦插。

12月：气候寒冷干燥。

随时检查防寒措施，若室内温度不够，应及时加强：喜高温植物可置入用塑料薄膜或玻璃制成的温箱内，以提高保温效果。绝大多数植物可充分接受阳光照射，光照不足时，采取人工光源补光。夜间应将花盆置于远离门窗1米处，亦可加罩挡寒。冬季休眠植物置暗处。继续控水断肥。3~4天或更长时间浇1次水，水温应等于或略高于气温，中午浇灌。冬季休眠植物保持盆土有一定湿度即可。室内加温常易导致空气湿度较低，可经常用湿布拭擦叶片，保湿和保洁。采取南天竹等植物种子储藏或随采随播。

第四章　花草装饰艺术

第一节　花草装饰原则

随着对绿色家居装修的倡导，越来越多的人选择更绿色的装修，同时也越来越注重家庭的环保和美化，所以在家中种植花草，不仅可以净化环境，也使家庭装饰得到极大的改善，可谓一举两得。

其实，人们住的家居环境也是有生命的，居室装饰也会像人一样具有个性。家居装修中有各种各样的风格，而且每种不同风格下的花草装饰各具特色，但是在各具特色的同时也会有一些基本的原则。

1. 花器的选择

家居花饰在花器上可以寻找一些自己喜欢的，适合不同花草生长状态的花器，甚至可以直接取材于日常生活中，比如碗、碟、酒瓶等。在不同的家居风格上花器的选择也有所不同，比如现代前卫风格，可选用磨砂花瓶、装饰性的陶罐，或金属容器。欧式古典风格，鲜花最好插放在可爱而具浪漫情调的玻璃瓶、水晶瓶或银质花器里。美式乡村风格，选用编织的篮子或式样简单的花盆，用混合的春季鲜花，如各式野玫瑰等放置于咖啡桌或厨房的操作台上，会产生绝妙的装饰效果。

2. 花草品种的选择

家居花草品种的选择，一是要考虑不同的家居风格，二是要考虑一些花草在居室中的适宜性，如夜来香、丁香、百合等花草都不宜放置于卧室内。

现代前卫风格可以选用具有异国情调的鲜花，如马蹄莲，对突出居室的整洁、明亮起到了补充作用。现代简约风格的鲜花可以营造出虽经过精心挑选，却又体现出装潢自然界和谐、平衡的感觉，如使用太阳花、雏菊、绣球花、飞燕草、郁金香之类的鲜花；欧式古典风格可以选用如玫瑰、牡丹、栀子花和小仓兰等花朵艳丽、芬芳扑鼻的鲜花，魔幻般生成一种浪漫的氛围。

3. 形态要简洁

家庭插花，力求形态简洁，遵循其自然的生长状态，也易于日常养护打理。

植物的绿色是生命与和平的象征，具有生命的活力，给人一种柔和安定的感觉。利用植物装饰房间已经是当今室内装饰设计不可缺少的素材，它不但可以使人们获得绿色的享受，而且由于价格便宜，品种多，更简便易行，已成为室内装饰中一项重要的内容。

花草装饰居室一般遵循以下几点：

（1）绿化点缀。根据居室面积和陈设空间的大小来选择绿化植物。客厅是家庭活动的中心，面积较大，宜在角落里或沙发旁边放置大型的植物，一般以大盆观叶植物为宜。而窗边可摆设四季花草，或在壁面悬吊小型植物作装饰。门厅和其他房间面积较小，只宜放点小型植物，或利用空间来悬吊植物作装饰。

（2）最佳视觉。在饭厅用餐时，椅子和坐的位置中视觉最容易集中的某一个点，便是最佳配置点。一般最佳的视觉效果，是在距地面约 2 米的视线位置，这个位置从任何角度看都有美好的视觉效果。另外，若想集中配合几种植物来欣赏，就要从距离排列的位置来考虑，在前面的植物，以选择细叶而株小、颜色鲜明的为宜，而深入角落的植物，就应是大型且颜色深绿的。放置时应有一定的倾斜度，视觉效果才有美感。而盆吊植物的高度，尤其是以视线仰望的，其位置和悬挂方向一定要讲究，以直接靠墙壁的吊架、盆架置放小型植物效果最佳。

（3）讲究层次。植物胡乱摆放，使本已狭窄的居室就更显得狭小。如果把植物按层次集中放置在居室的角落里，就会显得井井有条并具有深度感。处理方法是把最大的植物放在最深度的位置，矮的植物放在前面，或利用架台放置植物，使之后面变得更高，更有立体感。

（4）利用照明。晚间用灯光照明显出奇特的构图及剪影效果，利用灯光反射出的逆光照明，可使居室变得较为宽阔。还有一种办法，就是利用镜子与植物的巧妙搭配，制造出变幻、奇妙的空间感觉。庭院效果面积不宜过大，四周外围用红砖砌成，高度以能隐藏小花盆为宜。花盆与花盆之间的摆放不留空隙，就可变成花叶密集繁茂的花圃了，花草根据季节变化和自己的喜好来更换。

（5）绿化植物选择。从观赏的角度讲，室内绿化不外乎赏花、赏叶、赏果和散香四种，有的兼而有之。具体考虑时还要注意色彩与室内主调是否相配，植物的形态、气味是否合适，尺寸大小是否适宜等。

阳台光照好、通风好，可种一些观花为主的月季、石榴、菊花，也可选种观叶为主的松树、柏树、杉树。

室外光照不够好的地方，可选种一些喜阳耐阴的植物，如铁树、万年青、黄杨、常春藤等，可以使这些地方绿叶葱郁、婀娜多姿。

室内很少日照，应选种喜阴的植物，如龟背竹、棕竹、文竹、水竹、君子兰等。

第二节 花草装饰的基本要素

随着居住条件的不断改善，人们利用花草来装饰居室已成为一种时尚，然而由于人们大都缺乏花草装饰的一般常识，致使装饰效果往往不能得到理想的发挥。

室内花草装饰的六个要素：

（1）整体要和谐。根据室内原有陈设物的数量、色彩等不同情况进行全面考虑，做到合理布局。避免在各个布局中出现同类植物或等量的重复，以形成一个富有变化的自然景观，使人感到有节奏感和韵律感。

（2）主次要分明。绿化装饰要有主景及配景。主景是装饰布置的核心，必须突出，而且要有艺术魅力，能吸引人，给人留下难忘的印象。配景是从属部分，有别于主景，但又必须与主景相协调。

（3）中心要突出。主景在选材上通常利用珍稀植物或形态奇特、姿态优美、色彩绚丽的植物种类，以加强主景的中心效果。在一个家庭居室中，有卧室、厨房、卫生间及客厅等许多空间，可重点装饰客厅，以展示主人的风貌，反映出其文化素养。

（4）比例要协调。观赏植物的室内装饰布置，植物本身和室内空间及陈设之间应有一定的比例关系。大空间里只装饰小的植物，就无法烘托出气氛，也不很协调。小的空间装饰大的植物，则显得臃肿闭塞，缺乏整体感。装饰布置时，应根据室内空间大小及内部设施情况进行合理布置，使其彼此之间比例恰当、色彩和谐、富有节奏感及整体感。

（5）选材要适当。室内空间有限，光照弱、通风差，因而应选择那些抗逆性强、栽培容易、管理方便、观赏效果好（叶形奇特、叶色艳丽等），并能适于室内长期摆放的观叶植物，如袖珍椰子、龟背竹、文竹，一叶兰、金边虎皮兰、假槟榔、散尾葵、巴西木、发财树等。插花种类也应选择那些色彩明快、耐瓶插的类型，如菊花、康乃馨、满天星等。

（6）布置手法要多样。室内花草装饰以不占用太多面积为准则，没有一定的模式，不可千篇一律。方式大致有：①规则式（按几何图案布置）；②自然式（按自然景观设计）；③镶嵌式（以特制的半圆形盆固定于墙壁栽培）；④悬垂式（利用吊盆栽植悬垂性花草，点缀立体空间）；⑤组合式（多种手法灵活搭配在一起，构成一幅优美画面）；⑥瓶栽式（利用大小不同、形态各异的玻璃瓶、金鱼缸或水族箱栽培各种矮小植物，形成景观园艺，也称作袖珍花园或玻璃瓶花园）。

第三节　室内花草装饰的基本方法

1. 茶几的装饰

（1）茶几上的鲜花种植。选用植物：金雀花。所用器皿：陶瓷花盆。沙发前的茶几位置最好，这里摆放的小盆栽可以随时变换，芳香的花栽很适合。金灿灿的金雀花不仅芳香，是很适合的选择，闻着花香，品一杯清茶，有一种惬意的感觉。

（2）汤锅培养的水养植物。植物：铜钱草。所用器皿：汤锅。铜钱草是一种既能土栽也能水生的植物，可以盛水的餐具都可以作为它生长的乐园。它非常适合在水草缸、水池中栽培，而水分的保持是它生长的重要条件。天蓝色的汤锅造型典雅，与圆圆的铜钱草和谐共处。要注意的是铜钱草喜欢阳光，最好给它每天4～6小时的散射日光，这样它会更加蓬勃生长。

（3）香草咖啡杯。植物：迷迭香扦插苗。所用器皿：咖啡马克杯。1/4小陶粒、2/4园艺土、1/4珍珠岩，再加上一棵迷迭香扦插苗，就可以做成一只别致的香草杯。陶粒的作用是为了蓄水，也是为了排水，因为咖啡杯下面没有流水孔，所以放入一定比例的小陶粒可以承接多余的水分，浇水的时候务必计量好杯子的容积，1次最多只能浇入1/2的水量。而迷迭香相对较为耐旱，对水分的需求比其他香草要少一些。将大颗粒的珍珠岩覆盖在细腻柔软的栽培土表层，既保湿透气又能起到装饰的作用。

（4）海螺盏。植物：火龙果。所用器皿：海螺。自培火龙果盆栽，只取几块火龙果，在水中用纱布淘去果肉，就可以滤出黑色的饱满种子，并在海螺壳中填入草炭土，最后将种子撒在土壤表面，喷足水后覆上一层保鲜膜就完工了。剩下的时间就是等待一两周，碧绿的小芽很快就熙熙攘攘地冒出土壤，非常可爱的海螺盏。

2. 餐桌的装饰

（1）鹿角蕨。植物：鹿角蕨。所用器皿：陶瓷花盆。餐桌上的装饰除了常见的鲜花花艺外，还可以用植物装点。很多耐阴性植物或小型观叶植物都适合摆放在餐桌上。植物和所用器皿的搭配也很重要，所用器皿可作为套盆使用，也方便常换常新。

3. 床头柜的装饰

（1）床头插花。植物：铁线蕨。所用器皿：陶瓷花盆。用插花的手法来种植鲜活的花草，非常适合居室花园的设计理念。窗前放盆铁线蕨就是很好的绿色装饰。不过它是蕨类植物，喜欢潮湿耐阴，晚间睡觉前最好将它搬到窗台，让它自由呼吸。

（2）步步莲花。植物：观音莲。所用器皿：荷兰青花瓷鞋。其实很多装饰物都可以有新的思路，比如这双一步一莲花的荷兰屐。观音莲是长生花属植物，也属于多肉类，很耐旱，一周浇一次水即可，家中任何有阳光的地方都可以摆放。种植方法很简单，选择两盆冠幅大小差不多的两株成品观音莲，脱盆，并保留根坨，适当去除部分土壤，直接种进鞋中。为美观起见，将裸露的土壤用珍珠岩覆盖厚厚一层，一双优美的莲花鞋就诞生了。

（3）石莲茶杯。植物：石莲花。所用器皿：英式茶杯。也许你有好几只同样的英式红茶杯，不妨把其中一只做些改变，让端庄雅致的石莲花住进去。选择一只大小合适的石莲盆栽，去掉原盆，并抖掉多余的土壤后直接放进茶杯，表面覆盖一层质地较重的白色石子即可。石莲花这类多肉多浆植物很喜光耐旱，一周浇一次水就可以，摆放在光照充足的地方，比如有太阳照射到的茶几、窗台等。石莲茶杯的效果很别致，打理起来更简单，如果有一天你不喜欢了，也很容易恢复原样。

（4）薄荷糖罐。植物：柠檬薄荷。所用器皿：咖啡糖罐。家里的咖啡豆、方糖、茶叶……都由各自的罐子来保存，如果一时用不上，不如让它发挥下额外的功能。虽然这类瓶瓶罐罐没有下排水口，但这不妨碍植物的正常生长，成功的唯一诀窍就是控制好浇水的量，不能过多造成根部被浸泡在水中失去呼吸的能力，也不能过少而不足以维系植物生长所需。薄荷是较耐阴、耐潮湿的一种香草，所以它可以在糖罐中生长得很好，现在它已经完全成为边桌上的绿色明星了。

第四节　庭院花草的装饰要点

在现代生活中，人们更多的是通过庭院来与自然交流。庭院无论大小，都是你施展设计才能的地方，即使五六平方米的地方，院子的主人都能将它打扮出别样的光彩。

不同季节的视觉效果是一定要考虑周全的。如庭院的园艺砖小道与其他植物素材的造型会有不同变化。因此庭院设计在总体构思上宜根据当地的气候条件来考虑适当利用植物类造景的比例，使之在没有自然色彩的冬季也保持着另一番美感。

高矮大小不同植物的排列组合可显出单纯感、协调感、韵律感、流动感、厚重感、色彩感等。再如浓密的植物配以曲径，便易生出幽深与静谧感，很适合东方情调的高品位住宅。

无石不成园。石体现了园艺的东方情调。

城市大环境适用大色块、大手笔，追求雄伟、气派的大景观，而小庭院应采用小巧、精致的手法，表现个性化的特点。哪怕是外出游玩时从山里捡回来的石头，都可以用来装饰自己的小院子。石与草、水与花、灯与影、木与亭的艺术协调关系，是庭院设计的重要表现对象，也是庭院设计的几大元素。

水景的构想则是一个元宝式的双叠水效果，模仿山泉小溪，采用不同的笔触、不同的色调使之有了强烈的通透感和美感。堆在水边的山石两侧，水流从高而下跌落中间曲线形状的小池塘，泉水叮咚于耳，仿佛走进了深山翠谷之中。

小庭院设计的要点：

（1）色彩。对比色与互补色。色彩、色相及色调。原色和轻淡色彩。它们是色彩因素的所有组成部分。色调可使气氛活泼也可镇定情绪。最终选择取决于个人品位。

（2）质感。平滑的、粗糙的，柔软的、多刺的、有光泽的或有绒毛的。尽量采用高对比度——将精致混以粗犷，柔软配以粗硬。植物的叶片、花朵、茎秆及硬质的造园材料都有其特殊的质感。

（3）香味。有什么比蔷薇、茉莉、瑞香、迷迭香或丁香的花香更好呢？在窗口及室外座椅旁种植一些具有香味的植物。应为每个季节都准备一些香花植物。

（4）声音。溪流的潺潺声，泉水的叮咚声、小鸟的啁啾声、叶片的沙沙声或柔和悦耳的钟声都可以扫除精神上的烦乱，使心灵得到安宁。

（5）触觉。从毛茸茸的叶片至装饰性草类，怕痒的叶片都意味着触摸甚至爱抚的存在。别忘了古树、光滑的卵石及其他无生命材质的触感。

（6）功能。如何使用园中空地？作为儿童游乐场？种植菜蔬？用作休憩沉思？还是户外娱乐？应带着一定的目的进行设计。别忘了天然材料的使用，像落叶与堆肥。

（7）光照。注意花园中阳地及阴地的状况。在夜晚光线的衬托下花朵变得半透明，草状羽形植物闪闪发光。为了抵挡夏季炎热的气候，可种植高大乔木，创建出一片荫凉。

（8）风格。节点花园，黄杨花坛，砖质铺地，木桩式围栏，所有这些形成了花园的风格。所花时间及精力越多越完美。有时小细节会强化风格，也会破坏风格。

(9) 形态。多考虑植物的立体形状以求得变化。它们可能是圆形、圆柱形、披散状、波浪式或喷泉式。硬质的造园材料和花园装饰物也都有自己的形状。

(10) 对比。对比以吸引注意力，对比度小能起镇定作用，对比度大则有令人兴奋的作用。色彩、结构、外形、亮度都可用来进行对比。

(11) 透视。你从什么角度观赏你的花园？从平台、透过窗户还是平地上？是一览无遗还是移步异景？透视改变了观赏花园的方式。

(12) 动势。你是怎样穿过花园？是漫步在蜿蜒的小径上，还是从笔直的大路上匆匆路过。功能决定了它们的外形。

(13) 变化。树木长大后，原先的阳地环境变成了阴地，园中多年生植物会越长越大。柔和的晨曦会变成耀眼的午后阳光。花朵会变成子实。对花园中的变化应做好充分准备。

(14) 方位。找出指南针，找到正北方。你如何安排你房子和花园的朝向？记住：一个季节中的阴地在其他季节可能变成明亮的向阳环境。

(15) 个性。传统花卉，旋转木马、球形器皿、规则的意大利式建筑，古代建筑小品或令人心旷神怡的花园雕塑。哪一个对你更有意义？让人们一看就知道这是你的花园。

(16) 焦点。小径尽头的瀑布，混合花境中的红枫，门旁美丽的花钵，都为眼睛创造了一个可休息的景色。选用焦点景观时要慎重，过多的焦点只会变得杂乱无章。

(17) 生态。引入一些野生的植物。种一些本土的植物。尽可能选择能丰产及自我循环的植物，少用硬质园景。

（18）感观。花园应与当地景观相协调。使用乡土的植物或本地的石材。运用当地常用的表现形式。同时加入具有你个人特色的东西，形成一个独一无二的只属于你的花园。

（19）建筑。让花园与建筑相匹配。重复使用相同的主题、外形、颜色、式样及建筑材料。通过使用院子、平台、乔木、阳台、围栏及其他东西将建筑融入花园。

以上要点只是简略说明。庭院的初始形状有多种，正方形、长方形、宽扁或窄长，想好你要在院子里做些什么，停留坐卧或是只需穿行往来，依此来确定硬地铺装和绿化的结合方式。绿化的部分注重层次，注意高矮搭配和色彩搭配。如果是一通乱种则显得杂乱，在园林专家的眼里，只会把这看做“花草仓库”。另外，院子是室内的环境向外的延续，二者从视觉效果和功能上都该互相配合。

第五章　家庭养育花草的误区

第一节　家庭养育花草的误区

有些养花者为了追求家庭居室的最大美化效果，不惜花费大量金钱购买各种名、优、新、特产品，其中不乏从外地引入甚至从国外引种过来的品种，如大花蕙兰、西洋杜鹃、观赏凤梨、仙客来及各种室内观叶植物等。然而事与愿违，养了一段时间后，不但花没有了，叶也一天天枯黄，高贵的花卉并没有给居室带来理想、长久的美化效果。家庭养花，很多花友在养花观念、品种选择、养护管理上存在着误区。

1. 观念上的误区

（1）追名逐利。一些花卉爱好者认为养花就要养名花，因为名花观赏价值高，市场获利大，而且市场上流行什么花，就想拥有什么花。在这种心理支配下，他们不惜重金，四处求购名花名木，结果往往是由于不了解花卉本身的习性及对光、温、水的要求，缺乏良好的养护条件和管理技术，使花卉买来不久即夭折，既作践了名贵花卉，又浪费了钱财。

（2）观念不新。当今养花业新知识、新技术层出不穷，比如无土栽培、水培、无臭花肥、水晶泥以及各种花器等，既新颖又美观。像水培花卉集观叶、观花、观根、赏鱼、赏石于一体，上面花香满室，下面鱼儿畅游，既干净清洁又美观高雅，不生虫害且无空气污染，不需浇水施肥，让人轻松享受赏花乐趣，放在茶几或餐桌上，特别能为节日家居添彩。而大多数养花者却仍拘泥于传统的养护方法，在花器的使用、水肥管理、种苗培育等方面，不善于利用新技术、新设备，结果使家庭养花不卫生、不美观、不新颖，对花卉的兴趣也逐渐消失。

2. 选择上的误区

（1）良莠不分。有些养花者喜欢贪大求全，不拘什么品种，看到喜欢的或有好寓意花名的就往家搬，这样不但给管理带来了难度，还会把一些不宜养的花卉带进家中，不仅污染环境，还损害健康，比如铁海棠、一品红分泌的汁液接触皮肤可引起红肿、奇痒，进入眼睛则危害更大。有些花卉散发浓烈香味和刺激性气味，如兰花、月季、百合花、晚香玉等，一盆在室，芳香四溢，但室内如果摆放香型花卉过多，香味过浓，则会引起人的神经产生兴奋，特别是人在卧室内长时间闻之，会引起失眠。圣诞花、万年青散发的气体对人不利，郁金香、洋绣球散发的微粒接触过久，皮肤会过敏、发痒，另外生有锐刺的植物对人体安全也存在一定的威胁等，应选择一些株型较小、外形美观、对人体无害的种类，同时也要对所选择的花卉有一定的了解。

（2）朝秦暮楚。有些养花者心浮气躁，养花没有主见，人云亦云，盲目跟风，家中的花草走马灯似的换来换去，此乃养花之大忌。种类更换过快，对每种花都浅尝辄止，种养时间短，不可能培养出株型优美、观赏性高的花草，而且对每种花卉都不能熟悉和了解，不利于养花水平的提高，到头来还是“花盲”一个。故养花者最好选准一两种花草，重点钻研培育，才能心有所得，待取得经验后，再逐渐扩大养育规模。

（3）韩信点兵，多多益善。有的花卉苗木爱好者不管房间大小，功能如何，都在居室中摆上大量的植物，使空间显得零乱、拥挤、狭小，既影响空间日常功能的正常发挥，也缺乏和谐与美观，对植物的生长也不利。正确的做法是根据房间的大小和功能，适当摆放一些净化空气功能强的植物，如吊兰、鸭趾草、虎尾兰、花叶芋、仙人掌类植物，起个点缀作用即可。通常在12～16平方米的空间内，大型观叶植物不应超过3盆，否则就会增加空气中二氧化碳浓度，影响人体健康。卧室是供人们睡眠与休息的场所，宜营造幽美宁静的环境，对植物的选择更要讲究。要知道大多数植物在晚间是停止光合作用的，而呼吸作用仍在继续，与人一样要吸入氧气，放出二氧化碳，从而使室内废气增加，新鲜空气减少，造成与人争氧的局面。所以最好选择无刺的仙人掌类及多浆植物如宝石花等，它们的光合途径与一般植物不同，白天吸收二氧化碳后，在夜间进行光合作用，可以提供一定的氧气，利于促进安眠。

3. 管理上的误区

（1）漫不经心。花卉是有生命的，需要细心呵护。不少养花者缺乏应有的细心和勤勉态度，不钻研养花知识，管理不得法。有的花自买回后摆放的位置从未改变过，须知所有花卉原生环境都是大自然，大自然环境下是有光照、干湿度和气温变化的，植物经过千百万年的进化，已经适应了大自然这种环境和光照的变化，虽然这种变化是在一定的范围内的。如果把花放置一处不再改变，很多花草反而不能适应。像大多数的室内观叶植物，可以忍耐荫蔽的环境，但不等于说它们就不需要阳光，很多人往往会忽略这一点，把观叶植物在室内一放就是数月，结果叶片就会渐渐变黄、枯萎，最后死亡。其实观叶植物也需要阳光，只是一般要求不高（过高反倒会被灼伤），所以有专家建议，家庭养室内观叶植物，最好能分成三批，一批放在家里观赏，另两批放在阳台接受散射光，每隔10天左右，进行替换，同时可以进行不同的搭配，让有限的盆花带来无尽的变化和享受。

（2）爱之过殷。与上述情形相反，有些养花者对花卉爱过了头，一时不摆弄就手痒。有的浇水施肥毫无规律，想起来就浇，使花卉过涝过肥而死；有的随便把花盆搬来搬去，一天能挪好几个地方，搞得花卉不得不频频适应环境，打乱了正常的生长规律，严重影响花卉生长。

（3）一劳永逸。不按植物生长的要求定期换盆或换土或进行修剪，从而导致枝光叶少、叶尖干枯或株型凌乱不堪等不良现象发生。像芦荟类、厚叶雀舌兰等生长一段时间后会发出很多的萌蘖芽，如不分株会互相影响，挤在一堆，为空间、阳光、养分进行竞争，既对生长不利，也不美观。大多数的木本花卉，如蔷薇、双色茉莉、桂花等开花后修剪有利于下一批花的开放和株型紧凑，避免出现光脚的现象，特别是双色茉莉，如不修剪一年中只有三、四月能开花，如经常根据开花情况修剪（结合施肥），则一年中可有11个月的时间花开不断。

（4）一视同仁。这是大多数养花者的通病，家里不管种的什么花，所有的措施都一样，最常见的是浇水上的错误，如时间、次数、浇水量都一样，而且喜欢让盆土总处在潮湿的条件下。植物的根系生长要有良好的通气状况，才能进行正常的呼吸作用，否则会由于缺氧而窒息，而土壤中的缝隙要么被水占据，要么被空气占据，水多了，空气自然会不足，根系的呼吸一旦受阻，就会导致整株植物生长不良，所以土壤必须要有干有湿。记住不同的植物需水量不同，同一种植物在不同的季节生长情况不一样，对水的要求也各不相同，浇水时一定要区别对待，如果不分青红皂白，天天浇水，把植物浇死的现象就不足为怪了。

俗话说“态度决定结果”、“细节成就完美”。在家庭养花上，我们要静下心来，多了解多学习相关的科学知识，走出家庭养花的误区，才能因地制宜地把自己的居室打扮成一个美丽的绿色世界。

第二节 家庭养育花草操作上的误区

随着生活水平的不断提高，家庭养花已逐渐由时尚走向普及。但花草在给家庭带来清新、美感的同时，也给不少家庭带来了烦恼，比如明明细心护理，但是花草还是越养越差……对于钟爱花草植物的人来说，以下这些问题无不困扰着他们：

1. 操作误区

（1）浇水未浇透，只浇“半截水”。正确的做法：浇水时一定要浇透，不要只浇“半截水”（即只打湿盆土表面），这样会使花草的根系供水不足，而造成脱叶甚至枯死。浇水应做到“不干不浇，浇则浇透”，即盆土未干时不要浇水，如果浇水，则要一次浇透。

（2）不讲究浇水时间，四季如一。正确的做法：浇水的时间是很有讲究的，夏季中午温度比较高，此时切忌浇水，如果浇水，会使得土壤温度突然下降，水分吸收减慢，导致水分供应不足，造成花草的上部叶子焦枯。一般来说，浇水的时间，冬季宜在下午4时左右，其他季节以上午10时以前为宜。

（3）晚上叶片上留有水滴。正确的做法：有些人经常在晚上给花草浇水，或是用湿布擦拭叶片，殊不知晚上叶片上留有水滴，容易造成花草叶片腐烂，诱发病虫害。因此，要注意浇水时间，擦叶片时也要把握好时间，千万要保证晚上叶片上无水，以利于花草的正常生长。

（4）浇喝剩的茶水来补充营养。正确的做法：向花盆里浇喝剩的茶水会提高土壤酸碱度，容易引起黄化病，甚至可能导致花草死亡。另外，剩茶叶末在腐解过程中还会滋生杂菌，影响环境卫生，消耗土壤氧气，不利于花草生长。

（5）病弱植株需多施肥。正确的做法：病弱植株枝条细弱，光合作用差，新陈代谢迟缓，如果随便施肥，容易造成肥害。花草就像人一样，如果已经生病了，还拼命地补，不但增加身体负担，还可能加重病情。植物也是同样的道理。因此，对病弱植株千万不要一味的追肥，以免适得其反。

（6）肥越浓越好。正确的做法：盆花施肥浓度如果过大或用量太多，容易造成肥害，轻者导致花草长势不好，重者可能导致花草死亡，就是大家常说的“肥死”。施肥应按照“薄肥勤施”的原则，以“三分肥七分水”为最好。

（7）电视机旁边养花。正确的做法：有些人为了减少辐射，喜欢在电视机旁边摆放花草。而实际上这种做法是不对的，电视机在工作时发出的放射线对植物细胞的繁殖有破坏作用，时间稍久还会导致花草枯死。

（8）室内花草少通风。正确的做法：空气不流通是花草健康的首要杀手，不但影响花草正常呼吸，还会影响花草的正常生长。应常开门窗，创造良好的通风条件，以保证花草正常呼吸。

(9) 室内植物一直放在室内养。正确的做法：养花者常会忽略一个问题，就是以为室内植物只要放在室内养就可以了，很少或者根本不搬动。但实际上，盆花在室内摆设时间过长，往往由于阳光不足，造成生长不良，应适时或者每隔一段时间把盆花搬出室外调养。当然，调养要避开夏天的高温期和冬季的低温期。

(10) 多年生的花卉养了三五年不换盆。这样就会造成花卉营养不够。比如菊花长得时间久了会有木质化的现象，这时候可以进行扦插复壮。也可以把基部上面的植株全部剪掉，让老根重新发出新芽来。换盆时，顺便修剪一部分根，也能够刺激根系进一步发育生长。

(11) 固定每隔几天浇水。每天的天气、花卉摆放的环境都不一样，需要浇水的频率也应该是不一样的，需要根据具体情况决定浇水次数。

(12) 盆越大越好。当植物根系比较弱，吸收水分能力有限时，盆太大就容易产生水涝，烂根后上部的植株肯定长不好。一般盆的直径是根部的直径的两倍就差不多了。

(13) 出于施肥考虑，将茶水、茶叶或者鸡蛋壳直接放在花盆里。事实上，鸡蛋壳中残余的蛋清和茶叶是没有进行发酵的有机物，在花盆中会进行发酵，并引来病菌和虫子，并可能导致基质碱化。

(14) 陶盆和瓷盆比较好。现在的基质种类较多，其实用所有的盆都可以养好花。陶盆的透水性比较好，刚开始在家种花时可以选用。但是如果基质选得恰当，用哪种花盆都可以达到较好的透水程度。

(15) 植株叶子发蔫时是浇水少了。有时不一定是浇水少了，也可能是浇水太多了。比如冬天，如果将盆栽放在暖气很热的室内，会让表层土壤的水分蒸发得特别快，导致我们认为盆土已经干了而不断地浇水。其实这时候盆土内部很可能很长时间都干不了，过多浇水就很容易造成内涝和烂根。

2. 常见有毒花草介绍

有些花草外形美观或者有些花颜色鲜艳，这些特点都让我们爱不释手，但是，养花者一定要明白，有些花是有毒的，所以，在养花的时候应加注意，小心养护，让养花成为轻松有趣的事情。

（1）夹竹桃。这种花卉的茎、叶、花朵、花香都有毒。如果长时间闻它的气味，就会让人昏昏欲睡，智力下降。它分泌的乳白色汁液，如果被人误食也会中毒。

（2）一品红。全株有毒，特别是茎叶里的白色汁液会刺激皮肤使其红肿，引起过敏反应。如果误食茎、叶，会有中毒死亡的危险。

（3）虞美人。全株有毒，内含有毒生物碱，尤其是果实毒性最大，如果误食则会引起中枢神经系统中毒，严重的还可能导致生命危险。

（4）南天竹。全株有毒，误食后，会引起全身抽搐、痉挛、昏迷等中毒症状。

（5）五色梅。花、叶都有毒，如果误食会引起腹泻、发烧等症状。

（6）郁金香。郁金香花中含有毒碱，在其旁边待上2~3小时，就会有头昏脑涨的中毒症状发生，严重的还会导致毛发脱落。所以这种花家中不宜栽种。

（7）杜鹃花。黄色杜鹃的植株和花，白色杜鹃的花中均含有毒素，误食会引起中毒，严重的会危及人的健康。

（8）水仙。家庭栽种一般没有问题，但不要弄破它的鳞茎，其中含有拉丁可毒素，误食会引起人呕吐。叶和花的汁液可使皮肤红肿，特别当心的是不要把这种汁液弄到眼睛里去，会导致失明。

（9）含羞草。含羞草内含毒素，接触过多，会引起眉毛稀疏、头发变黄甚至脱落。所以，不要用手指过多拨弄它。

（10）紫藤。它的种子、茎和皮都有毒，误食后会引起呕吐、腹泻，严重者还会发生口鼻出血、手脚发冷，甚至休克死亡。

（11）仙人掌。植物刺内含有毒汁，人体被刺后会引起皮肤红肿疼痛、瘙痒等过敏性症状，导致全身难受，心神不定。

（12）光棍树。其茎干折断后流出的白色汁液能使皮肤红肿，误入眼睛内能引起失明。

（13）五色梅。花、叶有毒，误食会引起腹泻、发烧。

（14）万年青。万年青花、叶内含有草酸和天门冬素，误食后会引致口腔、咽喉、食道、肠胃肿痛，甚至伤害声带，导致人变哑。

在这里大概地介绍了一些植物，当然，还有很多含有毒素的植物，所以，在我们购买花卉前，要先了解清楚它是否有毒，怎样规避。像一些误食引起中毒的花卉，如果家中有小孩的，就要尽量不要购买或者购买后把花卉放在小孩无法够到的地方。如果是一些花香有毒素的，尽量不要购买，或者把它放在离人较远，且通风非常好的地方。

第三节　南花北养应注意的几个问题

怎样在北方养好南方花卉，是北方养花爱好者经常讨论的问题。要想在北方养好南方花卉，首先要在了解南方花卉原产地自然情况的基础上，根据各种花卉的生态习性，营造适合其生长的小环境，再加以精心细致的养护，一定能使花遂人愿，争奇斗艳。现将在北方养护南方花卉过程中应注意的几个问题列述如下：

1. 选择适宜的栽培土

北方莳养的南方花卉，大多是从南方运过来的，裸根苗应立即上盆，带原盆的，在北方莳养一年后也应进行换盆。那么选择什么样的土壤作栽培土呢？南方花卉的栽培土应呈酸性或中性反应，且通透性要好，至于用什么样的花适用什么样的土，则应区别对待。如白兰应用素面沙土，杜鹃则用君子兰土最好，米兰、栀子花、茉莉可用腐叶土、田园土、粗河沙按 5∶3∶2 的比例混合配制成栽培土，但使用前一定要经消毒处理。

2. 控制好温度和光照

南方花卉喜温暖环境，温度过高或过低均不利于其生长。各种花卉春季在谷雨节后出室最好，此时不仅没有了晚霜，而且气温也相对稳定，昼夜温差也不大。秋季 10 月上旬各类花卉可陆续入室，但必须在下霜前入室完毕，一般顺序为：白兰、含笑、杜鹃、栀子、米兰、茉莉、桂花、代代、金橘。冬季室温一定要保持在 10 ~ 18 度，昼夜温差一般在 4 ~ 6 度，温度过低易遭受冻害，过高则影响休眠，消耗养分，不利于来年开花。初春后的保温工作也非常重要，有许多养花爱好者就是忽视了初春的保温，致使许多花卉过了冬天却过不了春天。当然，随着气温的升高，适当开窗通风炼苗也是非常必要的，但不能一下子断掉热源，否则易使植株感冒，甚至“全军覆没”。夏季北方地区气温较高，超过30度，杜鹃等花卉即进入休眠状态，应将其放在阴凉通风的地方莳养，如是在温室内则应采取遮阴、喷雾增湿、换气通风等方法来降低温度，米兰、白兰、栀子、茉莉则是生长旺季和花期，只要水能跟得上，不在烈日下曝晒，是不怕高温的，均能安全度夏。

光照控制是南花北养的一个关键。总的来说，南方花卉是喜光的，但怕强光直射，北方夏季天气干旱少雨，紫外线辐射较强，故适当遮阴是非常重要的，但也不宜过度遮阴，过度遮阴则不利于孕蕾开花，即使有花也不香。栀子、米兰、茉莉、白兰等应遮去50%的光照，特别要避免中午的强光直射，如不遮阴，易使植株叶片枯黄、焦边。春季出室至5月中旬期间以及9月中旬以后，各种花卉均可接受全日照，冬季在室内养护，更应加强光照。

3. 加强水肥管理

南方花卉大都喜湿润环境，但又普遍怕涝。因此给它们浇水，一要掌握好度，二要掌握好水质。浇水的时间和次数，应按季节不同来区别对待，一般仲春以前和中秋以后的浇水次数是相同的（指室外莳养），可每三天浇1次水，夏季则需要每天早晚各浇1次透水，但阴天或雨天应少浇水或不浇水，如遭雨淋，还应及时将盆内积水倒掉，以防水大烂根。冬季要控制浇水，保持盆土略湿即可。需要一提的是，杜鹃在花期应控制浇水，白兰、米兰、茉莉的花期正值夏季，需水量较大，如上所说，应早、晚各浇1次透水。北方的水碱性较大，长期使用易使用土壤板结，植株得黄化病，家庭可用留存的雨水或雪水浇花，但大量养护则不适宜，所以说，改善水质是非常重要的。改善水质的主要措施是：在水中加入适量硫酸亚铁或食用的白醋，这样水就呈酸性反应了。另外，因北方天气较干燥，还应经常给植株进行喷雾，一是可以有效地增加空气的湿度。二是可以将叶片上的尘土冲掉，利于植株进行光合作用。一般春秋两季每天一次，冬季每两天1次，夏季上午、下各1次，冬季喷雾需注意水温和时间，应在中午气温较高时喷，水温也应与室温接近。

南花北养施肥都应遵循“薄肥勤施”的原则，绝对禁止施用浓肥和生肥。给南方花卉施肥，最好用液肥，可用芝麻酱渣、马蹄片加水浸泡经发酵后稀释而成的液肥，在其生长期每10天施用1次，也可与磷酸二氢钾交替使用，这样不仅可使植株营养平衡，而且可使花大色艳，除杜鹃外，白兰、米兰等夏季多次开花的花卉，还应根据花蕾数量多少，调整施肥的次数，及时供给其开花所需的养分，但施肥后应及时浇水。冬天一般不施肥。

第六章　花草的疾病与防治

第一节　花卉病及防治

1. 生理病害

由非生物因素引起如温度、湿度、土壤肥料等环境因素不适，造成花草生理失常，产生病变，常表现为叶变色，黄化，叶尖叶缘枯焦，落叶花、落果等。只要改善环境因素，病征就会缓解，花卉渐渐健壮成长，这种情况根本不用药物处理。

2. 病毒病害

病毒是一种无细胞结构的微小寄生物，通过昆虫、嫁接、插杆和修枝等机械损害而浸染，花草得病后，病症主要有花叶、枯斑、叶片黄化、畸形、丛株等。这些病毒寄生在种子、病体残株、土壤和昆虫体内越冬。防治病毒病更需以预防为主，综合防治。

3. 细菌病害

细菌是单细胞微生物，常借助流水、雨水、昆虫、种菌、土壤及病株残余传播，从植物的气孔或伤口等处侵入花卉体内，使其染病，如软腐病、青枯病、根癌病、细菌性穿孔病等。

（1）防治软腐病的方法：一是盆栽最好每年换1次新的培养土；二是发病后及时用敌克松600～800倍液浇

灌病株根际土壤。

（2）防治细菌性穿孔病：一是发病前喷65%代森锌600倍液预防；二是及时清除受害部位并烧毁；三是发病初期喷50%退菌特800～1000倍液。

（3）防治根癌病：一是栽种时选用无病菌苗木或用五氯硝基苯处理土壤；二是发病后立即切除病瘤，并用0.1%汞水消毒。

4. 真菌病害

真菌是无叶绿素的多细胞低等植物，能在花卉上寄生，也能在死体上腐生，其孢子借风、雨、虫体传播，如白粉病、锈病、黑斑病、立枯病、煤烟病、白绢病、菌核病等。

（1）防治炭疽病、黑斑病、褐斑病、叶斑病、灰霉病等病害：一是合理施肥与浇水，注意通风透光，平时浇水过多过勤或雨后积水和盆底孔洞排水不畅，以及土质不佳和久不翻盆换土等，也会引起真菌性的花卉病害，并常由根部开始变黑，因为叶与根的输导组织是相连的，根出了毛病，必然会反映到枝叶上，所以还应该从土质、水分以及排水性能等方面引起注意；另外，施入未腐熟的有机肥也易引发病害，在用生活有机废料进行制肥时可加入金宝贝生物发酵剂（金宝贝有机物料腐熟剂），它在加速腐熟的同时也能消灭其中的病菌。二是早春或深秋清除枯枝落叶并及时剪除病枝、叶烧毁。三是预防时可喷洒65%代森锌600倍液保护。四是发病初期喷洒50%多菌灵或50%托布津500～600倍液，或75%百菌清600～800倍液。

（2）防治煤烟病：一是发病后用清水擦洗患病枝叶和喷洒50%多菌灵500～800倍液，二是避免积水。

（3）防治锈病：易发此病的花木以贴梗海棠等蔷薇

科植物居多，包括玫瑰、垂丝海棠等。另外，芍药、石竹也易患此病。发病为早春，初期在嫩叶上呈斑点状失绿，后在其上密生小黑点，初期在嫩叶出现黄色圆块，并自反面抽出灰白色羊毛状物，至8～9月，产生黄褐色的粉末状物，随风传播至桧柏树上，次年早春又随雨水传播，再危害上述花卉，故这种病要经这两种植物上的寄生危害才能延续，在病虫害理论上称“转主寄生病害”。危害严重时会引起落叶，较轻时则造成病斑，影响外观及光合作用。其防治方法是：尽量避免在附近种植桧柏等转主寄生植物；早春，约为3月中旬，开始喷洒400倍20%萎锈灵乳剂液或50%退菌特可湿性粉剂，约经半个月后再喷1次，直到4月初为止，若春季少雨或干旱，可少喷1次。除可采用上述方法外，发病后喷洒97%敌锈钠250～300倍液（加0.1%洗衣粉），或25%粉锈宁1500～2500倍液。

（4）防治白绢病、菌核病：一是使用1%福尔马林液或用70%五氯硝基苯处理土壤，约用五氯硝基苯5～8克/平方米，拌30倍细土施入土中；二是选用无病种苗或栽植前用70%托布津500倍液浸泡10分钟；三是浇水要合适，避免积水。

（5）防治立枯病、根腐病：一是土壤消毒，用1%福尔马林处理土壤或将培养土放锅内蒸1小时。二是避免积水。三是发病初期用50%代森铵300～400倍液浇灌根际，用药液2～4公斤/平方米。

（6）防治白粉病：常见于凤仙花、瓜叶菊、大丽菊、月季、垂丝海棠等花卉上，主要发生在叶上，也危害嫩茎、花及果实。初发病时，先在叶上出现多个褪色病斑，但其周围没有明显边缘，后小斑合成大斑。随着病情发展，病斑上布满白粉，叶片萎缩，花受害而不能正常开花，果实受害则停止发育。此病发生期可自初春，延及夏季，直到秋季。其防治方法有：初发病时及早摘除病叶，防止蔓延；发病严重时，可喷洒 0.2 ~0.3 度石硫合剂，或1000 倍70%甲基托布津液。清晨喷洒硫磺粉等综合措施就可以防治该病。

（7）防治缩叶病：主要发生在梅、桃等蔷薇科植物的叶片上。早春初展叶时，受害叶片畸形肿胀，颜色发红。随着叶片长大而向反面卷缩，病斑渐变成白色，并且其上有粉状物出现。由于叶片受害，嫩梢不能正常生长，乃至枯死。叶片受害严重，则掉落，影响树势，减少花量。其防治方法有：发病初期，及时摘除初期显现病症的病叶，以减少病源传播；早春发芽前，喷洒 3 ~5 度石硫合剂，以消除在芽鳞内外及病梢上越冬的病源。倘若能连续两三年这样做，就可以比较彻底地防治此病了。对于患病严重的盆花，要增施肥料，加强管理，以恢复树势才能多开花。

（8）防治溃疡病：发病时，叶片上出现圆形赤褐色斑点，枝条呈淡色，久病后叶落。施肥过多，枝叶徒长，容易引起此病。如发病，可喷洒 2% ~4% 硫酸亚铁溶液或波尔多液，应注意合理施肥，加强通风透气。

（9）防治猝倒病：发病时，幼苗基部开始出现水渍状斑块，后变为黄褐色，因为病变部位收缩而突然倒苗，传染迅速。应控制水分，加强通气，焚烧病株和土壤，可撒石灰防护。

5. 自制药剂防治花草病虫害

（1）牛奶。养花的朋友都知道，壁虱是花草的一大天敌。这种小小的害虫，会引起枝叶变色和枯萎。如果将 4 杯面粉和半杯全脂牛奶掺入 20 升清水中，搅拌均匀后用纱布进行过滤，然后把这种液体喷洒在花卉的枝叶上，就能够杀死大部分壁虱及其卵。

（2）烟草除虫。蚜虫是家庭花卉中的另一种天敌，杀灭蚜虫没有比尼古丁更好的药物了。可以把几个烟头泡在一杯水中，等水变黄褐色后，再加入少许碱性皂液，搅匀后喷洒在花卉上，或将花卉的受害部位浸入药液中，即能有效地杀死花卉和泥土中的蚜虫。

（3）清洁液除虫。白蝇是温室中最常见的一种害虫，它长1~2毫米，躲在叶子的背面吮吸叶汁，同时它还分泌一种黏液，黏液上滋生出的细菌会使叶子逐渐枯萎，从而使花卉慢慢死去。对付白蝇，可用1茶匙洗洁精加4升水混合，每隔四五天喷洒叶背1次，直至白蝇被彻底消灭。

（4）啤酒。用啤酒来对付蜗牛实在是非常廉价的药物。把没喝完的啤酒倒入放在花卉土壤上的小盘里，蜗牛就会爬入盘内而淹死。

（5）食用醋。对于喜欢酸性土壤的杜鹃花和栀子花来说，如果用硬水浇灌会使泥土中石灰含量加大，导致植物叶子逐渐发黄、枯萎。你只需要每隔两个星期在花卉的周围浇1次由2匙醋和1升水合配成的醋水，那么黄叶便会消失。

第二节　避免花草出现烂根

初学养花的人往往会碰到一个难题——自己心爱的宝贝出现了烂根现象。要避免这种不良后果发生，平时就要注意以下几点：

（1）浇水要适度，不要过于频繁，这是许多初学养花的人常犯的错误。应该掌握见干见湿的原则。这在盆株休眠期和上盆、换盆初期更应特别注意。

（2）培养土中所掺和的各种有机质、如腐叶土、圈肥、锯末、农家肥、厩肥、有机垃圾等，均须经过长时间的充分发酵腐熟后才能使用，千万不要使用生肥，否则生肥发酵时，温度过高，会导致根系烧烂。

（3）给盆株追肥时，用量及浓度一定不能太大，应尽量遵循“少量多次”的原则，用量过大，也会使根烧烂。

（4）要保证盆土渗水良好。盆花浇水时，水分积留在盆土表面，久久不易下渗，出现这样的情况有以下几种原因：①新上的盆土为黏性土，不含有机质或细沙，所以很难渗水。②花盆底孔上的瓦片，堵塞了洞孔，或是盆底垫的碎石层太薄，或未垫碎石沥水层，以致渗水不畅。③盆花多年未换盆，根须布满盆内结了团，以致水分难以下渗。

所以应适度添加有机腐殖质，河沙、炉渣、煤烟灰等成分，以保证基质有良好的通气透水性能。或重新换盆，剪去过多的须根，不然日久会造成叶黄而脱落，积水烂根而死亡。

第三节　温室虫害及防治

温室是花卉栽培中最重要同时也是应用最广泛的保护地类型，尤其在我国北方地区作用更为突出。它为许多花卉提供了良好的环境条件。然而，由于温室内温度高、湿度大、空气不够流通，因此虫害时有发生。以北方温室为例，主要有三大害虫：蛞蝓、鼠妇、蜗牛。它们对温室花卉的负面影响极大，从根、茎直至叶片与嫩芽，可谓无所不害。

1. 蛞蝓

俗称鼻涕虫、蜒蚰，陆生软体动物。成体长约25毫米，分头、躯干、足三部分，肉体外露，柔软而无外壳，淡黄褐色，触角两对，后触角顶端有眼，体表分泌许多粘液，足平滑，雌雄同体，一般异体受精，同体受精多发育不良；幼体长约2.5毫米，形状与成体相似，无纵线，触角暗灰色；卵呈念珠状串联，椭圆形，半透明。蛞蝓一年产生两代，以幼体或成体在花卉根部附近土内过冬，翌年3月间开始活动，4月变为成体，交尾产卵，卵期半月左右。蛞蝓性喜潮湿、阴暗、多腐殖质的地方，惧光，白天隐藏于花盆底下，夜间出来寻食和繁殖。其耐饥饿性非常强，成体在适宜环境下，可活1~3年。

蛞蝓5~6月危害最严重。温室花卉被蛞蝓侵害后，轻者叶片缺刻或有孔洞，重者嫩芽被咬食，影响其生长发育与开花。

对蛞蝓的防治措施主要有两种：

（1）定期清理温室内外环境，发现蛞蝓随见随杀，特别是每年的4月，更应当加强人工捕杀力度。

（2）在花盆周围撒施石灰粉或泼浇五氯酚钠。五氯酚钠毒性较大，用时需慎重。

2. 鼠妇

又名西瓜虫或潮虫，属甲壳纲动物。体长约10毫米，背灰色或黑色，宽而扁，有光泽。体分13节，第一胸节与颈愈合。有两对触角，其中一对短且不明显。复眼一对，黑色，圆形，微突。初孵出的鼠妇为白色，足6对，经过一次蜕皮后有足7对。

鼠妇一年产生一代。喜欢在潮阴条件下生活，不耐干旱。当外物碰触时，其身体立即蜷缩呈球形，假死不动。鼠妇再生能力比较强，如果触角、肢足断损，能通过蜕皮再生新的触角、肢足。

鼠妇白天潜伏在花盆底部，从盆底排水孔内咬食花卉嫩根，夜间则伤害花卉的茎部，造成花卉茎部溃烂。防治鼠妇有三点：

（1）保持温室内部清洁，及时清除杂草与垃圾。

（2）用20%杀灭菊酯2000倍液或25%西维因500倍液喷施盆底。

（3）发生严重时，可将30%久效磷合剂3000倍液喷洒于花盆、地面和植株上。

3. 蜗牛

蜗牛是陆生软体动物，有壳。对温室花卉产生危害的蜗牛有四种：灰巴蜗牛、薄球蜗牛、同型蜗牛和条华蜗牛。常见的为灰巴蜗牛。灰巴蜗牛有两对触角，其中后触角比较长，其顶端长有黑色眼睛，贝壳中等大小，壳质坚固，呈椭圆形，壳面黄褐色或琥珀色并有密生的生长线与螺纹。灰巴蜗牛的卵为圆球形，乳白色，有光泽，初孵化的幼贝和贝壳呈浅褐色。

灰巴蜗牛一年产生一代，寿命可达1年以上。成虫产卵于花卉根际的土中或花盆下面的松土内。蜗牛的生活习性与蛞蝓相似。

蜗牛白天栖息在花盆底部或其他阴湿处，夜晚则爬出到叶片等处危害。被害的叶片上有零星小缺刻甚至全部被吃光，爬过之处均留下银色痕迹，影响花卉的光合作用与观赏效果。

蜗牛的防治措施主要有：

（1）经常检查，及时捕杀。

（2）撒施8%灭蜗灵颗粒剂或10%多聚乙醛颗粒剂（1.5克/平方米）。

（3）在温室阴湿处及花盆底部施石灰粉。

4. 土法防治虫害

（1）对虫口较少的初发地段，不妨人工用毛刷或竹签彻底清除再用食用醋喷洒即可；对一些连生过密竹道树，灌木群及绿篱，适时进行清水冲洗、修剪、移植，以改善通风透光状况，减少病虫源基数；对一些害虫的天敌加以保护，如短腹小蜂、红环瓢虫等善于捕食介壳虫，这样可以起到生物防治效果。

（2）洗衣粉加碱防治法：按照洗衣粉∶20%的烧碱液∶水＝1∶1∶3（重量比），将三者混合均匀后喷雾。24～48小时后检查，红蜘蛛的死亡率达94%～98%，其他类害虫也达60%～70%。

（3）石硫混合剂防治法：它是由生石灰、硫磺、水在一起熬制而成，其配比为1∶2∶10（重量比），呈强碱性，冬季使用时用水稀释成50%；夏季使用稀释成25%浓度进行喷洒，防治介壳虫效率达到98%。春季也可以达到70%以上。

（4）苦楝叶加辣蓼草防治法：取苦楝叶和辣蓼草各2公斤切成3～5厘米放入锅内，加水10～12公斤煮沸，再加大蒜200克和1公斤清水，继续煮沸1小时，然后过滤，取滤液封存好，使用时按滤液和水成1∶3配比稀释后喷雾，24～48小时后潜叶蝇防效可达98%以上。其他类害虫防效也可达60%以上。

（5）鲜松针加苦瓜子防治法：取新鲜松针3公斤，切短后加苦瓜子1公斤，再加水6公斤，熬煮40分钟后过滤成原汁，再加水40～50公斤喷洒，每隔5～7天喷1次，连喷3～4次，对蜗牛防效可达97%，其他类害虫也达到70%以上。

以上几种土法，可单独使用，也可混合采用，其防效良好，且投资少，无污染，是花木虫害防治的很好方法。

5. 防病虫害法

家庭盆栽的花草出现了病虫害，如果使用化学药品防治，虽然效果不错，但会带来污染问题，对人的健康不利。现介绍一些在家庭种养盆花中的无药害，不会污染环境又安全可靠的简便方法，效果很好。

（1）新鲜辣椒或干辣椒50克，加水5000克，煮半小时，用其汁液喷洒植株，可杀死蚜虫、红蜘蛛。取朝天七星椒1份，不煮，捣碎去渣后，加5倍的水混合，取液喷洒可防治粘虫、毛毛虫。

（2）用大葱50克切碎，加水1500克浸泡24小时并过滤后，用汁液喷洒，可防治蚜虫、白粉病。

（3）把大蒜拍碎，将其放入花盆土中，2～3天后，可消灭盆土内的蚂蚁、蚯蚓。或取大蒜30克捣烂，加水10升搅拌，浸泡后，用其液浇灌盆土，可防治蚜虫、红蜘蛛及介壳虫等花卉害虫。

（4）苦瓜叶加水捣烂，过滤后取汁液，加等量石灰水调匀后，浇灌可防治地老虎、蝼蛄。

（5）生姜捣烂，取汁加20倍水喷洒，可防治腐烂病、煤烟病。

（6）洗衣粉对害虫具有强烈的触杀作用。洗衣粉溶液可以溶解害虫体表的蜡质层而渗入虫体内，并能堵塞害虫体表气孔，使其窒息而死。其用法如下：用洗衣粉10克，加水2～3公斤，配成200～300倍液，可防治叶蝉。用500～700倍液，可防治红蜘蛛、粉虱。用800～1500倍液，可防治介壳虫、蚜虫。

（7）用除虫菊蚊香点燃后，挂在植株上，并用塑料薄膜密封10分钟，可熏杀粉虱。

（8）醋是家庭的调味佳品，它对花木同样是理想的保健品，可加强植物光合作用，提高叶绿素含量，增加抗病能力。食蜡加300倍水，可防治黑斑病、白粉病、霜霉病、黄化病等。食醋加水4～8倍，可防治介壳虫，3天喷1次，连续3次，即可灭之。

附：

送花常识

1. 送花品种

情人草

蓬松轻盈，状如云雾，常散插在主要花材之表面或空隙中，增加层次感，起烘托、陪衬和填充作用，是婚礼用花中最不可缺少的花材。

康乃馨

象征母爱，是慰问母亲之花，宜在母亲节和母亲生日时赠送；去医院探望病人时宜送此花，以表慰问。

向日葵

光明、活力，可赠热恋中的男友；金黄色的宜赠恋人。

月季

红月季象征爱情和真挚纯洁的爱。人们多把它作为爱情的信物，爱的代名词，是情人节首选花草。红月季蓓蕾还表示可爱。

白月季寓意尊敬和崇高。粉红月季表示初恋。黑色月季表示有个性和创意。蓝紫色月季表示珍贵、珍稀。橙黄色月季表示富有青春气息、美丽。黄色月季表示道歉。绿白色月季表示纯真、简朴或赤子之心。双色月季表示矛盾或兴趣较多。三色月季表示博学多才、深情。在花草市场上，月季、蔷薇、玫瑰三者通称为玫瑰。作切花用的玫瑰实为月季近交品种。因此，称它为玫瑰不如称它月季更为贴切。月季花姿秀美，花色绮丽，有“花中皇后”之美称，月季在各种礼仪场合很常用。

天堂鸟

象征自由、幸福、快乐、吉祥，宜赠亲朋好友；宜在寿辰中赠送，祝老人如仙鹤般长寿。

黄栌

秋天黄栌片片红叶，历经风霜，真情不变，寓意真心。

非洲菊

又名扶郎花，它象征有毅力、不怕艰难，喜欢追求丰富的人生。单瓣品种代表温馨，重瓣品种代表热情可嘉。上海地区喜欢在结婚庆典时用扶郎花扎成花束布置新房。用其谐意，取新婚夫妇互敬互爱、妻子支持丈夫成就事业之意。非洲菊花形放射状，常作插花主体，多与肾蕨、文竹相配置。

南天竹

茎秆光滑，清枝瘦节，秋风萧瑟，红叶满枝，红果累累，经久不凋。它象征长寿。

石竹

象征谦虚、多愁善感，单瓣品种被喻为“花中林黛玉”，宜赠给柔弱袅袅，见物感怀的女友；重瓣品种宜赠热情洒脱的好友。

茉莉花

象征优美。西欧的花语是和蔼可亲。菲律宾人把它作为忠于祖国、忠于爱情的象征，并推举为国花。来了贵宾，常将茉莉花编成花环挂在客人项间，以示欢迎和尊敬。

石蒜

象征优美、纯洁，宜在演出成功时赠艺术家；宜赠初恋情人，喻其纯洁。

紫罗兰

花梗粗壮，花序硕大，花朵丰盛，色彩鲜艳，季气清幽，水养持久。紫罗兰象征永恒的美或青春永驻。深为欧洲及各国人民的喜爱，尤其为意大利人所喜爱，被推举为国花。

马蹄莲

象征“圣法虔诚，永结同心，吉祥如意”。在欧美国家的婚礼中，是新娘捧花的常用花材。

富贵竹

淡雅、清秀，象征吉祥、富贵。略经加工，可产生“绿百合”的艺术效果。也可作中小型盆栽，点缀厅堂居室。

红掌

热情豪放、地久天长。宜在婚礼、庆典等喜庆之日应用。宜赠热情、豪爽的友人。忌送单数，因为单枝寓意“孤掌难鸣”。

蝴蝶兰

花形似彩蝶，花姿优美动人，极富装饰性。蝴蝶兰代表我爱你，是新娘捧花中的重要花材。

龟背竹

叶形奇特，有虚有实，青碧可爱。龟背竹寓意健康长寿，是祝福长辈生日的佳品。

百合

象征神圣、圣洁、纯洁与友谊，金百合艳丽、高贵；白百合纯洁、无瑕，表示支持对方事业；宜送新娘，寓意为未来生活充满阳光。

一串红

花色鲜艳夺目，适作成片摆设，布置花坛，装点节日。一串红代表恋爱的心，一串白代表精力充沛，一串紫代表智慧。

秋海棠

象征苦恋。当人们爱情遇到波折，常以秋海棠花自喻。古人称它为断肠花，借花抒发男女离别的悲伤情感。

鸡冠花

经风傲霜，花姿不减，花色不褪，被视为永不褪色的恋情或不变的爱的象征。在欧美，第一次赠给恋人的花，就是火红的鸡冠花，寓意永恒的爱情。

天冬草

叶状枝常青下垂，红果累累。在插花中常作填充材料或衬景。天冬草象征粗中有细，外表“气宇轩昂”，内心却“体贴入微”。

长寿花

枝密叶肥、花繁色艳，从冬至春，开花连绵不断，故名。它是祝贺生日或春节馈赠老人或友人的佳品。

石斛

花姿优美，艳丽多彩，花期长。它与卡特兰、蝴蝶兰、万带兰并列为观赏价值最高的四大观赏兰类，在新娘捧花中更是少不了它的倩影。

郁金香

象征神圣、幸福与胜利。不同的花色含义不同：

红色郁金香——我爱你。

紫色郁金香——忠贞的爱。

黄色郁金香——没有希望的爱。

白色郁金香——失恋。

在欧洲，对自己钟情的恋人表示深深的爱，常选送一束红色的郁金香。郁金香是荷兰和比利时的国花。

2. 送花意义

元旦

通常用满天星、香石竹等增添欢乐吉祥的气氛。新年伊始，万象更新，每年的1月1日是我国的元旦，也就是公历的新年，此时可用蛇鞭菊、玫瑰、满天星、香石竹、菊花及火鹤等花草来表达万事如意，好运常伴的希冀。此外还可用金鱼草来表达鸿运当头、喜庆有余、吉祥欢快的情愿。

春节

通常用牡丹、兰花等增添欢乐吉祥的气氛。中国的春节是民间传统的盛大节庆，俗谚“过年要想发，客厅摆盆花”；此时也是扩展社交人际关系最佳的机会，企业员工、客户、同事、上司、亲朋好友等，都可把花当做馈赠的礼物，以花传达情意，彼此增加感情。

农历春节，时值早春，也刚好是花草生产的旺季，各种花草琳琅满目，争奇斗艳，选赠以贺新年、庆吉祥、添富贵的盆栽植物为佳，如四季橘、牡丹、桂花、杜鹃花秋海棠、红梅、水仙、报春花、状元红、发财树、仙客来及各种兰花类、观叶植物组合盆栽等，再装饰一些鲜艳别致的缎带、贺卡等，增添欢乐吉祥的气氛。

元宵节

通常用火鹤来表达红火、充满喜庆的气氛。每年的农历正月十五是我国的元宵灯节，此时火树银花，喜庆祥和，用火鹤来表达红火、吉祥，充满喜庆、祥和与希望的气氛是最合适不过的了，此外，还有炮仗花表示热闹喜庆。

情人节

通常用玫瑰、郁金香表示爱慕之情。情人节定于每年的2月14日。相传其起源是古罗马青年基督传教士圣瓦伦丁，冒险传播基督教义，被捕入狱，感动了老狱吏和他双目失明的女儿，得到了他们的悉心照料。临刑前圣瓦伦丁给姑娘写了封信，表明了对姑娘的深情。在他被处死的当天，盲女在他墓前种了一棵开红花的杏树，以寄托自己的情思。这一天就是 2 月 14 日。现在，在情人节里，许多小伙子还把求爱的圣瓦伦丁明信片做成精美的工艺品，剪成蝴蝶和鲜花，以表示自己心诚志坚。姑娘们晚上将月桂树叶放在枕头上，希望梦见自己的情人。

通常在情人节中，以赠送一支红玫瑰来表达情人之间的感情。将一支半开的红玫瑰衬上一片形色漂亮的绿叶，然后装在一个透明的单支花的胶袋中，在花柄的下半部用彩带系上一个漂亮的蝴蝶结，形成一个精美秀丽的小型花束，以此作为情人节最佳礼品。

在情人节时玫瑰是世界主要的礼品花之一，表示专一、情感和活力。玫瑰一般有深红、粉红、黄色、白色等色彩。著名品种有伊里莎白女王（红色）、初恋（黄色）等。情人节以送红玫瑰的最多。给情人送玫瑰以几枝为宜？当然是越多越好，一枝取情有独钟之意，三枝则代表“我爱你”。送 6 枝、8 枝代表吉祥数，送 11 枝，是将 10 枝送给最心爱的人，另一枝代表自己。至于送 24 枝则是国际性的常例，12 枝为一打，代表一年中的 12 个月，有追求圆满，年年月月献爱心之意。

情人节送花，不单是热恋情人的专利，针对变心、花心的人，也可以送花来表达内心的幽怨与不满。透过“花语”的传达，说不定负心的人还会因感动而回头，夫妻之间误会冰释而破镜重圆呢。可选之花的品种依次为郁金香、非洲菊、向日葵、康乃馨、红花月桃、葵百合、彩色海芋等。

妇女节

通常用兰花代表女性的优雅高贵和慈祥温馨。国际妇女节定在每年的 3 月 8 日。在这一天，所有的女性朋友都可以休息、玩乐。你也可以向你的奶奶、妈妈、阿姨、姐姐、妹妹、女朋友、女同事、女同学等送上一束鲜花表达对她们的敬爱之情。可选花材有兰花、康乃馨、满天星、百合及银莲花等。愿女性似那优雅高贵的兰花，在3月的春季里美丽、快乐。

清明节

通常会送一些素洁的花朵表达哀思之意。每年的4月5日是清明节，在这一天，人们都会以扫墓、祭祖等活动来表示对死者的思念及哀悼。可送的花草有三色堇、松柏的枝条等，此外，在这一天通常会送一些素洁的花朵，不要送一些颜色鲜艳的花朵，因为白、黄等素色的花，表达了哀思之意。

母亲节

通常用康乃馨、萱草来表达对母亲的感激之情。每年5月的第二个星期日是母亲节，为人子女，为感激母亲平日的辛劳及养育之恩，总会买一些礼物或鲜花来送给母亲感怀慈晖。

母亲节通常以大朵粉色康乃馨作为母亲节的用花。它象征慈祥、真挚，母爱，因此有“母亲之花”、“神圣之花”的美誉。在1907年，因美国弗吉尼亚的一位虔诚女性安娜·乔韦丝，在她已故母亲的追悼会上奉献一束康乃馨而开始流行于全世界。

在母亲节这一天，红色康乃馨用来祝愿母亲健康长寿；黄色康乃馨代表对母亲的感激之情；粉色康乃馨祈祝母亲永远美丽；白色康乃馨是寄托对已故母亲的哀悼思念之情，千万别送错。

除了康乃馨之外，在中国古代早有一种代表“母亲之花”的植物，就是萱草（金针花），它的花语是“隐藏的爱，忘忧，疗愁”，其意非常贴切地比喻伟大的母爱，象征“妈妈您真伟大”，把它作为母亲节的赠花，也很相宜。送花时既可送单支，也可送数支组成的花束，或插作成造型优美别致的插花。

端午节

通常用茉莉花来纪念爱国主义诗人屈原。每年的农历五月初五是我国人民纪念伟大的爱国主义诗人屈原的日子，在这一天，人们会包粽子、赛龙舟，并把茉莉花、银莲花、鹤望兰、唐菖蒲、蓬莱松、菊花等花扔进江中，来追怀爱国诗人屈原。这些花的花语是：唐菖蒲：叶形似剑，可以避邪。茉莉花：清净纯洁，朴素自然。鹤望兰：自由，幸福。银莲花：吉祥如意。

儿童节

通常以送小石竹花为主。每年的6月1日是国际儿童节。一般用多头的小石竹花作为儿童节用花，常挑选浅粉色和淡黄色的花朵，以充分体现儿童的稚嫩和天真烂漫的特点。用这样的小石竹花插作成各种富有童趣的插花作品，是儿童节的最佳礼品。另外可选送的花草还有金鱼草、火鹤花、满天星、非洲菊、飞燕草和玫瑰等，代表快乐和无忧无虑的童年。

父亲节

通常以送秋石斛为主。每年6月的第三个星期日是父亲节。父亲是一家之主，除了有养育之恩外，还终日为事业、家计奔波、忙碌，劳苦功高，趁此佳节，不妨用鲜花来表达一下孝心。秋石斛具有刚毅之美，花语是“父爱、能力、喜悦、欢迎”，代表“父亲之花”，父亲节这一天，成为大家最爱的首选。另外，其他如菊花、向日葵、百合、君子兰、文心兰等，其花语均有象征“尊敬父亲”、“平凡也伟大”的意义，也是不错的选择。如果您的父亲年事已高，最好送以代表健康、长寿的观叶植物或小品盆栽，如松、竹、梅、枫、柏、人参榕、万年青等。

七夕

通常用千日红、睡莲来表达爱慕之情。每年的农历七月初七是“七夕”，是中国的情人节，在中国，男女之间爱情的表达，可能比西方人要含蓄，情侣、夫妻之间常常一是“爱你在心口难开”，此时此刻，若能以赠花传情，透过花语来诠释爱恋之情，当能一切尽在不言中。

七夕时正值夏季，可选之花非常多，除玫瑰之外，还有千日红、爱情花、鸡冠花、星辰花、睡莲、仙丹花、梦幻花、卡斯比亚、小红鸟、天堂鸟等，都是理想的可赠之花。

中秋节

通常用兰花来表达思念之情。每年农历八月十五的中秋节是中国传统的三大民间节日之一，“每逢佳节倍思亲”，人们习常用月饼、礼盒来馈赠亲友、联络感情。近年来，有许多人把传统的月饼、礼盒，改用“花草”当赠礼，这已成为时尚、新潮之风。中秋花礼大多以兰花为主，各种观叶植物为次，兰花可用花篮、古瓷或特殊的容器组合盆栽，花期长，姿色高贵典雅，颇受欢迎。

重阳节

通常用非洲菊来表达追求丰富多彩的生活。每年农历九月初九的九九重阳节，是登高望远、饮酒赏菊、抚今追昔的日子。我国的重阳节是全家团聚的日子。此时，应用菊花、非洲菊来作为走亲访友的花礼。因为菊花象征高洁、长寿。非洲菊代表吉祥如意和追求丰富多彩的生活。

教师节

通常用木兰花、蔷薇花、月桂树来表达感激之情。每年的 9 月 10 日是教师节，老师传道、授业、解惑，春风化雨，诲人不倦，是学生迈向人生光明前途的启蒙者，培育英才，令人没齿难忘。为感谢师恩，趁此佳节表达感恩、怀念之意，赠花是最高尚的选择。教师节赠花通常都用简单的花束，选择的花材，当然能以花语诠释“感谢、爱、怀念、祝福”者为最佳。如木兰花代表灵魂高尚；蔷薇花冠代表美德；月桂树环代表功劳、荣誉；悬铃木代表才华横溢等。

圣诞节

通常以一品红作为圣诞花。12 月 25 日，为纪念耶稣基督的诞生，同时也是普通庆祝世俗的节日。现在的圣诞节，通常以一品红作为圣诞花，花色有红色、粉色、白色，状似星星，好像下凡的天使，含有祝福之意。在这个节日里，可用一品红鲜花或人造花插做成各种形式的插花作品，伴以蜡烛，用来装点环境，增加节日的喜庆气氛。

开店开业

大多以送桌上型的花卉为主，不过大部分的人都喜欢赠送排列在花篮里的花作为祝贺之用。适合花朵硕大华丽的花，如洋兰、玫瑰、康乃馨、大丁草等都非常合宜。

结婚

送颜色鲜艳而富花语者佳，可增进浪漫气氛，表示甜蜜。

生产

适合送色泽淡雅而富清香者（不可浓香）为宜，表示温暖、清新、伟大，如霭草、蔷薇、雏菊、星形花等都十分适合。

乔迁

适合送稳重高贵的花木，如剑兰、玫瑰，盆栽，盆景，表示隆重之意。

生日

适合送诞生花最贴切，玫瑰、雏菊、兰花亦可，表示永远祝福。

毕业

色彩绚丽的香豌豆花是不错的选择，也可以参考花语来做选择。

探病

适合送剑兰、玫瑰、兰花，不要送白、蓝、黄色或香味过浓的花。忌送花数是4、9、13株，所以一定要注意。

丧事

送白玫瑰、白莲花或素花均可，象征惋惜怀念之情。

送长辈

送花给个性比较保守的长辈，最好避免整束都是白色或黄色的花，这可能会触犯到某些人的禁忌。有些花也要谨慎地送，例如菊花在日本是品格高逸、有君子之风的花；但是在台湾，菊花是丧事用的花。不宜送易凋谢的花或难种植的盆栽。赠花给男性，不宜送康乃馨，容易引起对方误会。

送病人

送花给病人，最好不要送盆栽以及浓香的花。送盆栽意味着“根留医院”。也不要送有花粉及有浓厚香味的花，像百合花，要小心剪除花蕊，以免花粉散落，引起病人过敏或其他不良反应。风信子、玫瑰、百合等都有颇浓的香味，不太适合送给病人。如果病人喜欢有香气的花，可以送兰花、郁金香等有淡淡香气的花。

送上司

下属赠花给上司，不论是异性还是同性，不要送玫瑰，以免误会。

送同事

同事方面，特别是异性也应小心。若贸然送黄玫瑰给对方，或者在对方生日时送洋水仙，就不礼貌了。因为黄玫瑰代表嫉妒，包括工作上和感情方面；后者指对方自大、虚假。

送老人

送花给老人，不宜送难种或易凋谢的花草。最好避免送一年生的花草，如矮牵牛、三色堇、报春花等。最好送小盆栽，如松柏、福建茶，或者送一些长寿耐开的花，如长寿花、报岁兰、万年青、常春藤等。在颜色方面，尽量送喜气、热闹的颜色花草，不要送全白或太过素雅的花朵。而菊花，在中国台湾和法国，都是用在丧礼上，而在日本，菊花则是极受崇敬的花。

花坛花卉穴盘苗规模化生产

常用育苗基质成分

万寿菊穴盘育苗四个阶段

千日红覆土过薄引起下胚轴徒长

长春花未覆盖影响根系向下生长

长春花温度过低叶片下卷

秋海棠日灼病

秋海棠缺水叶片发白

长春花缺水叶片萎蔫

鸡冠花育苗Ⅳ阶段水分亏缺造成的“小老苗”

矮牵牛缺肥症状

银叶菊缺磷下位叶变紫

长春花缺钾早期症状

皇帝菊缺镁叶片向上卷曲

金鱼草镁等元素缺乏症状

百日草缺铁症状

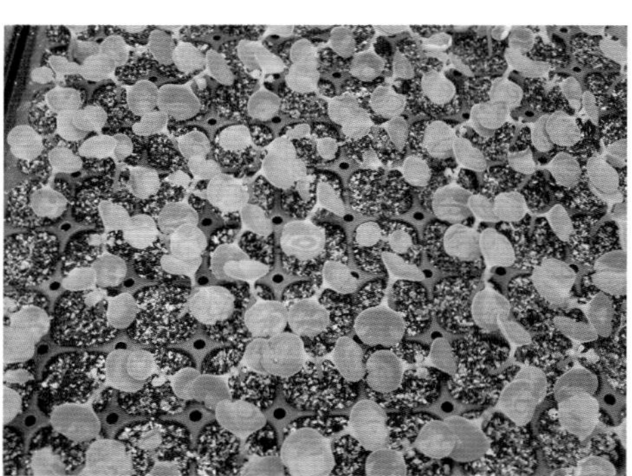

非洲凤仙缺硼顶芽发育不全

皇帝菊氮肥过剩症状

万寿菊施用植物生长调节剂后的株型控制效果

植物生长调节剂改善羽衣甘蓝着色效果

长春花多效唑中毒症状

芙蓉葵杀虫剂药害症状

四季秋海棠细菌性叶斑病

四季秋海棠真菌性叶斑病

蓝雪花茎腐病

落新妇灰霉病

长春花炭疽病

一串红花叶病毒病

秋海棠根结线虫病

蛞　蝓

烟粉虱

蚜　虫

叶　螨

苘　麻

莲子草

冠状银莲花

藿香蓟

香雪球

香彩雀

金鱼草

耧斗菜

四季秋海棠

球根秋海棠

雏　菊

羽衣甘蓝

金盏菊

翠　菊

美人蕉

观赏辣椒

长春花

头状鸡冠花

矢车菊

白晶菊

醉蝶花

彩叶草

大花金鸡菊

小丽花

大花飞燕草

石　竹

双距花

马蹄金

马蹄金“银瀑”种苗

非洲金盏

桂竹香

洋桔梗

勋章菊

千日红

堆心菊

向日葵

伞花蜡菊

芙蓉葵

新几内亚凤仙

嫣红蔓种苗

红　苋

非洲凤仙

姬金鱼草

半边莲

紫罗兰

皇帝菊

猴面花

龙面花

花烟草

南非万寿菊

虞美人

天竺葵

观赏谷子

繁星花

矮牵牛

福禄考

半支莲

火焰花

蓝雪花

花毛茛

金光菊

鼠尾草

一串红

蛾蝶花

银叶菊

瓜叶菊

桂圆菊

绵毛水苏

万寿菊

孔雀草

土人参

夏堇

美女樱

三色堇

百日草

聚花风铃草

毛地黄

松果菊

天人菊

火把莲

剪秋罗

矾根

熏衣草